Manfred Michel
Leistungselektronik

Springer
*Berlin
Heidelberg
New York
Hongkong
London
Mailand
Paris
Tokio*

Manfred Michel

Leistungselektronik

Einführung
in Schaltungen und deren Verhalten

3., aktual. u. erw. Auflage
mit 174 Abbildungen und 32 Übungsaufgaben

 Springer

Professor Dr.-Ing. Manfred Michel
Technische Universität Berlin
Institut für Allgemeine Elektrotechnik
Sekr. E2, FB 12 - Elektrotechnik
Einsteinufer 19
10587 Berlin

ISBN 3-540-02110-8 3.Aufl. Springer-Verlag Berlin Heidelberg New York
ISBN 3-540-60158-9 2.Aufl. Springer-Verlag Berlin Heidelberg New York

Bibliografische Information Der Deutschen Bibliothek.
Die Deutsche Bibliothek verzeichnet diese Publikation in der Deutschen Nationalbibliografie; detaillierte bibliografische Daten sind im Internet über <http://dnb.ddb.de> abrufbar.

Dieses Werk ist urheberrechtlich geschützt. Die dadurch begründeten Rechte, insbesondere die der Übersetzung, des Nachdrucks, des Vortrags, der Entnahme von Abbildungen und Tabellen, der Funksendung, der Mikroverfilmung oder der Vervielfältigung auf anderen Wegen und der Speicherung in Datenverarbeitungsanlagen, bleiben, auch bei nur auszugsweiser Verwertung, vorbehalten. Eine Vervielfältigung dieses Werkes oder von Teilen dieses Werkes ist auch im Einzelfall nur in den Grenzen der gesetzlichen Bestimmungen des Urheberrechtsgesetzes der Bundesrepublik Deutschland vom 9. September 1965 in der jeweils geltenden Fassung zulässig. Sie ist grundsätzlich vergütungspflichtig. Zuwiderhandlungen unterliegen den Strafbestimmungen des Urheberrechtsgesetzes.

Springer-Verlag Berlin Heidelberg New York
ein Unternehmen der BertelsmannSpringer Science+Business Media GmbH

http://www.springer.de

© Springer-Verlag Berlin Heidelberg 1992, 1996 and 2003
Printed in Germany

Die Wiedergabe von Gebrauchsnamen, Handelsnamen, Warenbezeichnungen usw. in diesem Werk berechtigt auch ohne besondere Kennzeichnung nicht zu der Annahme, dass solche Namen im Sinne der Warenzeichen- und Markenschutz-Gesetzgebung als frei zu betrachten wären und daher von jedermann benutzt werden dürften.

Sollte in diesem Werk direkt oder indirekt auf Gesetze, Vorschriften oder Richtlinien (z.B. DIN, VDI, VDE) Bezug genommen oder aus ihnen zitiert worden sein, so kann der Verlag keine Gewähr für Richtigkeit, Vollständigkeit oder Aktualität übernehmen. Es empfiehlt sich, gegebenenfalls für die eigenen Arbeiten die vollständigen Vorschriften oder Richtlinien in der jeweils gültigen Fassung hinzuzuziehen.

Satz: Reproduktionsfertige Vorlagen des Autors
Einbandgestaltung: Medio, Berlin
Gedruckt auf säurefreiem Papier   68/3020 hu - 5 4 3 2 1 0 -

Vorwort zur 3. Auflage

Das Buch ist als Einführung in die Leistungselektronik und als Hilfsmittel für die Lehre gedacht. Damit hat es seinen Schwerpunkt in der Strukturierung des Gebietes und in der Begriffsbildung. Auf die Vielfalt der in der Leistungselektronik möglichen Schaltungen wird zugunsten der Erläuterung der Prinzipien bewusst verzichtet. Mit diesem Konzept kann auch die dritte Auflage ohne tiefgreifende Änderungen auskommen. Allein der Abschnitt, der sich mit den Elektronischen Ventilen befasst, wurde, der schnellen Entwicklung auf diesem Gebiet entsprechend, dem Stand der Technik angepasst.

Als Anregung zu eigener Arbeit wurden weitere Aufgaben hinzugefügt.

Für die erfreulich gute Zusammenarbeit auch bei dieser Auflage danke ich dem Springer-Verlag.

Berlin, Januar 2003
Manfred Michel

Vorwort

Wie viele Gebiete der Elektrotechnik entwickelt sich auch die Leistungselektronik gegenwärtig sehr rasch weiter. Die Ursachen hierfür sind neu eingeführte elektronische Halbleiterventile und die Fortschritte der elektronischen Signalverarbeitung. Mit diesen Entwicklungen sind nicht nur theoretische und praktische Neuerungen in den leistungselektronischen Geräten, sondern auch erweiterte Anwendungen verbunden. Darüber hinaus sind viele Arbeitsgebiete der Elektrotechnik wie die elektrische Antriebstechnik, die elektrische Energieverteilung und die Elektrotechnologie, eng mit der Leistungselektronik verbunden. Grundlegende leistungselektronische Kenntnisse werden heute verstärkt in diesen Gebieten benötigt.

Das vorliegende Buch soll als einführendes Lehrbuch in die Leistungselektronik den Leser mit dem systematischen Aufbau und den Arbeitsmethoden dieses Gebietes vertraut machen. Damit soll er in die Lage versetzt werden, die Weiterentwicklungen und Neuerungen zu verstehen und anzuwenden. Der Schwerpunkt liegt dabei auf dem Erwerben von grundlegenden Kenntnissen und dem Gewinnen von Verständnis für die elektrischen Vorgänge. Es wird auch nicht die Vielzahl vorhandener leistungselektronischer Schaltungen behandelt, sondern es werden an ausgewählten Beispielen die Wirkungsprinzipien gezeigt und die Methoden erarbeitet, mit denen diese beschrieben werden können. Damit soll auch die Basis gelegt werden für das heute mögliche Einbeziehen von Rechnerprogrammen zur Beschreibung leistungselektronischer Schaltungen. Diese können nicht ohne grundlegende Kenntnisse der physikalischen Grundlagen erfolgreich eingesetzt werden.

Der beschriebenen Absicht des Buches dienen auch die jedem Abschnitt beigegebenen Aufgaben. Sie sollen den Leser über die aktive Mitarbeit zu einem vertieften Verständnis der elektrischen Vorgänge führen. Zur Erleichterung der Lösung sollten hierbei für einige Aufgaben die am Ende des Buches vorhandenen Kurvenblätter verwendet werden.

Wenn das Buch auch in erster Linie für Studenten der Universitäten, der Technischen Hochschulen und der Technischen Fachhochschulen gedacht ist, so kann es auch dem in seinem Beruf tätigen Ingenieur helfen, sich neue Arbeitsgebiete zu erschließen.

Für das Schreiben des Manuskriptes danke ich Frau Wolny. Mein besonderer Dank gilt meinem Sohn Stephan, der das Manuskript zur reproduktionsfertigen Vorlage umgearbeitet hat. Nicht zuletzt gilt mein Dank dem Springer-Verlag für die gute Zusammenarbeit.

Berlin, Januar 1992   Manfred Michel

Inhaltsverzeichnis

1	Einleitung	1
2	Grundbegriffe und Grundgesetze	4
2.1	Idealisierte Schaltungselemente	4
2.2	Berechnen von Zeitverläufen	7
2.2.1	Periodisches Schalten	9
2.2.2	Schalten - Steuern	11
2.2.3	Eingeschwungener Zustand bei periodischem Schalten	12
2.3	Berechnen von Mittelwerten	13
2.4	Berechnen der Harmonischen	14
2.5	Darstellen der Leistung	17
2.5.1	Beispiel sinusförmige Spannung, nichtsinusförmiger Strom	18
3	Elektronische Ventile	21
3.1	Systematische Übersicht	21
3.2	Beispiele elektronischer Ventile	24
3.2.1	Leistungs-Halbleiterdiode	24
3.2.2	Thyristor	28
3.2.3	Abschaltthyristor	33
3.2.4	Bipolarer Transistor	36
3.2.5	MOS-Feldeffekttransistor	41
3.2.6	Insulated Gate Bipolar Transistor (IGBT)	46
3.3	Beschaltung elektronischer Ventile	49
3.4	Ansteuerung elektronischer Ventile	53
3.5	Kühlung elektronischer Ventile	57
3.5.1	Bestimmung der Verluste	58
3.5.2	Thermisches Ersatzschaltbild	60
3.5.3	Anwenden des thermischen Ersatzschaltbildes	65
	Aufgaben zum Abschnitt 3	67
	Lösungen der Aufgaben zum Abschnitt 3	70

4	**Schaltungsübersicht und Stromübergang zwischen Ventilzweigen**	75
4.1	Die Grundschaltungen der Leistungselektronik	75
4.2	Stromübergang zwischen Ventilzweigen	78
4.2.1	Grundprinzip	78
4.2.2	Stromübergang mit abschaltbaren Ventilen	81
4.2.3	Stromübergang mit idealem Schalter	84
4.2.4	Stromübergang ohne Überlappung	85
4.3	Zur Bedeutung des Begriffes Stromübergang	86
4.4	Beispiele zum selbstgeführten Stromübergang	87
	Aufgaben zum Abschnitt 4	97
	Lösungen der Aufgaben zum Abschnitt 4	99
5	**WS/GS-Umrichter mit eingeprägtem Gleichstrom (WS/GS-I-Umrichter)**	110
5.1	WS/GS-I-Umrichter mit einschaltbaren Ventilen	110
5.1.1	Netzgeführte WS/GS-I-Umrichter	110
5.1.1.1	Idealisierte Sechspuls-Brückenschaltung	110
5.1.1.2	Netzkommutierung bei der Sechspuls-Brückenschaltung	117
5.1.1.3	Eigenschaften an der WS-Schnittstelle	129
5.1.1.4	Doppel-Stromrichter, Mehrquadrantenbetrieb	139
5.1.1.5	Direktumrichter	141
5.1.2	Lastgeführte WS/GS-I-Umrichter	143
5.1.2.1	Schwingkreiswechselrichter mit Parallelkompensation	143
5.1.2.2	Stromrichter-Synchronmotor	147
5.1.3	Selbstgeführte WS/GS-I-Umrichter	149
5.2	WS/GS-I-Umrichter mit abschaltbaren Ventilen	152
	Aufgaben zum Abschnitt 5	153
	Lösungen der Aufgaben zum Abschnitt 5	155
6	**WS/GS-Umrichter mit eingeprägter Gleichspannung (WS/GS-U-Umrichter)**	167
6.1	WS/GS-U-Umrichter mit einschaltbaren Ventilen	167
6.1.1	Netzgeführte WS/GS-U-Umrichter	167
6.1.1.1	Idealisierte Zweipuls-Brückenschaltung	167
6.1.1.2	Stromübergang	169
6.1.2	Lastgeführte WS/GS-U-Umrichter	175
6.1.3	Selbstgeführte WS/GS-U-Umrichter	179
6.1.3.1	Selbstgeführter WS/GS-U-Umrichter mit Phasenfolgelöschung	179
6.1.3.2	Selbstgeführter WS/GS-U-Umrichter mit Phasenlöschung	181
6.2	WS/GS-U-Umrichter mit abschaltbaren Ventilen	182
6.2.1	Einphasige Wechselrichterschaltungen	182
6.2.2	Dreiphasige Wechselrichterschaltungen	185

6.3	Steuerverfahren zur Änderung der Ausgangsspannung	197
6.3.1	Steuerverfahren	198
6.3.2	Pulsbreitenmodulation	201
6.3.3	Bestimmen der Schaltwinkel über die Berechnung der Harmonischen	206
6.3.4	Raumzeiger-Modulation	214
6.3.5	Zweipunktregelung	216
6.3.6	Abweichungen von den ermittelten Pulsmustern	217
6.4	WS/GS-U-Umrichter am starren Netz	217
	Aufgaben zum Abschnitt 6	223
	Lösungen der Aufgaben zum Abschnitt 6	225
7	**GS-Umrichter**	**244**
7.1	Direkte GS-Umrichter	244
7.1.1	Tiefsetzsteller mit passiver Last	244
7.1.2	Tiefsetzsteller mit Gegenspannung	251
7.1.3	Hochsetzsteller mit Gegenspannung	252
7.2	Indirekte GS-Umrichter	253
7.2.1	Durchflußwandler	254
7.2.2	Sperrwandler	255
7.3	Anwenden von Resonanzschaltungen in GS-Umrichtern	255
7.3.1	Resonanz-Schaltentlastung bei einem Tiefsetzsteller	258
	Aufgaben zum Abschnitt 7	266
	Lösungen der Aufgaben zum Abschnitt 7	267
8	**WS-Umrichter, Wechselstromsteller**	**270**
8.1	Einschalten von Wechselstrom	270
8.2	Wechselstromsteller	271
8.3	Drehstromsteller	277
	Aufgaben zum Abschnitt 8	286
	Lösungen der Aufgaben zum Abschnitt 8	288

Formelzeichen, Indizes 296

Literaturverzeichnis 300

Sachwortverzeichnis 305

Kurvenblätter 309

1 Einleitung

Mit **Leistungselektronik** wird das Teilgebiet der Elektrotechnik bezeichnet, das sich mit dem Steuern und Umformen elektrischer Energie mit Hilfe von elektronischen Ventilen beschäftigt. Dabei werden mit dem Begriff Ventil solche Bauelemente bezeichnet, die abhängig von der Richtung von Strom oder Spannung unterschiedliche elektrische Eigenschaften besitzen.

In der Energietechnik erfolgt Steuern und Umformen so, daß die Energieverluste möglichst klein sind. Deshalb werden in ihr elektronische Ventile ausschließlich im Schalterbetrieb, also umschaltend zwischen den Betriebszuständen AUS und EIN, verwendet.

Bisher wurden Ventile dieser Art mit Stromrichterventil bezeichnet. Als Bauelemente standen dafür anfänglich Quecksilberdampfventile und später Halbleiterbauelemente als Dioden und Thyristoren zur Verfügung. Das Gebiet der Anwendung von Stromrichterventilen wurde mit Stromrichtertechnik bezeichnet. Mit dem Einführen immer leistungsfähigerer Halbleiterbauelemente zusammen mit dem Anwenden der Fortschritte auf dem Gebiet der elektronischen Signalverarbeitung entwickelte sich dann dieses Gebiet zur Leistungselektronik.

Innerhalb des Gesamtgebietes der Leistungselektronik können Teilbereiche benannt werden, in denen die folgenden Arbeitsschwerpunkte zu finden sind:

- **Elektronische Ventilbauelemente**
  Bei der Entwicklung und Herstellung elektronischer Ventile steht die Lösung von Problemen aus dem Gebiet der Halbleiterphysik im Vordergrund.

- **Schaltungslehre der Leistungselektronik**
  In diesem Teilgebiet werden die sich aus der Anwendung elektronischer Ventile ergebenden Fragen und die des Zusammenwirkens der Ventilbauelemente bearbeitet. Hierzu gehören auch Fragen des konstruktiven Aufbaues von Geräten der Leistungselektronik sowie deren Schutz gegen Überbeanspruchungen.

- **Steuerungstechnik in der Leistungselektronik**
  Für das Ansteuern der Ventilbauelemente in einer Schaltung der Leistungselektronik im normalen Betrieb und im Störungsfall werden elektronische Schaltungen verwendet. Die Steuersignale müssen dabei mit Mitteln der Signalverarbeitung erzeugt und danach für das Ansteuern der elektrischen Ventile verstärkt werden.

- **Anwenden leistungselektronischer Betriebsmittel in geregelten Systemen**
  Geräte der Leistungselektronik eignen sich besonders gut als Stellglieder in Regelkreisen. Ihre Beschreibung und das Anpassen an die zu regelnden Strecken spielen eine wichtige Rolle.

- **Zusammenarbeiten leistungselektronischer Geräte mit anderen Betriebsmitteln**
  Hierzu gehören Fragen der Rückwirkung leistungselektronischer Geräte auf das speisende Netz und Probleme der gegenseitigen elektro-magnetischen Beeinflussung.

Den Schwerpunkt des vorliegenden Buches bilden die Schaltungslehre der Leistungselektronik und die zugehörige Steuerungstechnik. Bei letzterem wird weniger auf die elektrische Auslegung der Komponenten als auf die Steuerprinzipien eingegangen. Diese beiden Gebiete stellen nach wie vor das zentrale Arbeitsfeld der Leistungselektronik dar. Auf die Weiterentwicklung der Leistungselektronik durch das Einführen neuer elektronischer Ventile und durch das Anwenden der Möglichkeiten der Signalelektronik wird eingegangen. Außer den auf dem zentralen Gebiet der Leistungselektronik Tätigen benötigen auch die Anwender leistungselektronischer Geräte das Verständnis der wichtigsten Schaltungen der Leistungselektronik. Auf die übrigen Teilgebiete der Leistungselektronik wird, mit Ausnahme der Anwendung in geregelten Systemen, exemplarisch eingegangen. Dabei werden in einem Kapitel die Gesichtspunkte beim Anwenden elektronischer Ventile behandelt.

Die historische Entwicklung der Leistungselektronik verlief über das Anwenden zunächst ungesteuerter Quecksilberdampfventile für die Bahnstromversorgung zum Einsatz der steuerbaren Quecksilberdampfventile in der Antriebstechnik mit Gleichstrommotoren. Letztere erlebte in den fünfziger Jahren eine Blüte. Mit den in den sechziger Jahren eingeführten Halbleiterventilen, den Thyristoren, verbreitete sich das Anwendungsgebiet der Leistungselektronik erheblich. Einmal konnten damit elektronische Ventile auch kleiner Leistung wirtschaftlich eingesetzt werden, und zum anderen wurde mit den Halbleiterventilen die mechanische Empfindlichkeit der Quecksilberdampfventile überwunden.

Die bis dahin verwendeten elektronischen Ventile konnten über den Steueranschluß nur eingeschaltet werden. Sie schalteten nur bei einem von den

1 Einleitung

äußeren Schaltungselementen gegebenen Nulldurchgang des Stromes ab. Mit speziellen Thyristoren war es aber möglich, unter Anwenden von Kunstschaltungen, Ventile zu entwickeln, die den Strom auch unterbrechen können. Mit diesen Ventilen und den in der Zwischenzeit zur Verfügung stehenden Mitteln der Signalelektronik war es auch wirtschaftlich möglich geworden, die Drehzahl von Drehstrommotoren über die Frequenz zu steuern. Der hierfür nötige Aufwand verhinderte eine weite Verbreitung dieser Lösungen.

Im letzten Jahrzehnt waren elektronische Ventile eingeführt worden, die sich mit einem Steuersignal nicht nur ein- sondern auch ausschalten lassen und die gegenüber dem Thyristor wesentlich verbesserte Schalteigenschaften besitzen. Mit ihnen stehen heute elektronische Ventile zur Verfügung, die in verschiedenen Bauformen von kleinen bis großen Leistungen Anwendung finden. Damit ist das Arbeitsgebiet der Leistungselektronik erneut ausgeweitet worden. Da zur Zeit die Entwicklung der abschaltbaren elektronischen Ventile noch im vollen Fluß ist, dauert auch der Prozeß an, der neue technische Anwendungen für die Leistungselektronik bringt.

Dabei bieten neue Anwendungen bekannter Schaltungen und neue Steuerverfahren mit gegenüber den früheren Anwendungen erheblich gesteigerten Frequenzen Möglichkeiten, die Zeitverläufe von Strömen und Spannungen zu beeinflussen. Damit wird es möglich, die elektrischen Größen an der Eingangs- und der Ausgangsseite leistungselektronischer Geräte einer harmonischen Funktion von Netzfrequenz gut anzunähern. Die dem Schalterbetrieb anhaftende starke Nichtlinearität, die die leistungselektronischen Geräte kennzeichnet, ist dann nach außen über die Klemmen nicht mehr spürbar.

Die heute weit verbreitete Anwendung von abschaltbaren elektronischen Ventilen in den Schaltungen der Leistungselektronik bringt es mit sich, daß das Prinzip der Führung eines Stromrichters, also die Herkunft der Kommutierungsspannung, nicht mehr die herausragende Rolle spielt wie bei den Stromrichtern mit einschaltbaren Ventilen. Eine Einteilung des Gebietes der Leistungselektronik wird in dem vorliegenden Buch deshalb nach dem Gesichtspunkt vorgenommen, welche der Größen Strom oder Spannung auf welcher Seite einer Kombination elektronischer Ventile eingeprägt ist. Die Orientierung erfolgt an den Schaltungen mit eingeprägter Gleichspannung und eingeprägtem Gleichstrom. Außerdem wird der Begriff Umrichter als Oberbegriff einmal für Gleich- und Wechselrichter und zum anderen für Strom- und Spannungsrichter verwendet. Darauf wird im Kapitel 4 eingegangen.

2 Grundbegriffe und Grundgesetze

Für das Verstehen der Wirkungsweise von Geräten und Systemen der Leistungselektronik ist es hilfreich, die Prinzipien in einigen Grundschaltungen genau zu kennen. Diese lassen sich mit Hilfe weniger idealisierter Schaltungselemente beschreiben. Hierfür werden als Energiewandler Spannungs- und Stromquellen und Widerstände sowie Transformatoren und als Energiespeicher Spulen und Kondensatoren verwendet. Für das Studium der Prinzipien genügt es, die Ventilbauelemente durch ideale Schalter darzustellen. Auch die Wirkungsweise komplizierterer Schaltungen der Leistungselektronik läßt sich meist ausreichend genau mit idealen Schaltern beschreiben. Erst für ein genaues Beschreiben der Vorgänge in diesen Schaltungen wird es erforderlich sein, das Schaltverhalten der Ventilbauelemente in die Berechnungen einzubeziehen.

2.1 Idealisierte Schaltungselemente

Das Kennzeichen der **idealen Spannungsquelle** (Bild 2.1a) ist, daß ihre Klemmenspannung den vorgegebenen Wert ohne Einfluß des von ihr geführten Stromes behält. Sie ist eine Quelle mit eingeprägter Spannung. Die Klemmenspannung u kann dabei einen vorgegebenen Zeitverlauf u = u(t) - Beispiel u = û sin ωt Quelle einer sinusförmigen Spannung - oder einen konstanten Wert u = U_d - Gleichspannungsquelle - besitzen.

Der Strom wird von den an die Spannungsquelle angeschlossenen Elementen bestimmt. Dadurch wird sein Zeitverlauf und damit auch die Richtung festgelegt. Die Richtung des Stromes in Bezug auf die Richtung der Spannung bestimmt, ob die Spannungsquelle elektrische Energie in die Schaltung speist oder aus ihr entnimmt. Da die Vorzeichen von Spannung und Strom nach dem Verbraucherzählpfeilsystem gewählt werden, stimmt die Richtung von Spannung und Strom bei Aufnahme elektrischer Energie überein. Bei Abgabe elektrischer Energie haben dann Spannung und Strom entgegengesetzte Richtung.

Nicht alle technischen Spannungsquellen sind für das Umkehren der Richtung des Energieflusses geeignet. Dann kann ihr Verhalten nicht durch das Element ideale Spannungsquelle allein beschrieben werden.

2.1 Idealisierte Schaltungselemente

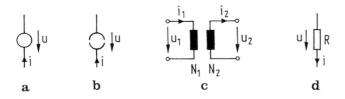

Bild 2.1 Idealisierte Energiewandler
a) Spannungsquelle b) Stromquelle
c) Transformator d) Widerstand

Bei einer **idealen Stromquelle** (Bild 2.1b) wird der Strom unabhängig von der sich ausbildenden Klemmenspannung vorgegeben. Die Quelle arbeitet mit eingeprägtem Strom. Im Falle einer Quelle für sinusförmigen Strom gilt $i = \hat{i} \sin \omega t$ oder im Falle der Gleichstromquelle $i = I_d$.

Zeitverlauf und Richtung der Klemmenspannung hängen von den mit der Stromquelle verbundenen Elementen ab. Bezüglich der Abgabe oder Aufnahme elektrischer Energie gilt das für die Spannungsquelle gesagte hier entsprechend.

Der **ideale Transformator** (Bild 2.1c) wandelt die Klemmengrößen von Primär- und Sekundärseite mit dem Übersetzungsverhältnis N_1/N_2 um:

$$\text{Klemmenspannungen:} \quad \frac{u_1}{u_2} = \frac{N_1}{N_2},$$

$$\text{Ströme:} \quad \frac{i_1}{i_2} = \frac{N_2}{N_1}. \qquad (2.1)$$

Bei einem mehrphasigen Transformator kann je nach der verwendeten Schaltgruppe eine Phasenverschiebung zwischen den Größen auf der Primär- und Sekundärseite auftreten.

Der ideale Transformator hat keine Verluste und zu jedem Zeitpunkt besteht Leistungsgleichgewicht zwischen Primär- und Sekundärseite.

Im **Widerstand R** (Bild 2.1d) wird elektrische Energie vollständig in Wärme umgewandelt. Die Klemmengrößen gehorchen dem ohmschen Gesetz:

$$u = R\,i \; , \quad R = \text{const}. \qquad (2.2)$$

Die umgesetzte Leistung ist $p = u^2/R$ oder $p = i^2 R$.

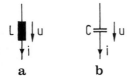

Bild 2.2 Idealisierte Energiespeicher
a) Spule   b) Kondensator

Das Element **ideale Spule** wird durch seine Induktivität L = const gekennzeichnet (Bild 2.2a). Die Klemmengrößen stehen miteinander in der Beziehung:

$$u = L \frac{di}{dt}. \tag{2.3}$$

In diesem Element wird Energie im magnetischen Feld gespeichert. Diese hat, wenn die Spule mit der Induktivität L vom Strom i durchflossen wird, den Betrag w = 1/2 L i².

Das Element **idealer Kondensator** wird durch seine Kapazität C = const beschrieben (Bild 2.2b). Für die Klemmengrößen gilt:

$$i = C \frac{du}{dt}. \tag{2.4}$$

Energie wird im elektrischen Feld gespeichert. Sie hat, wenn der Kondensator mit der Kapazität C auf eine Spannung u aufgeladen ist, den Betrag w = 1/2 C u².

Ein **idealer Schalter** führt im geschlossenen Zustand einen beliebigen Strom, ohne daß eine Spannung an ihm abfällt (u = 0) und hält im geöffneten Zustand eine beliebige Spannung, ohne daß ein Strom fließt (i = 0). Die Übergänge zwischen diesen Zuständen erfolgen ohne Verzögerungen und können zeitlich zu einem frei wählbaren Zeitpunkt vorgenommen werden.

Bei der Nachbildung von Ventilbauelementen durch ideale Schalter werden von diesen Annahmen mitunter einige modifiziert. Es werden ideale Schalter für eine bestimmte Strom- oder Spannungsrichtung in den Ersatzschaltungen verwendet.

Für das Studium der Prinzipien der Grundschaltungen werden die idealen Elemente einer Schaltung ideal miteinander verschaltet. Es wird angenommen, daß die Verbindungsleitungen sowohl keinen Widerstand haben als auch keine Induktivitäten und Kapazitäten bilden. Für eine erste Näherung bei der Beschreibung der Verhältnisse von praktischen Aufbauten können ideale Widerstände, Induktivitäten und Kapazitäten in die Schaltungen eingefügt werden, mit denen die Eigenschaften der Verbindungsleitungen angenähert beschrieben werden.

2.2 Berechnen von Zeitverläufen

Mit den Zeitverläufen von Strömen und Spannungen sind meist ausreichende Einblicke in die Wirkungsweise der Schaltungen zu gewinnen. Deshalb stellt ihre Berechnung ein wichtiges Hilfsmittel zum Verstehen der Wirkungsweise der verwendeten Schaltungen dar.

Die Verbindung der Schaltungselemente in den Schaltungen führt über die Kirchhoffschen Gesetze zu Differentialgleichungen, deren Lösung die Zeitverläufe liefert. Werden dabei diskrete Schaltungselemente in den Schaltungen verwendet, dann sind die Differentialgleichungen von gewöhnlicher Art. Für einfache Schaltungen sind sie meist geschlossen lösbar. Für kompliziertere Schaltungen stehen Rechnerprogramme zur Verfügung. Dabei können sowohl Programme zur Lösung von Differentialgleichungen als auch Programme, die aus dem vorgegebenen Schaltbild die Differentialgleichungen aufstellen und lösen, verwendet werden.

Als Beispiel sei die Schaltung gewählt, mit der es möglich ist, eine konstante Gleichspannung in eine Spannung mit einstellbarem Mittelwert umzuwandeln: Grundschaltung des Gleichspannungswandlers. Diese ist im Bild 2.3 dargestellt. Dabei zeigt das Bild 2.3a die Grundschaltung mit einem idealen Umschalter. Im Bild 2.3b ist dargestellt, wie diese Schaltung mit einem Schalttransistor und einer Diode praktisch ausgeführt werden kann. Dabei wird mit einer Spannungsquelle gearbeitet, so daß für die Berechnung eine eingeprägte Spannung angenommen werden kann. Die Last ist passiv ohmsch-induktiv. Dieser Anordnung entsprechen viele Anwendungsfälle. Bei anderen Anwendungsfällen ist eine eingeprägte Gleichspannung zusätzlich im Lastkreis anzunehmen.

Aus dem Ruhezustand wird die Last durch Umlegen des Schalters S eingeschaltet. Für die sich dann ergebende Masche gilt die Gleichung (Bild 2.3c):

$$i R + L \frac{di}{dt} - U_0 = 0 . \tag{2.5}$$

Zu dieser Differentialgleichung kommt die Anfangsbedingung hinzu:

$$t = 0 \; , \; i = 0 .$$

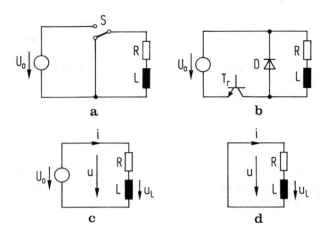

Bild 2.3 Grundschaltung Gleichspannungswandler
a) Prinzipschaltung mit idealem Schalter
b) Ausführung mit Schalt-Transistor und Freilaufdiode
c) Ersatzbild für den eingeschalteten Zustand
d) Ersatzbild für den ausgeschalteten Zustand

Als lineare Differentialgleichung 1. Ordnung hat sie die allgemeine Lösung:

$$i(t) = \frac{U_0}{R} + C_E \exp(-t/\tau) . \qquad (2.6)$$

Hierin ist $\tau = L/R$. Mit der Anfangsbedingung läßt sich die Konstante C_E bestimmen. $C_E = -U_0/R$. Damit ergibt sich die spezielle Lösung für das Einschalten:

$$i(t) = \frac{U_0}{R} \left(1 - \exp(-t/\tau)\right) . \qquad (2.7)$$

Durch erneutes Umlegen des Schalters S wird die Last von der Spannungsquelle getrennt und kurzgeschlossen. Für den ideal angenommenen Schalter verläuft das ohne Zeitverzug. Für die kurzgeschlossene Last ergibt sich (Bild 2.3d):

$$i R + L \frac{di}{dt} = 0 . \qquad (2.8)$$

Es sei angenommen, daß vor dem erneuten Umschalten der Strom in der Last den Wert $i = U_0/R$ hat. Dann ist die Anfangsbedingung für den neuen Schaltzeitpunkt $t = 0$: $i = U_0/R$.

2.2 Berechnen von Zeitverläufen

Die allgemeine Lösung lautet:

$$i(t) = C_A \exp(-t/\tau) \,. \tag{2.9}$$

Mit C_A ist die Integrationskonstante für das Ausschalten bezeichnet. Aus der Anfangsbedingung ergibt sich $C_A = U_0/R$ und damit die spezielle Lösung:

$$i(t) = \frac{U_0}{R} \exp(-t/\tau) \,. \tag{2.10}$$

Im Bild 2.4 sind diese Lösungen dargestellt. Zu beachten ist, daß an der ohmsch-induktiven Last der Strom sich nicht sprunghaft ändert, sein Zeitverlauf hat im Schaltaugenblick einen Knick. Die Spannung an der Induktivität u_L springt im Schaltaugenblick.

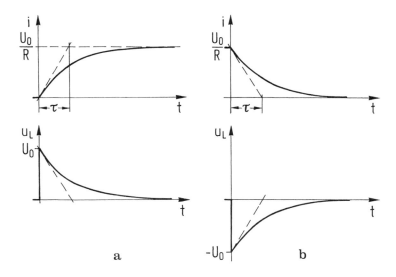

Bild 2.4 Zeitverläufe i und u_L am Gleichspannungswandler
a) Einschalten aus dem energiefreien Zustand
b) Ausschalten des maximalen Stromes

2.2.1 Periodisches Schalten

Wird der Schalter nicht nur zum Ein- und Ausschalten benutzt, sondern wiederholt betätigt, so kann der Mittelwert der Spannung an der Last verstellt oder gesteuert werden. Es soll der Fall betrachtet werden, daß der Schalter periodisch umgeschaltet wird.

Die Zeitverläufe von i und u_L können mit (2.7) und (2.10) berechnet werden. Da der Strom in den Schaltzeitpunkten nicht springt, ist der Endwert des Stromes in einem Intervall zugleich der Anfangswert im nächsten Intervall.

Das Bild 2.5 zeigt das Ergebnis einer solchen Berechnung. Während des Zeitabschnittes T_E liegt die Spannung U_0 am Verbraucher. Während des Zeitabschnittes T_A ist der Verbraucher kurzgeschlossen. Die Periodendauer ist $T_S = T_E + T_A$. Da sich die Spannung am Verbraucher nur zwischen den Werten Null und U_0 ändert, geht ihr arithmetischer Mittelwert

$$U_{AV} = \frac{1}{T_S} \int_0^{T_S} u(t)\, dt$$

aus dem Zeitverlauf unmittelbar hervor:

$$U_{AV} = \frac{T_E}{T_S} U_0 . \qquad (2.11)$$

Der arithmetische Mittelwert der Spannung kann mit der Steuergröße T_E/T_S verstellt werden.

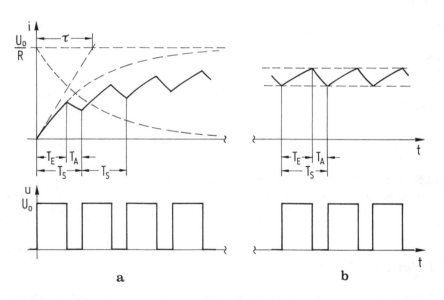

Bild 2.5 Gleichspannungswandler bei periodischem Schalten
a) Einschalten aus dem energiefreien Zustand
b) eingeschwungener Zustand

2.2.2 Schalten - Steuern

Es ist aus dem Bild 2.5 ersichtlich, daß das Verhältnis der Zeitkonstanten τ der Last zur Periodendauer T_S einen großen Einfluß auf den Zeitverlauf des Stromes hat. Dieses Verhältnis kann dazu benutzt werden, den Unterschied zwischen Schalten und Steuern zu definieren:

Schaltender Betrieb liegt dann vor, wenn die Periodendauer sehr viel größer ist als die Zeitkonstante: $T_S \gg \tau$.

Steuernder Betrieb liegt dagegen vor, wenn die Periodendauer etwa so groß oder kleiner als die Zeitkonstante ist. $T_S \sim \tau$ oder $T_S < \tau$.

Beim schaltenden Betrieb erreicht die Ausgangsgröße den jeweiligen Endwert innerhalb eines Schaltintervalles.

Beim steuernden Betrieb pendelt die Ausgangsgröße zwischen Werten, die nicht den Grenzwerten entsprechen.

Das sei mit dem Beispiel einer Temperatur-Steuerung näher erläutert. Mit den Ventilen V_1 und V_2 in der Schaltung des Bildes 2.6a kann die Wechselspannung u auf den Verbraucher RL geschaltet werden. Die Ventile führen abwechselnd in einer Halbperiode den Strom. Die Leistung wird einem Wärmespeicher zugeführt. Seine Temperatur ist mit ϑ bezeichnet. Die elektrische Zeitkonstante $\tau_{el} = L/R$ ist sicher wesentlich kleiner als die thermische Zeitkonstante τ_{th} des Speichers.

In den Bildern 2.6b und c sind die sich ergebenden Zeitverläufe von Spannung am Verbraucher u_L, Strom i und Temperatur ϑ eingezeichnet. Die Ventile werden jeweils um die Zeitdauer t_1 verzögert gegenüber dem Nulldurchgang der Spannung u eingeschaltet. Gegenüber der Halbperiode ist τ_{el} klein, so daß der Strom innerhalb der Halbperiode den Endwert des Ausgleichsvorganges erreicht. Dieser ist in diesem Beispiel der Wechselstrom, der fließt, wenn der Verbraucher RL direkt an der Wechselspannung liegt. Er ist im Bild 2.6 dünn unterbrochen dargestellt. Bei Bild 2.6b ist ein kleinerer Wert für t_1 gewählt als bei 2.6c. Trotzdem erreicht der elektrische Ausgleichsvorgang in beiden Fällen praktisch den Endwert.

Wegen $\tau_{th} \gg \tau_{el}$ erreicht die Temperatur ϑ innerhalb der Halbperiode nicht einen Endwert. Sie schwankt mit kleinen Abweichungen um den Mittelwert ϑ_m. Dieser kann mit der Steuerzeit t_1 verstellt werden.

Aus dem Beispiel geht hervor, daß für den elektrischen Strom schaltender Betrieb und für die Temperatur steuernder Betrieb vorliegt.

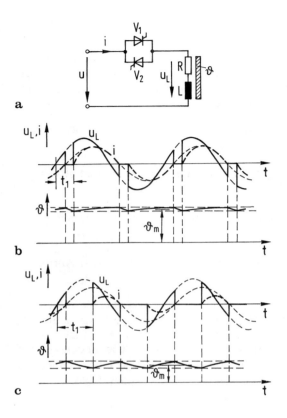

Bild 2.6 Zum Unterschied der Betriebsarten Schalten - Steuern
a) Schaltung
b) und c) Zeitverläufe bei zwei verschiedenen Steuerzeiten

2.2.3 Eingeschwungener Zustand bei periodischem Schalten

Während unmittelbar nach dem Einschalten sich der arithmetische Mittelwert des Stromes von Intervall zu Intervall ändert (Bild 2.5a), wird nach einiger Zeit ein Zustand erreicht, bei dem der arithmetische Mittelwert des Stromes von Intervall zu Intervall gleich bleibt. Dieser Zustand - eingeschwungener oder quasistationärer Zustand - ist dadurch gekennzeichnet, daß am Ende eines Intervalles der Strom denselben Wert wie zu Beginn des Intervalles besitzt (Bild 2.5b).

Für diesen quasistationären Zustand lassen sich für das Beispiel des Gleichspannungswandlers die Integrationskonstanten aus den genannten Anfangsbedingungen herleiten:

$$C_E = \frac{\exp(-T_A/\tau) - 1}{1 - \exp(-T_S/\tau)} \quad , \quad C_A = \frac{1 - \exp(-T_E/\tau)}{1 - \exp(-T_S/\tau)}. \tag{2.12}$$

Mit diesen Konstanten lassen sich die Zeitverläufe in den Intervallen des quasistationären Zustandes angeben.

Im Bereich $0 \leq t \leq T_E$:
$$i(t) = \frac{U_0}{R}\left(C_E \exp(-\frac{t}{\tau}) + 1\right), \tag{2.13}$$

Im Bereich $T_E \leq t \leq T_S$:
$$i(t) = \frac{U_0}{R} C_A \exp(-\frac{t - T_E}{\tau}). \tag{2.14}$$

2.3 Berechnen von Mittelwerten

Neben den Zeitverläufen der physikalischen Größen in einer Schaltung können auch Mittelwerte dieser Größen zum Beschreiben der Eigenschaften verwendet werden. Dabei werden sowohl der arithmetische Mittelwert als auch der Effektivwert benutzt.

Welcher der beiden Mittelwerte zu verwenden ist, hängt von der physikalischen Größe ab, die beschrieben werden soll.

Zur Darstellung des magnetischen Flusses und von elektro-chemischen Vorgängen wird der arithmetische Mittelwert verwendet.

Zur Darstellung von Erwärmungsvorgängen wird der Effektivwert verwendet.

Beim Beispiel des Gleichspannungswandlers war der arithmetische Mittelwert der Spannung am Verbraucher mit (2.11) angegeben worden. Aus (2.13) und (2.14) kann auch der arithmetische Mittelwert des Stromes für den eingeschwungenen Zustand berechnet werden.

$$I_{AV} = \frac{T_E}{T_S} \frac{U_0}{R}. \tag{2.15}$$

Für den Effektivwert ist seine Definition zu verwenden:

$$U = \sqrt{\frac{1}{T_S} \int_0^{T_S} u^2(t) dt}$$

Wie die Definitionen der Mittelwerte zeigen, wird bei periodischen Größen als Zeit der Mittelung die Periodendauer benutzt.

2.4 Berechnen der Harmonischen

Wie auch das Beispiel im Abschnitt 2.2 gezeigt hat, sind die Zeitfunktionen für Spannungen und Ströme u(t) und i(t) einer Schaltung mit Ventilbauelementen im allgemeinen periodisch. Sie sind jedoch nicht sinusförmig und wegen des Ablösens der einzelnen Ventile oft nur abschnittsweise zu definieren. Größen dieser Art lassen sich durch eine Fourier-Reihe darstellen. Die Glieder dieser Reihe sind harmonische Funktionen, deren Argumente in einem ganzzahligen Verhältnis zu einander stehen (Ordnungszahlen) und deren Amplituden oft mit steigenden Ordnungszahlen abnehmen.

Eine **Wechselgröße** hat definitionsgemäß den arithmetischen Mittelwert Null. Für sie lautet die Darstellung der Fourier-Reihe:

$$f(x) = \sum_{1}^{\infty} a_n \cos(nx) + \sum_{1}^{\infty} b_n \sin(nx) . \tag{2.16}$$

Die Ordnungszahlen sind $n = 1, 2, 3 \ldots$.

Größen mit einem von Null verschiedenen arithmetischen Mittelwert, also Größen mit einem Gleichanteil ($a_0 \neq 0$), werden zweckmäßigerweise durch Verlegen der Bezugsachse in reine Wechselgrößen umgewandelt.

Oft ist die Umformung von (2.16) in die folgende Form von Vorteil:

$$f(x) = \sum_{1}^{\infty} c_n \sin(nx + \varphi_n) . \tag{2.17}$$

Dann bestehen zwischen den Reihengliedern dieser beiden Darstellungsformen die Beziehungen:

$$c_n = \sqrt{a_n^2 + b_n^2} \quad , \quad \varphi_n = \arctan \frac{a_n}{b_n} . \tag{2.18}$$

Ist die Funktion f(x) zum Beispiel aus den Berechnungen der Zeitverläufe oder durch Messen bekannt, dann lassen sich die Glieder der Reihendarstellung ermitteln:

$$a_n = \frac{1}{\pi} \int_{}^{2\pi} f(x) \cos(nx)\, dx \; , \; b_n = \frac{1}{\pi} \int_{}^{2\pi} f(x) \sin(nx)\, dx . \tag{2.19}$$

Die in der Leistungselektronik auftretenden Zeitverläufe sind oft symmetrisch oder können durch Wahl der Bezugsachse zu symmetrischen Funktio-

2.4 Berechnen der Harmonischen

nen werden. Die Glieder der harmonischen Reihe lassen sich dann einfacher berechnen. Am Beispiel der Zeitfunktion einer Spannung seien die Symmetrieeigenschaften und die zugehörigen Berechnungsgleichungen zusammengestellt:

a) $u(\omega t)$ ist eine gerade Funktion $u(\omega t) = u(-\omega t)$ (Bild 2.7a)

$$a_n = \frac{2}{\pi} \int_0^\pi u(\omega t) \cos(n\omega t)\, d\omega t \quad , \quad (n = 1, 2, 3 \ldots)\,, \tag{2.20}$$

$$a_0 = \frac{1}{\pi} \int_0^\pi u(\omega t)\, d\omega t \quad , \quad b_n = 0\,.$$

b) $u(\omega t)$ ist eine ungerade Funktion und eine Wechselgröße $u(\omega t) = -u(-\omega t)$ (Bild 2.7b),

$$a_0 = 0 \quad , \quad a_n = 0\,, \tag{2.21}$$

$$b_n = \frac{2}{\pi} \int_0^\pi u(\omega t) \sin(n\omega t)\, d\omega t \quad , \quad (n = 1, 2, 3, \ldots)$$

c) Bei $u(\omega t)$ sind die Beträge der positiven und negativen Halbperiode gleich, Halbschwingungssymmetrie, Wechselgröße $u(\omega t) = -u(\omega t + \pi)$ (Bild 2.7c)

$$a_0 = 0\,,$$

$$a_{2n+1} = \frac{2}{\pi} \int_0^\pi u(\omega t) \cos\big((2n+1)\omega t\big)\, d\omega t \quad , \quad (n = 0, 1, 2, \ldots)\,,$$

$$b_{2n+1} = \frac{2}{\pi} \int_0^\pi u(\omega t) \sin\big((2n+1)\omega t\big)\, d\omega t\,, \tag{2.22}$$

$$a_{2n} = 0 \quad , \quad b_{2n} = 0\,.$$

d) $u(\omega t)$ ist eine gerade Funktion und es ist außerdem $u(\omega t) = -u(\omega t + \pi)$ (Bild 2.7d)

$$a_{2n+1} = \frac{4}{\pi} \int_0^{\pi/2} u(\omega t) \cos\big((2n+1)\omega t\big)\, d\omega t \quad , \quad (n = 0, 1, 2, \ldots)\,, \tag{2.23}$$

$$b_n = a_{2n} = 0\,.$$

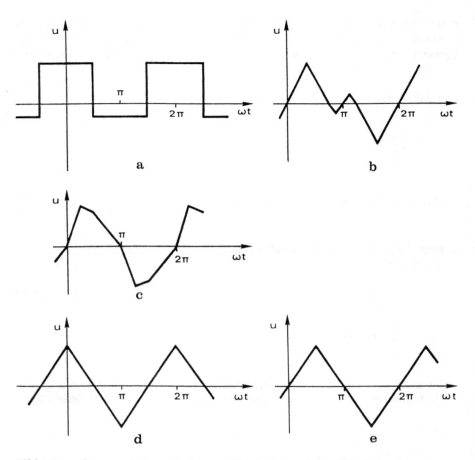

Bild 2.7 Symmetrieeigenschaften von Zeitfunktionen zum Berechnen der Harmonischen

e) $u(\omega t)$ ist eine ungerade Funktion und es ist außerdem $u(\omega t) = -u(\omega t + \pi)$ (Bild 2.7e)

$$b_{2n+1} = \frac{4}{\pi} \int_0^{\pi/2} u(\omega t) \sin((2n+1)\omega t)\, d\omega t \quad , \quad (n = 0, 1, 2, \ldots) \tag{2.24}$$

$a_n = b_{2n} = 0$.

In manchen Fällen ist eine Darstellung genau genug, die die Funktion durch das erste Glied der Reihe beschreibt. Dieses hat die Ordnungszahl n = 1 und wird **Grundschwingung** genannt. Die Darstellung mit Hilfe der Grundschwingungen - Grundschwingungsmodell - hat den Vorteil, daß die Methoden der Wechselstromlehre angewendet werden können, da rein sinusförmige Größen vorliegen.

Wird die Reihendarstellung zusammen mit der Definition des Effektivwertes benutzt, dann ergibt sich als Beispiel der Effektivwert eines Stromes:

$$I = \sqrt{\sum_{1}^{\infty} I_n^2} \quad , \quad (n = 1, 2, 3, ...) \, . \tag{2.25}$$

Hierin sind I_n die Effektivwerte der einzelnen Harmonischen.

2.5 Darstellen der Leistung

Besonderes Gewicht hat die Darstellung von Mittelwerten für die elektrische Leistung. Bei zeitveränderlichen Größen u(t) und i(t) ist die elektrische Leistung ebenfalls zeitveränderlich:

$$p(t) = u(t)\, i(t) \, .$$

Viele elektrotechnische Effekte können durch die im Mittel umgesetzte Leistung beschrieben werden. Dieser arithmetische Mittelwert wird **Wirkleistung** genannt:

$$P = \frac{1}{T} \int^{T} p(t)\, dt \, . \tag{2.26}$$

Liegen die Zeitverläufe u(t) und i(t) in Reihendarstellung vor und haben sie dieselbe Grundschwingungsfrequenz, so ergibt sich für die Wirkleistung:

$$P = \sum_{1}^{\infty} U_n I_n \cos \varphi_n \quad , \quad (n = 1, 2, 3, ...) \, . \tag{2.27}$$

Hierin sind U_n und I_n die Effektivwerte der einzelnen Harmonischen. Mit φ_n ist der Winkel zwischen der n-ten Harmonischen der Spannung und der n-ten Harmonischen des Stromes bezeichnet.

Die Gleichung (2.27) beschreibt den Umstand, daß Wirkleistung nur von den Harmonischen in Spannung und Strom übertragen wird, die dieselbe Ordnungszahl besitzen. Bei der Integration über eine Periode, wie sie die Definition der Wirkleistung vorschreibt, liefern die Produkte ungleicher Ordnungszahl keinen Beitrag.

Aus den Effektivwerten von Spannung und Strom wird auch bei nichtsinusförmigen Größen die **Scheinleistung** definiert:

$$S = U\,I.\qquad(2.28)$$

Ebenso wird auch bei nichtsinusförmigen Größen ein **Leistungsfaktor** definiert:

$$\lambda = \frac{P}{S}.\qquad(2.29)$$

Bei sinusförmigen Größen ist wegen der Phasenverschiebung im allgemeinen $S \geq P$ und damit $\lambda \leq 1$. Das Gleichheitszeichen gilt für den rein ohmschen Fall, bei dem der Phasenwinkel Null ist. Bei nichtsinusförmigen Größen führen unterschiedliche Zeitverläufe von Spannung und Strom ebenfalls zu $S > P$. Allgemein gilt die Aussage, daß bei unterschiedlichen Zeitfunktionen von Spannung und Strom die Scheinleistung stets größer als die Wirkleistung ist. Nur bei $u(t) = k\,i(t)\,;\,k = \text{const}$ gilt $S = P$.

Neben der Phasenverschiebung bei sinusförmigen Größen verursachen unterschiedliche Verzerrungen in Spannung und Strom infolge der nichtlinearen Kennlinien der Ventilbauelemente die Ungleichung $S > P$.

Auch Erscheinungen der Unsymmetrie in Mehrphasensystemen führen zu Abweichungen zwischen den Zeitfunktionen von Spannungen und Strömen. Wird die Scheinleistung bei einem Mehrphasensystem wie folgt definiert:

$$S = U\,I \quad \text{mit} \quad U = \sqrt{\sum_{1}^{k} U_i^2}\;,\quad I = \sqrt{\sum_{1}^{k} I_i^2}\,,\qquad(2.30)$$

$i = 1, 2, 3, \ldots$ k: Anzahl der Stränge im Mehrphasensystem,

so läßt sich zeigen, daß Unsymmetrien auch bei sinusförmigen Größen zur Ungleichung $S > P$ führen.

2.5.1 Beispiel sinusförmige Spannung, nichtsinusförmiger Strom

In der Leistungselektronik liegt oft der Fall vor, daß eine der Größen, Spannung oder Strom, sinusförmig und die andere verzerrt ist. Ein solcher Fall liegt vor, wenn eine Ventilschaltung an ein Netz mit sinusförmiger Spannung und vernachlässigbarem Innenwiderstand angeschaltet wird.

2.5 Darstellen der Leistung

Dann kann die **Scheinleistung** wie folgt umgeschrieben werden:

$$S = U \sqrt{I_1^2 + I_2^2 + I_3^2 + ...},$$

$$S^2 = U^2 I_1^2 + U^2 (I_2^2 + I_3^2 + ...),$$

$$S^2 = (U I_1 \cos \varphi_1)^2 + (U I_1 \sin \varphi_1)^2 + U^2 (I_2^2 + I_3^2 + ...).$$

In dieser Gleichung lassen sich die Komponenten der Scheinleistung wie folgt interpretieren:

Wirkleistung: $P = U I_1 \cos \varphi_1$. (2.31)

Wegen der unverzerrten Spannung ist in diesem Beispiel die gesamte Wirkleistung identisch mit der Grundschwingungswirkleistung $P = P_1$.

Grundschwingungsblindleistung: $Q_1 = U I_1 \sin \varphi_1$. (2.32)

Für die Grundschwingung wird mit dem Sinus des Phasenwinkels zwischen der Spannung und der Grundschwingung des Stromes eine Blindleistung infolge dieser Phasenverschiebung definiert.

Verzerrungsleistung: $D = U \sqrt{I_2^2 + I_3^2 + ...}$. (2.33)

Die Aufteilung der Scheinleistung in diese Komponenten hat eine praktische Bedeutung. Für Anwendungen sollte die Wirkleistung nicht sehr viel kleiner als die Scheinleistung sein. Das kann oft nur mit zusätzlichen Kompensationsmitteln erreicht werden. Nun sind im allgemeinen zum Kompensieren der Grundschwingungsblindleistung andere Mittel erforderlich als zur Kompensation der Verzerrungsleistung. Der Einfluß der Harmonischen wird durch Filter reduziert.

Wird der Leistungsfaktor für das Beispiel der sinusförmigen Spannung und des nichtsinusförmigen Stromes berechnet, dann ergibt sich:

$$\lambda = \frac{P}{S} = \frac{U I_1 \cos \varphi_1}{U I} = \frac{I_1}{I} \cos \varphi_1. \quad (2.34)$$

Das Verhältnis I_1/I wird **Grundschwingungsgehalt** genannt.

Entsprechend ist als **Oberschwingungsgehalt** oder **Klirrfaktor** definiert:

$$k = \frac{\sqrt{I_2^2 + I_3^2 + ...}}{I}. \quad (2.35)$$

Mit den Verhältnissen Grund- und Oberschwingungsgehalt werden Abweichungen der Zeitverläufe von der Sinusform beschrieben. Bezugsgröße in diesen Fällen ist der Effektivwert der Wechselgröße. Da dieser bei Berechnungen schwieriger zu handhaben ist, werden auch andere Verhältnisse zur Kennzeichnung der Abweichungen verwendet. So wird mit **Gesamt-Oberschwingungsverhältnis** – auch **Total Harmonic Distortion THD** – das Verhältnis des Effektivwertes des Oberschwingungsanteils zum Effektivwert der Grundschwingung der Wechselgröße bezeichnet.

3 Elektronische Ventile

3.1 Systematische Übersicht

Das Kennzeichen der Leistungselektronik ist das Anwenden von elektronischen Ventilen. Elektronische Ventile sind Funktionselemente, die abwechselnd in den leitenden und nichtleitenden Zustand versetzt werden. Weit verbreitete elektronische Ventile sind Halbleiterdiode, Thyristor und Transistor im Schalterbetrieb.

Elektronische Ventile vereinigen zwei Eigenschaften. Einmal ist das die Möglichkeit des Umschaltens zwischen zwei Leitfähigkeitszuständen und zum anderen bei dieser Umschaltung die Richtung einer elektrischen Größe - Spannung oder Strom- wirksam werden zu lassen. Dementsprechend werden Spannungs- und Stromventile unterschieden.

Das Umschalten zwischen zwei Leitfähigkeitszuständen kann entweder nur durch die Richtung einer elektrischen Größe oder durch ein Steuersignal von außen vorgenommen werden. Im ersteren Fall liegt ein **nichtsteuerbares** und im letzteren Fall ein **steuerbares elektronische Ventil** vor. Bei den steuerbaren Ventilen ist noch zu unterscheiden zwischen solchen, die mit Hilfe eines Steuersignals vom sperrenden in den leitenden Zustand geschaltet werden können, aber über das Steuersignal nicht wieder in den sperrenden Zustand versetzt werden können. Diese Ventile sind die **einschaltbaren elektronischen Ventile**. Davon zu unterscheiden sind solche Ventile, die mit einem Steuersignal sowohl vom sperrenden in den leitenden als auch umgekehrt vom leitenden in den sperrenden Zustand geschaltet werden können. Das sind die ein- und ausschaltbaren elektronischen Ventile. Sie werden **abschaltbare Ventile** genannt. Die heute in der Leistungselektronik als elektronische Ventile verwendeten Bauelemente sind ausschließlich Halbleiterbauelemente.

Das einfachste elektronische Ventil ist die **Diode**. Sie führt bei positiver Spannung einen Strom (Durchlaßzustand) und ist bei negativer Spannung gesperrt (Sperrzustand). Dabei fällt an der idealen Diode in Durchlaßrichtung keine Spannung ab, während in Sperrichtung kein Strom fließt. Für die Anwendung realer Bauelemente in der Energietechnik ist maßgebend, daß für möglichst niedrige Verluste sowohl die Spannung in Durchlaßrichtung als auch

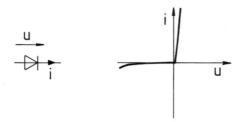

Bild 3.1   Nichtsteuerbares elektronisches Ventil (Diode)

der Sperrstrom möglichst klein sind. Das Bild 3.1 zeigt das Schaltsymbol für eine Diode und ihre Kennlinie.

Die Schaltsymbole und Kennlinien für ein **einschaltbares elektronisches Ventil** sind im Bild 3.2 zusammengestellt. Dabei ist in 3.2a ein elektronisches Ventil dargestellt, das negative und positive Spannung sperren kann. Aus dem positiven Sperrzustand kann es durch ein Steuersignal S_1 in den leitenden Zustand geschaltet werden. Es hat eine Vorzugsrichtung für den Strom und zwei mögliche Spannungsrichtungen. Ein solches Ventil wird **Stromventil** genannt. Ein viel verwendetes Bauelement dieser Art ist der **Thyristor**.

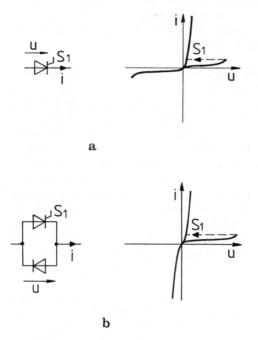

Bild 3.2   Einschaltbare elektronische Ventile
a) Stromventil   b) Spannungsventil

3.1 Systematische Übersicht 23

Werden eine Diode und ein Thyristor gegensinnig parallel geschaltet, so entsteht ein elektronisches Ventil für eine Spannungs-Vorzugsrichtung und zwei mögliche Stromrichtungen. Da es aus dem Sperrzustand in den leitenden Zustand mit dem Steuersignal S_1 geschaltet werden kann, ist es ein **einschaltbares Spannungsventil** (Bild 3.2b).

Die gegensinnige Parallelschaltung zweier Thyristoren hat die im Bild 3.3 gezeichnete Kennlinie. Das Ventil kann aus beiden Spannungsrichtungen in den leitenden Zustand für beide Stromrichtungen geschaltet werden. Für diesen **Zweirichtungsthyristor** wird, wenn er als ein Element aufgebaut ist, das dargestellte Schaltsymbol verwendet.

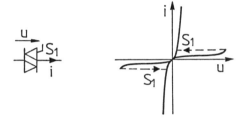

Bild 3.3 Zweirichtungsthyristor

Im Bild 3.4 sind die Schaltsymbole und die Kennlinien für **abschaltbare elektronische Ventile** dargestellt. Bild 3.4a zeigt das Stromventil mit einer Strom- und zwei Spannungsrichtungen. Mit dem Steuersignal S_1 wird das Ventil ein- und mit dem Steuersignal S_2 wird es ausgeschaltet. Als Schaltsymbol ist das eines Abschaltthyristors (GTO-Thyristor) dargestellt. Ein abschaltbares elektronisches Ventil kann auch mit einem Thyristor und einer Zusatzeinrichtung, wie Hilfsthyristor und Kondensator, aufgebaut werden (Bild 3.4b). Für diese Bauelementekombination wird oft ein eigenes Symbol verwendet.

Werden ein Abschaltthyristor und eine Diode gegensinnig parallelgeschaltet, so entsteht ein **abschaltbares Spannungsventil**. Es kann Spannung in einer Richtung aufnehmen und den Strom in zwei Richtungen führen. Es wird mit dem Signal S_1 ein- und mit dem Signal S_2 ausgeschaltet. Anstelle des Abschaltthyristors kann ein Transistor im Schalterbetrieb verwendet werden (Bild 3.4c).

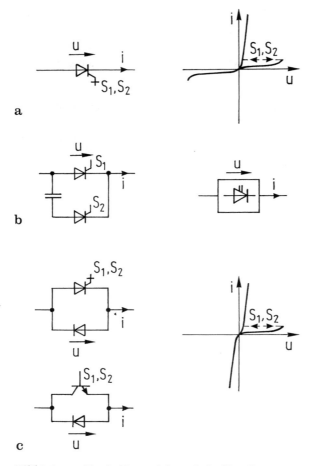

Bild 3.4 Abschaltbare elektronische Ventile
a) Stromventil   b) Thyristor mit Löschkreis   c) Spannungsventil

3.2 Beispiele elektronischer Ventile

3.2.1 Leistungs-Halbleiterdiode

Das Bild 3.5 zeigt die Kennlinie einer Leistungs-Halbleiterdiode. Für die Darstellung im Durchlaßbereich - Durchlaßstrom i_F, Durchlaßspannung u_F - ist dabei ein ganz anderer Maßstab gewählt als für den Sperrbereich - Sperrstrom i_R, Sperrspannung u_R.

In der Durchlaßrichtung wird der Betriebsbereich durch einen Maximalwert für den Durchlaßstrom begrenzt. Da die physikalische Grenze die Temperatur der Sperrschicht ist, haben sowohl die Durchlaßverluste (i_F-u_F-Kennlinie

3.2 Beispiele elektronischer Ventile

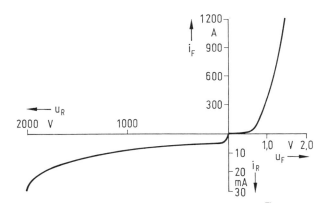

Bild 3.5   Kennlinie einer Leistungs-Halbleiterdiode

und die Kurvenform $i_F(t)$) als auch die Kühlbedingungen Einfluß auf den Maximalwert des Durchlaßstromes. Als Grenzwert des Stromes wird in den Datenblättern der Dauergrenzstrom I_{FAVM} verwendet. Dieser ist der arithmetische Mittelwert des höchsten dauernd zulässigen Durchlaßstromes. Er wird für verschiedene Kühlbedingungen und für verschiedene Kurvenformen des Durchlaßstromes in Diagrammform angegeben.

Der in der praktischen Anwendung vorgesehene Wert für den Durchlaßstrom einer Halbleiterdiode (Bemessungswert) wird um einen Sicherheitsabstand kleiner als der Dauergrenzstrom gewählt.

Für den Kurzzeitbetrieb und für das Auslegen von Schutzeinrichtungen werden Grenzwerte für kurzzeitiges Auftreten des Durchlaßstromes und für den Stoßstrom und für das Grenzlastintegral ($\int I^2 dt$) angegeben. Diese Grenzwerte sind nicht dauernd sondern nur im besonderen Betrieb oder Störfall zugelassen.

In der Sperrichtung wird der Betriebsbereich durch einen Maximalwert für die Sperrspannung begrenzt. Als Grenzwert wird der maximal zulässige Augenblickswert als höchstzulässige periodische Spitzensperrspannung U_{RRM} angegeben. In der praktischen Anwendung können Überspannungen auftreten. Deshalb werden elektronische Ventile so bemessen, daß im normalen Betrieb U_{RRM} 1,5 bis 2,5 mal größer ist als der auftretende Scheitelwert der Sperrspannung.

Alle Eigenschaften der elektronischen Ventile sind stark von der Temperatur abhängig. Für Dioden wird eine Grenze der Sperrschichttemperatur zwischen 150 °C und 180 °C angegeben.

Schaltverhalten

Ändern sich Spannung und Strom an der Halbleiterdiode sehr schnell, so treten Verzögerungen sowohl beim Übergang vom Sperr- in den Durchlaßzustand (Durchlaßverzug) als auch beim Übergang vom Durchlaß- in den Sperrzustand (Sperrverzug) auf. Diese Erscheinungen werden wahrgenommen, wenn sich die vollen Betriebswerte innerhalb weniger Mikrosekunden ändern. Das tritt bei Änderungsgeschwindigkeiten von etwa $du/dt > 100\,V/\mu s$ und $di/dt > 10\,A/\mu s$ auf.

Der Durchlaßverzug tritt auf, weil Ladungsträger zunächst in das wegen des Sperrzustandes ladungsträgerfreie Gebiet gelangen müssen. Bei Halbleiterdioden für große Leistungen ist das ladungsträgerfreie Gebiet von beachtlicher räumlicher Ausdehnung; trotzdem ist der Durchlaßverzug auch bei diesen Dioden üblicherweise kleiner als $2\,\mu s$.

Wird beim Übergang vom Durchlaß- in den Sperrzustand der Strom mit großer Änderungsgeschwindigkeit verkleinert, schaltet die Halbleiterdiode nicht beim Nulldurchgang ab, sondern führt einen Sperrstrom. Dieser fließt solange, bis das Gebiet um den pn-Übergang von Ladungsträgern freigeräumt ist. Erst dann kann die Halbleiterdiode Sperrspannung aufnehmen (Bild 3.6). Der Sperrstrom hat einen Spitzenwert i_{RRM} und klingt nach Ablauf der Spannungsnachlaufzeit t_s schnell ab. Im Kreis vorhandene Induktivitäten

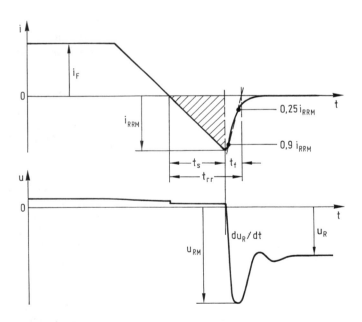

Bild 3.6 Schnelles Abschalten einer Diode

3.2 Beispiele elektronischer Ventile 27

führen dabei zu einer Überspannung u_{RM}. Die Steilheit des abklingenden Sperrstromes kann - wie im Bild 3.6 gezeigt - durch eine Gerade beschrieben werden, die durch die Punkte 0,9 i_{RRM} und 0,25 i_{RRM} bestimmt wird. Mit dem Achsschnittpunkt dieser Geraden wird auch die Sperrverzögerungszeit t_{rr} festgelegt. Der Zeitabschnitt t_f wird Rückstromfallzeit genannt. Die im Bild 3.6 schraffierte Fläche wird als Nachlaufladung Q_s definiert. Sie wird neben der Rückstromspitze i_{RRM} und der Sperrverzögerungszeit t_{rr} zur Beschreibung des Sperrverzuges verwendet. Die Größen i_{RRM}, t_{rr} und Q_s sind außer von der Sperrschichttemperatur vom Durchlaßstrom i_F und der Steilheit abhängig, mit der dieser abgebaut wird.

In Anwendungen, bei denen große Werte für di/dt auftreten, kommt es darauf an, Dioden zu verwenden, die eine kleine Rückstromspitze und eine kleine Nachaufladung besitzen. Im Bild 3.7a ist der Rückstromverlauf für

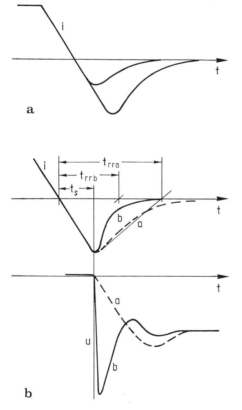

Bild 3.7 Abschaltverhalten unterschiedlicher Dioden
          a) unterschiedliche Rückstromwerte i_{RRM}
          b) unterschiedlicher Zeitverlauf des Rückstromes

zwei unterschiedliche Dioden dargestellt. Bei gleichen Ausgangswerten für i_F und di/dt besitzt die Diode mit dem kleineren Wert für i_{RRM} ein besseres Rückstromverhalten.

Von ebenso großer Bedeutung ist das Verhalten des Diodenstromes nach der Rückstromspitze. Reißt der Strom mit einem großen Wert für di/dt ab (Kurve b im Bild 3.7b), dann ist der Scheitelwert der Spannung u_{RM} sehr groß. Dieser Wert zusammen mit dem großen Wert für du/dt kann andere Bauelemente in der Schaltung gefährden. Es kann günstiger sein, wenn die Diode eine größere Sperrverzögerungszeit besitzt (Kurve a im Bild 3.7b), weil der Scheitelwert der Spannung u_{RM} kleiner ist. Dieses sanfte Rückstromverhalten kann durch das Verhältnis Rückstromfallzeit t_f zu Spannungsnachlaufzeit t_s beschrieben werden. Entsprechend der Definition gilt:

$$t_f = t_{rr} - t_s.$$

Im Beispiel a ist dieses Verhältnis mit $t_f/t_s = 2$ günstiger als im Beispiel b mit $t_f/t_s = 0{,}73$.

3.2.2 Thyristor

Als Beispiel eines **einschaltbaren elektronischen Ventiles** wird ein **Thyristor** behandelt. Das Bild 3.8 zeigt das Schaltsymbol und eine schematisierte Aufbauskizze. Mit A ist die Anode, mit K die Kathode und mit G der Steueranschluß bezeichnet. Der Steuerstrom fließt in dem gewählten Beispiel vom letzteren Anschluß zur Kathode. Es liegt ein kathodenseitig gesteuerter Thyristor vor.

Die elektrischen Eigenschaften des Thyristors sind in der Kennlinie (Bild 3.9) dargestellt. Sie gilt ohne Steuerstrom ($i_G = 0$). Üblicherweise werden die Thyristoren mit einer symmetrischen Kennlinie hergestellt. Die erreichbaren

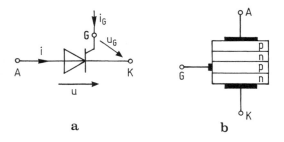

Bild 3.8 Thyristor
a) Schaltsymbol b) schematisierter Aufbau

3.2 Beispiele elektronischer Ventile

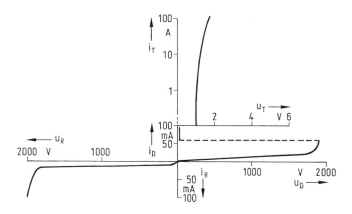

Bild 3.9 Kennlinie eines Thyristors

Werte für negative Sperrspannungen u_R und positive Sperrspannungen u_D sind gleich groß. Im Bereich positiver Spannung besitzt die Kennlinie zwei Äste. Da ist einmal der Kennlinienteil für positives Sperren oder Blockieren (Sperrkennlinie für positive Spannung i_D-u_D) und zum anderen die Durchlaßkennlinie i_T-u_T. Im Bild 3.9 wurden sehr unterschiedliche Maßstäbe für die einzelnen Teile der Kennlinie verwendet. Der Kennlinienteil für negative Spannung i_R-u_R ist die Sperrkennlinie.

Das Umschalten vom positiven Sperrbereich in den Durchlaßbereich wird im Normalbetrieb mit einem Steuerstrom i_G herbeigeführt. Ein Thyristor kann auch ohne Steuerstrom durch Überschreiten des Maximalwertes der positiven Sperrspannung (Nullkippspannung) oder durch Überschreiten der höchstzulässigen Spannungssteilheit eingeschaltet werden. Diese Art des Umschaltens in den leitenden Zustand sollte nicht betriebsmäßig angewendet werden. Ein Überschreiten des Maximalwertes der negativen Sperrspannung führt in jedem Fall zur Zerstörung des Thyristors.

Ist der Thyristor einmal leitend, so behält er diesen Zustand bei, solange der Durchlaßstrom einen Wert besitzt, der größer als der Haltestrom I_H ist. Der Thyristor kann also wie eine Diode nur durch ein vom Außenkreis vorgenommenes Verkleinern des Stromes ausgeschaltet werden. Das bedeutet aber auch, daß der Steuerstrom nur solange fließen muß, bis der Thyristor in den Durchlaßzustand geschaltet hat. Dieser Zustand wird durch den Einraststrom I_L gekennzeichnet. Dieser Wert des Stromes muß als Durchlaßstrom fließen, damit der Thyristor eingeschaltet bleibt, wenn der Steuerstrom steil abklingt.

Wie bei den Halbleiter-Leistungsdioden werden die wichtigsten technischen Eigenschaften durch die folgenden Größen gekennzeichnet:

Dauergrenzstrom I_{TAVM},
höchstzulässiger periodischer Spitzenstrom I_{TRM},
Stoßstrom - Grenzwert I_{TSM},
Grenzlastintegral $\int I^2 dt$ und
höchstzulässige periodische Vorwärts Spitzensperrspannung U_{DRM}.

Weitere Begrenzungen sind durch die kritische Stromsteilheit $(di/dt)_{cr}$ und die kritische Spannungssteilheit $(du/dt)_{cr}$ gegeben. Dabei ist die Stromsteilheit durch die beim Einschalten entstehenden Verluste und die Spannungssteilheit dadurch begrenzt, daß der Thyristor bei einer schnellen Vergrößerung der positiven Sperrspannung mit offenem Steuerkreis nicht einschalten darf.

Schaltverhalten

Das Einschalten eines Thyristors aus dem Blockierzustand mit der Spannung u_{DM} zeigt das Bild 3.10. Wegen der räumlichen Ausdehnung dauert das Einschalten eine endliche Zeit. Zunächst muß der Steuerstrom i_G Ladungsträger in das Gebiet des kathodenseitigen pn-Überganges transportieren und dieser muß auf den mittleren pn-Übergang zurückwirken, ehe der Thyristor zu leiten beginnt. Die hierfür nötige Zeit wird Zündverzugszeit genannt. Zur Beschreibung des Einschaltvorganges werden die im Hinblick auf Meßbarkeit definierten Werte 0,9 u_{DM} und 0,1 u_{DM} verwendet. Es wird damit - wie im Bild 3.10 gezeigt - die Zündverzugszeit t_{gd} bestimmt. Das Ansteigen des Stromes i_T wird vom Außenkreis vorgegeben. Die Zeit, in der die Spannung sich von 0,9 u_{DM} auf 0,1 u_{DM} verringert, wird Durchschaltzeit t_{gr} genannt. Sie ist durch die Eigenschaften des Außenkreises bestimmt und ist um so geringer je kleiner das di/dt ist. Die Zündverzugszeit t_{gd} ist vom Steuerstrom abhängig. Sie kann durch einen großen Wert für i_G und durch einen steilen Anstieg des Stromes i_G klein gehalten werden. Sie beträgt etwa 1 bis 2 µs. Die Durchschaltzeit hat etwa denselben Wert.

Nach Ablauf der Zeit $(t_{gd} + t_{gr})$ ist der Thyristor durchgeschaltet. Die leitenden Gebiete haben jedoch nur eine geringe räumliche Ausdehnung in unmittelbarer Nähe des Steueranschlusses. Es vergeht die Zündausbreitungszeit t_{gs} bis die Gesamtfläche an der Stromführung beteiligt ist. Da die Ausbreitungsgeschwindigkeit des leitenden Gebietes etwa 0,1 mm/µs beträgt, ist die Zeit t_{gs} von der geometrischen Gestalt und der Ausdehnung abhängig. Bei großen Thyristoren ergeben sich für t_{gs} Werte bis 100 µs. Das Einschaltverhalten kann durch Steueranschlüsse mit einer verzweigten Struktur verbessert werden.

Während des Einschaltens nimmt der Thyristor die Leistung $p_T = u_D \, i_T$ auf (Bild 3.10). Das Maximum der Leistung wird von der vom Außenkreis vorgegebenen Stromsteilheit bestimmt. Da die Leistung nur in dem kleinen Gebiet in unmittelbarer Nähe des Steueranschlusses anfällt, muß das Leistungsmaximum und damit die zulässige Stromsteilheit begrenzt werden.

3.2 Beispiele elektronischer Ventile 31

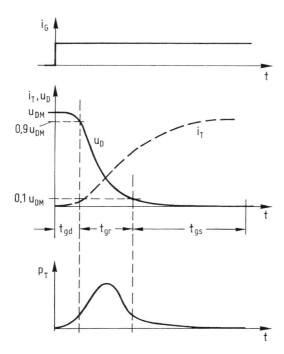

Bild 3.10 Einschalten eines Thyristors

Beim Ausschalten mit großen Werten für di/dt ergibt sich beim Thyristor ebenso wie bei der Halbleiterdiode ein Sperrverzugsverhalten mit einer Rückstromspitze i_{RRM} und einer Sperrverzugszeit t_{rr} (Bild 3.11). Im Zeitverlauf der negativen Sperrspannung ergibt sich ein Unterschied, da sie von zwei pn-Übergängen aufgenommen wird. Bei t_2 beginnt der kathodenseitige pn-Übergang Spannung aufzunehmen. Erst bei t_4 ist der anodenseitige pn-Übergang ladungsträgerfrei, so daß der Strom i_T steil auf Null geht. Das Sperrverhalten wird wie bei den Halbleiterdioden durch i_{RRM}, t_{rr} und die Nachlaufladung Q_s beschrieben.

Nach Ablauf der Zeit t_{rr} nimmt der Thyristor negative Spannung auf. Der mittlere pn-Übergang wurde vom Rückstrom in Flußrichtung durchströmt und ist zu dieser Zeit mit Ladungsträgern angefüllt. Der Thyristor kann keine positive Sperrspannung aufnehmen. Im Gegensatz zu den Ladungsträgern in den äußeren pn-Übergängen können diese nicht abfließen, sondern können nur durch Rekombination verschwinden. Erst nach Ablauf einer Mindestzeit für diese Rekombination, gerechnet vom Nulldurchgang des Stromes, kann der Thyristor positive Sperrspannung aufnehmen. Diese Mindestzeit ist eine charakteristische Größe des Thyristors und wird Freiwerdezeit t_q genannt

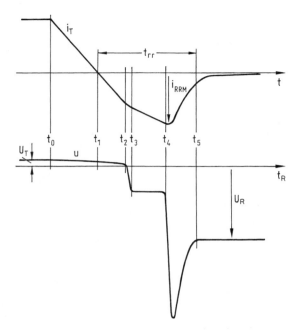

Bild 3.11 Abschalten eines Thyristors

(Bild 3.12). Sie ist mindestens um eine Größenordnung größer als die Sperrverzugszeit.

Wird die Spannung am Thyristor vor Ablauf der Freiwerdezeit positiv, so kippt er in den Durchlaßzustand zurück. Um das zu vermeiden, muß die äußere Schaltung eine Zeit lang eine negative Spannung am Thyristor vorgeben. Diese Zeit wird Schonzeit t_S genannt und sie muß bei allen Betriebszuständen größer als die Freiwerdezeit sein ($t_S > t_q$). Da die Freiwerdezeit von der Sperrschichttemperatur und den Betriebsparametern Durchlaßstrom und Wert der negativen Sperrspannung abhängt, wird die Schonzeit mindestens um den Sicherheitsfaktor 1,5 größer als die Freiwerdezeit gewählt.

Der Schutz von Leistungs-Halbleiterdioden und Thyristoren gegen Überstrom infolge eines Kurzschlusses erfolgt wegen ihrer guten Stoßstrom-Belastbarkeit durch Schmelzsicherungen. Diese werden so ausgelegt, daß ihr Ausschalt-i^2t-Wert unter den vorliegenden Betriebsbedingungen kleiner als das Grenzlastintegral $\int i^2 dt$ des elektronischen Ventils ist.

Das Auslegen des Thyristors für eine große Sperrspannung führt zu dicken Basiszonen und das bringt lange Freiwerdezeiten mit sich. Deshalb wurden zwei Grundtypen von Thyristoren entwickelt. Einer für die Anwendung bei

3.2 Beispiele elektronischer Ventile 33

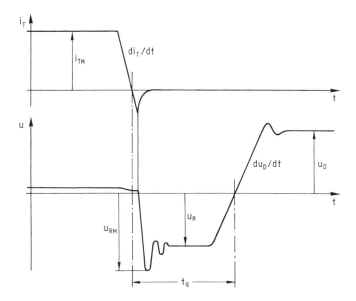

Bild 3.12 Abschalten und Wiederkehr positiver Sperrspannung

Netzfrequenz mit großen Werten für Spannung und Strom und Freiwerdezeiten > 100 µs (N-Thyristor) und ein anderer für höhere Frequenzen mit niedrigeren Spannungen und Strömen jedoch mit wesentlich kürzeren Freiwerdezeiten (F-Thyristor).

Zweirichtungsthyristor

Der im Bild 3.3 gezeigte **Zweirichtungsthyristor**, der auch **TRIAC** genannt wird, besteht aus zwei gegenparallel geschalteten pnpn-Schichtfolgen in einem Siliziumkristall. Er verhält sich wie zwei gegenparallel geschaltete Thyristoren. Er benötigt jedoch für das Einschalten nur einen Steuerstrom einer Richtung. Zweirichtungsthyristoren haben etwa dieselben Eigenschaften wie Thyristoren. Ihre zulässige Spannungssteilheit $(du/dt)_{cr}$ ist jedoch wesentlich geringer. Sie werden deshalb nur für einen Leistungsbereich gefertigt, daß sie zum Schalten und Steuern von überwiegend ohmschen Wechselspannungsverbrauchern kleiner bis mittlerer Leistung verwendet werden.

3.2.3 Abschaltthyristor

Als Beispiel für ein **abschaltbares elektronisches Ventil** soll der **Abschaltthyristor** vorgestellt werden. Nach der Bezeichnung Gate-Turn-Off-Thyristor

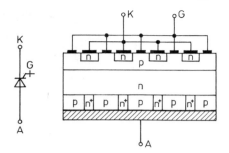

Bild 3.13 Schematisierter Aufbau eines Abschaltthyristors

wird er auch mit **GTO-Thyristor** bezeichnet. Das Bild 3.13 zeigt das verwendete Schaltsymbol und schematisiert seinen Vierschicht-Aufbau. Im Bereich der Kathode ist der wesentliche Unterschied zum Thyristor zu erkennen. Die Kathode ist nicht mehr als Fläche oder wenig gegliedert ausgebildet sondern in viele Streifen aufgeteilt, zwischen denen ebenfalls streifenförmig der Steueranschluß untergebracht ist. Sind beim Thyristor Streifenbreiten von wenigen mm üblich, so werden beim GTO Streifenbreiten von etwa 0,1 mm angewendet. Die zur Erhöhung der kritischen Spannungsänderung du/dt anodenseits angebrachten Kurzschlüsse müssen geometrisch zu den Streifen auf der Kathodenseite justiert sein.

Der Abschaltthyristor kann von einem Arbeitspunkt der Durchlaßkennlinie auf einen Arbeitspunkt der positiven Sperrkennlinie geschaltet werden. Das Bild 3.14 zeigt die Kennlinie. Abschaltthyristoren können symmetrisch für negative und positive Sperrspannung (gestrichelt dargestellte Sperrkennlinie) oder als negativ nichtsperrend hergestellt werden (durchgezogene Sperr-

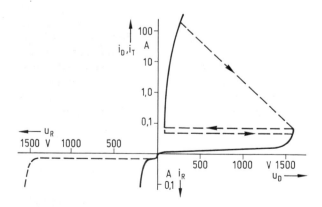

Bild 3.14 Kennlinie eines Abschaltthyristors

kennlinie). Im Bereich größerer Leistung werden heute überwiegend unsymmetrisch sperrende GTO-Thyristoren hergestellt.

Zur Kennzeichnung der technischen Eigenschaften werden auch hier die beim Thyristor aufgeführten Größen verwendet. Hinzu kommt ein Maß für den Abschaltstrom. Für den Dauerbetrieb wird der höchste Augenblickswert des periodisch abschaltbaren Durchlaßstromes I_{TQRM} angegeben. Für das Bemessen von Schutzeinrichtungen dient der höchste Augenblickswert des nicht periodisch abschaltbaren Durchlaßstromes I_{TQSM}.

Das Einschalten erfolgt wie bei einem Thyristor. Insbesondere ist etwa dieselbe Größe des Steuerstromes für einen in der Leistung vergleichbaren Abschaltthyristor erforderlich. Damit dieser auch bei kleinen Strömen vollständig leitend bleibt, wird -im Gegensatz zum Thyristor- während der gesamten Leitdauer ein positiver Steuerstrom beibehalten.

Durch einen negativen Steuerstrom kann der Abschaltthyristor ausgeschaltet werden. Hierfür ist etwa ein Maximalwert I_{RGM} des Steuerstromes notwendig, der das (0,2 bis 0,5)fache des abzuschaltenden Stromes I_{TM} beträgt. Die Abschaltstromverstärkung I_{TM}/I_{RGM} ist mit den Werten zwei bis fünf erheblich kleiner als die Einschaltstromverstärkung.

Das Bild 3.15 zeigt den prinzipiellen Zeitverlauf eines Abschaltvorganges. In einem ersten Zeitabschnitt nach dem Beginn des Steuerstromes wird zunächst die Sättigungsladung entfernt. Der Strom I_{TM} ändert sich noch nicht wesentlich in diesem durch die Abschaltverzugszeit t_{dq} gekennzeichneten Abschnitt.

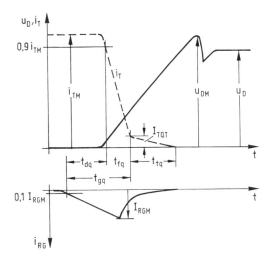

Bild 3.15 Zeitverlauf des Abschaltvorganges eines Abschaltthyristors

Seine Länge hängt stark von der Höhe des Steuerstromes ab. In dem zweiten Zeitabschnitt, bezeichnet mit Abschaltfallzeit t_{fq}, geht der Strom steil bis zu einem charakteristischen Wert I_{TQT} zurück. Der sich anschließende dritte Abschnitt wird vorallem dadurch bestimmt, daß die noch in der mittleren n-Zone gespeicherte Ladung abgebaut wird. Damit fällt der Strom in dieser Zeit nur langsam ab. Diese Erscheinung wird mit Schweifstrom bezeichnet. Sie wird durch den Wert des Schweifstromes I_{TQT} und die Schweifzeit t_{tq} beschrieben. Die Steilheit, mit der die positive Sperrspannung aufgebaut wird, ist vom Außenkreis bestimmt. Da während der Schweifzeit Leistung umgesetzt wird, muß zur Begrenzung dieser Leistung die Anstiegsgeschwindigkeit der Spannung durch zusätzliche Bauelemente eingeschränkt werden. Diese Bauelemente sind die Beschaltungselemente.

Abschaltthyristoren werden gegen Kurzschluß-Überstrom unter Ausnutzung ihrer Abschaltfähigkeit geschützt. Dazu sind der Anstieg des Kurzschlußstromes und die Zeiten für das Erfassen des Kurzschlußstromes und das Ableiten eines Abschaltsignales so aufeinander abzustimmen, dass der Abschaltthyristor noch abschalten kann. Der erreichte Stromwert muß dazu im Schaltaugenblick kleiner als I_{TQSM} sein.

Eine wesentliche Weiterentwicklung des GTO-Thyristors führte zum **Integrated Gate-Commutated Thyristor, kurz IGCT**. Bei diesem Bauelement wurde einmal die Halbleiterstruktur gegenüber dem GTO verbessert und zum anderen wurden Thyristor und Ansteuergerät extrem induktivitätsarm zusammengebaut. Mit ersterem konnte eine Verminderung von Durchlaß- und Schaltverlusten erreicht werden. Letzteres ermöglichte es, daß beim Abschalten der Anodenstrom in etwa 1 µs von der Kathode auf das Gate kommutiert. Der besonders homogene Abschaltvorgang ist die Ursache dafür, daß beim IGCT auf eine Abschaltbeschaltung verzichtet werden kann. Die gewählte Halbleiterstruktur lässt auch die Integration einer gegensinnig leitenden Diode mit angepasstem Schaltverhalten zu. Der IGCT ist ausschließlich mit Scheibengehäuse auf dem Markt.

3.2.4 Bipolarer Transistor

Wird der bipolare Transistor als Schalter betrieben, so hat er die Eigenschaften eines abschaltbaren elektronischen Ventils. Die Entwicklungen der letzten Jahre haben bipolare Transistoren in Leistungsbereiche geführt, daß sie heute in der Leistungselektronik weit verbreitet sind. Als Leistungstransistoren werden überwiegend npn-Transistoren verwendet.

Das Bild 3.16 zeigt das Schaltbild in der meist verwendeten Emitter-Schaltung und die zugehörigen Ausgangskennlinien. Für die Arbeitsweise als Schalter werden die Arbeitspunkte I (vorwärtssperrend) und III (Durchlaßbetrieb)

3.2 Beispiele elektronischer Ventile

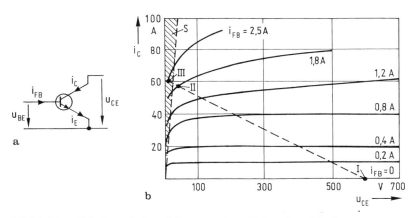

Bild 3.16 Schaltsymbol und Ausgangskennlinien eines bipolaren Leistungstransistors

verwendet. Im gewählten Beispiel ist der Transistor im Arbeitspunkt III vollständig in den Sättigungsbereich S gesteuert und hat die kleinste Durchlaßspannung. Für ein schnelles Ausschalten ist es unter Inkaufnahme einer höheren Durchlaßspannung günstiger, den Transistor nicht voll zu sättigen, sondern einen Arbeitspunkt im Quasi-Sättigungsbereich zu wählen (II). Die Verbindungslinie der Arbeitspunkte ist die Arbeitskennlinie für ohmsche Belastung.

Die technischen Eigenschaften des bipolaren Transistors als abschaltbares elektronisches Ventil werden mit den folgenden Größen beschrieben:

Kollektor-Emitter-Sperrspannung U_{CES}. Sie ist der höchstzulässige Wert der Kollektor-Emitter-Spannung bei negativer Ansteuerung mit einer speziellen Emitter-Basisspannung U_{BE}.

Die **Kollektor-Emitter-Sperrspannung** U_{CE0} ist der höchstzulässige Wert bei offener Basis.

Der **Kollektor-Dauergrenzstrom** I_{CAVM} ist der höchste Wert des Gleichstromes bei vorgegebenen Temperaturbedingungen.

Der **periodische Kollektor-Spitzenstrom** I_{CRM} ist der höchstzulässige Wert eines Pulsstromes mit einer angegebenen Periodendauer und einer bestimmten Einschaltdauer.

Das Einschaltverhalten eines bipolaren Transistors sei mit dem Bild 3.17 gezeigt. Mit Hilfe der Punkte 0,9 i_{CM} und 0,1 i_{CM} wird die Anstiegszeit t_r definiert. Der Zeitabschnitt t_d ist die Einschaltverzögerungszeit. Mit $t_{on} = t_d + t_r$ wird die Einschaltzeit bezeichnet. Sie läßt sich durch Steilheit und Höhe des Vorwärtsbasisstromes i_{FB} beeinflussen. Wegen der beim

Einschalten auftretenden Leistung P_{on}, die einen bestimmten Grenzwert nicht überschreiten darf, muß die Stromsteilheit des Kollektorstromes i_c begrenzt werden.

Das Abschalten einer ohmsch-induktiven Last durch einen Transistor ist im Bild 3.18 dargestellt. Aus dem Verlauf des Basisstromes und Kollektorstromes sind Speicherzeit t_s und Fallzeit t_f definiert. Ihre Summe stellt die Abschaltzeit t_{off} dar. $t_{off} = t_s + t_f$. Speicherzeit t_s und Fallzeit t_f sind durch den negativen Basisstrom zu beeinflussen. Auch beim Abschalten entsteht am Transistor eine Leistung, die Abschaltverlustleistung P_{off}.

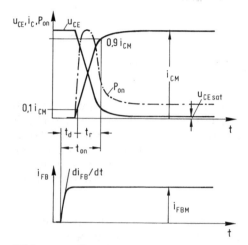

Bild 3.17 Einschaltvorgang bei ohmscher Last

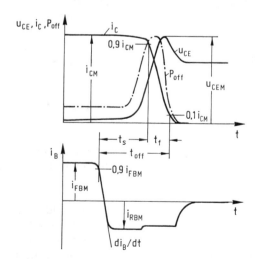

Bild 3.18 Ausschaltvorgang bei ohmsch-induktiver Last

3.2 Beispiele elektronischer Ventile

P_{off} wird hauptsächlich durch das Trägheitsverhalten während der Speicherzeit t_s und der Fallzeit t_f verursacht. Damit P_{off} den zulässigen Wert nicht überschreitet, muß die Steilheit der Kollektor-Emitter-Spannung begrenzt werden.

Sowohl beim Ein- wie auch beim Ausschalten kommt es bei bipolaren Leistungstransistoren infolge der räumlichen Ausdehnung zu ungleicher Verteilung der Ladungsträger und damit zu örtlich sehr hohen Stromdichten. Beim Einschalten wird der Strom an den Kanten des Emitters in der Nähe der Basis zusammengeschnürt und beim Ausschalten im zentralen Emitterbereich. Diese Konzentration des Stromes auf ein beschränktes Gebiet führt beim Einschalten mit hohen di/dt-Werten und beim Ausschalten mit hohen du/dt-Werten zu einer lokalen Leistungsspitze, die den Transistor zerstören kann. Dieser Schaden wird Durchbruch der zweiten Art genannt. Mit Durchbruch der ersten Art wird der Lawinendurchbruch infolge zu hoher Feldstärke bezeichnet.

Zur Vermeidung dieses Schadens wird im i_C-u_{CE}-Kennlinienfeld, besonders bei hohen Werten von u_{CE}, ein Gebiet ausgeschlossen, in dem keine Arbeitspunkte zugelassen werden. Das verbleibende Gebiet wird als sicherer Arbeitsbereich (Safe Operating Area) SOA bezeichnet. Für das Einschalten mit positiver Ansteuerung wird in den Datenblättern der sichere **Vorwärts-Arbeitsbereich FBSOA** angegeben. Für das Abschalten mit negativer Ansteuerung gilt ein sicherer **Rückwärts-Arbeitsbereich RBSOA**.

Das Bild 3.19 zeigt ein Beispiel für den sicheren Arbeitsbereich beim Abschalten eines Leistungstransistors. Es darf kein Arbeitspunkt außerhalb des umgrenzten Gebietes liegen. Die Begrenzung durch den Durchbruch der zweiten Art ist durch Schraffur besonders gekennzeichnet.

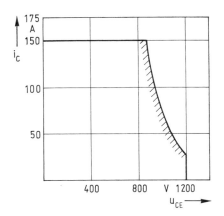

Bild 3.19 Sicherer Arbeitsbereich beim Abschalten-RBSOA

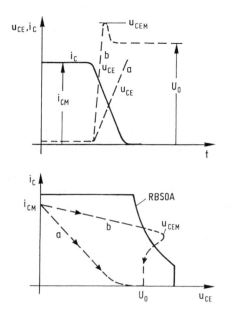

Bild 3.20 Abschalten mit unterschiedlichen du/dt-Werten
a) Zeitverlauf   b) Kennlinie i_C - u_{CE}

Mit dem Bild 3.20 wird die Anwendung des sicheren Arbeitsbereiches gezeigt. Im oberen Teil sind die Zeitverläufe i_C und u_{CE} dargestellt. Es sei angenommen, daß die Stromsteilheit sich nicht ändert, während für die Spannungssteilheit, die vom Außenkreis vorgegeben wird, zwei verschiedene Werte (Kurven a und b) angenommen werden. Im unteren Teil des Bildes sind in den Kennlinien für die beiden Fälle die Kurven gezeichnet, auf denen der Arbeitspunkt während des Abschaltens läuft. Obwohl die zugelassenen Maximalwerte für i_{CE} und u_{CE} nicht erreicht werden, verläßt die Kurve im Fall b mit dem größeren Wert der Spannungssteilheit den sicheren Arbeitsbereich. Durch Ändern des Außenkreises muß die Spannungssteilheit so verkleinert werden, daß die Kurve vollständig innerhalb des sicheren Arbeitsbereiches verläuft.

Die Stoßstrom-Belastbarkeit von bipolaren Transistoren ist in jedem Fall so klein, daß ein Schutz gegen Kurzschluß-Überstrom mit Schmelzsicherungen nicht möglich ist. Dieser Schutz kann nur mit elektronischen Mitteln unter Ausnutzung der Abschalteigenschaften des bipolaren Transistors erfolgen. Sonderbauformen können dabei den Strom durch den Transistor begrenzen und ihn für einige µs führen und abschalten.

3.2 Beispiele elektronischer Ventile

Mehrstufiger Bipolar-Transistor

Ein bipolarer Leistungstransistor hat oft, wenn er bis in den Sättigungsbereich gesteuert wird, nur eine Stromverstärkung zwischen den Werten 5 und 10. Zur Erhöhung der Stromverstärkung wird in der Anwendung als elektronisches Ventil von der **Darlington-Schaltung** Gebrauch gemacht. Bild 3.21a zeigt eine einstufige Darlington-Schaltung. Die gesamte Stromverstärkung ist etwa dem Produkt der Stromverstärkung der beiden Einzeltransistoren gleich.

Die Widerstände R_1 und R_2 verbessern das Blockierverhalten. Die Diode D_2 stellt eine niederohmige Verbindung für das Abfließen des negativen Basisstromes des Transistors T_1 beim Abschalten dar, wenn T_2 vor T_1 sperrt. Mit der antiparallelen Diode D_1 entsteht ein abschaltbares Spannungsventil.

Besonders häufig werden bipolare Transistoren so in ein Gehäuse eingebaut, daß sie als eine Teilschaltung verwendet werden können. Das Bild 3.21b zeigt als Beispiel eine viel verwendete Kombination für den Zweig einer Brückenschaltung. Bauelemente dieser Art werden Transistor-Modul genannt.

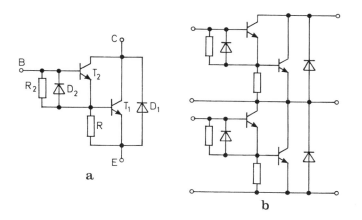

Bild 3.21 Mehrstufiger Bipolar-Transistor
a) einstufige Darlington-Schaltung b) Transistor-Modul

3.2.5 MOS-Feldeffekttransistor

MOS-Feldeffekttransistoren und ihre Weiterentwicklungen eignen sich besonders gut als abschaltbare elektronische Ventile. Sie sind vom Typ Isolierschicht-Feldeffekttransistor. Ihr prinzipieller Aufbau (metallische Steuerelektrode - isolierende Oxidschicht - Silizium) führt zur Bezeichnung MOS-Feldeffektransistor (MOS-FET). Mit dem Bild 3.22 wird das Grundprin-

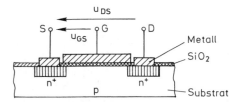

Bild 3.22 Grundprinzip eines Isolierschicht-Feldeffekttransistors

zip eines Isolierschicht-Feldeffekttransistors erläutert. In das p-dotierte Grundmaterial (Substrat) sind n-dotierte Gebiete eingebracht, die über Metallisierungen mit den Anschlüssen Drain (D) und Source (S) verbunden sind. Der Gate-Anschluß (G) ist vom Substrat durch die Oxidschicht isoliert.

Die Drain-Source-Strecke ist so dotiert, daß ohne eine Spannung zwischen Gate und Source auch bei positiver Drain-Source-Spannung nur ein vernachlässigbarer Sperrstrom fließt. Die Gate-Elektrode bildet zusammen mit der Isolierschicht und dem gegenüberliegenden Gebiet einen Kondensator. Wird dieser von einer positiven Spannung zwischen Gate und Source aufgeladen, so reichern sich auf der Gegenelektrode im p-Gebiet Ladungsträger an. Bei der gezeichneten Polarität sind das Elektronen. Damit bildet sich ein leitender Kanal zwischen Drain und Source aus (n-Kanal). Die Drain-Source-Strecke wird in Abhängigkeit von der Gate-Source-Spannung mehr oder weniger leitend. Dieses Grundprinzip beschreibt das eines selbstsperrenden Feldeffekttransistors (Anreicherungstyp). Ein Feldeffekttransistor vom Verarmungstyp (selbstleitend) führt auch ohne Gate-Source-Spannung Strom und benötigt eine Gate-Source-Spannung, um in den Sperrzustand zu gelangen.

Für die Anwendung als elektronisches Ventil in der Leistungselektronik muß der Feldeffekttransistor mit vertikalem Stromfluß aufgebaut werden. Da die Technologie bei MOS-Feldeffekttransistoren zunächst für Bauelemente der Signalelektronik entwickelt wurde, werden für die Anwendung in der Leistungselektronik einzelne Transistorzellen parallelgeschaltet. Auf einem Siliziumchip von einigen mm Kantenlänge sind dabei einige tausend parallelgeschaltete Transistorzellen untergebracht.

Das Bild 3.23 zeigt den Aufbau eines n-Kanal-Feldeffekttransistors. Das metallisierte n^+-Substrat bildet den Träger und zugleich den Drain-Anschluß. Über dem n^+-Substrat ist eine Epitaxieschicht (n^-) aufgebracht. Sie ist je nach Sperrspannung verschieden dick und entsprechend dotiert. Eine SiO_2-Schicht stellt die Isolierschicht dar. Darüber befindet sich aus n^+-Polysilizium die Gatezone. Die einzelnen Transistorzellen sind in diese Schichten eingebracht. Sie bestehen aus p-Wannen, die die n^+-Source-Zonen enthalten. Die Abmessung der p^+-Schicht zwischen n^+-Source und der n^--Schicht beträgt im Bereich unter der SiO_2-Schicht weniger als ein µm. Der Source-Anschluß ist als Metallisierung aufgebracht. Diese verbindet zugleich das n^+- mit dem p^+-Gebiet und schaltet die einzelnen Transistorzellen parallel.

3.2 Beispiele elektronischer Ventile

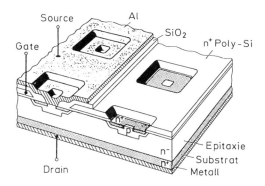

Bild 3.23 Aufbau eines n-Kanal-MOS-Feldeffekttransistors für die Anwendung in der Leistungselektronik

Bei positiver Gate-Source-Spannung bildet sich im p-Gebiet unmittelbar unter der Isolierschicht der n-Kanal aus, durch den Elektronen von der Source zum Drain fließen. Der damit positive Drain-Source-Strom besteht nur aus einer Sorte Ladungsträger (Unipolar-Transistor). Die Abhängigkeit des Drain-Stromes i_D von der Drain-Source-Spannung u_{DS} ist im Bild 3.24 mit der Gate-Source-Spannung u_{GS} als Parameter dargestellt. MOS-Feldeffekttransistoren werden von der Spannung gesteuert und benötigen daher im stationären Betrieb keinen Steuerstrom. Für den Betrieb als schneller Schalter ist jedoch zu berücksichtigen, daß durch den Aufbau bedingte Kapazitäten im Eingangskreis umgeladen werden müssen.

Um das Ansteuern zu erklären, soll ein Ersatzschaltbild eines n-Kanal-Feldeffekttransistors abgeleitet werden. Im Bild 3.25a ist noch einmal das aktive

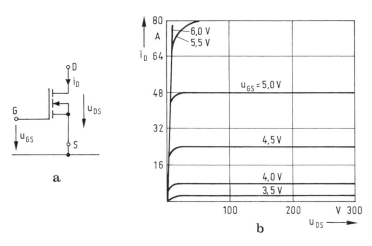

Bild 3.24 n-Kanal-MOS-Feldeffekttransistor
a) Schaltsymbol b) Kennlinien

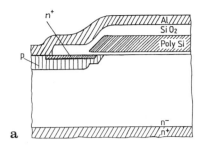

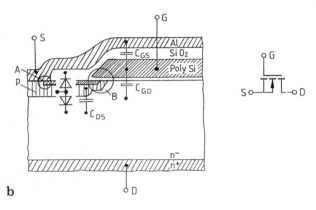

Bild 3.25 Zur Ableitung eines Ersatzschaltbildes

Gebiet einer Transistorzelle im Schnitt gezeichnet. In 3.25b sind durch den Aufbau bedingte parasitäre Schaltelemente eingezeichnet. Insbesondere bilden sich mit der Isolierschicht zwischen den Anschlüssen Gate, Drain und Source die Kapazitäten C_{GS}, C_{GD}, C_{DS} aus. Die Schichtfolge läßt auch einen n^+pn-bipolar-Transistor erkennen. Er ist durch das Dioden-Ersatzschaltbild dargestellt. Die Source-Metallisierung, die das n^+ und das p-Gebiet bedeckt (Gebiet A), schließt die Basis-Emitter-Diode des parasitären Bipolar-Transistors kurz. Die Basis-Kollektor-Diode dieses Transistors bleibt erhalten. Sie stellt eine zur Drain-Source-Strecke des MOS-Feldeffekttransistors antiparallelgeschaltete Diode dar.

Aus dem Kanalgebiet, das mit dem Kreis B hervorgehoben wurde, leitet sich das nebenstehend gezeichnete Schaltsymbol mit den drei Teilkapazitäten ab. Werden noch die ohmschen Widerstände der verschiedenen Gebiete berücksichtigt, so kann das im Bild 3.26 dargestellte Ersatzschaltbild eines n-Kanal-MOS-FET aufgestellt werden. Obwohl MOS-FET für die Leistungselektronik aus vielen parallelgeschalteten Transistorzellen bestehen und die Widerstände der einzelnen Gebiete und die Kapazitäten räumlich verteilte Größen

3.2 Beispiele elektronischer Ventile

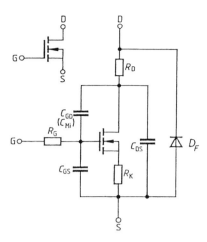

Bild 3.26 Ersatzschaltbild für einen n-Kanal-MOS-FET

sind, beschreibt das Ersatzschaltbild 3.26 mit den diskreten Elementen das Schaltverhalten des MOS-FET ausreichend genau.

R_G gibt den Widerstand der Gate-Strecke wieder, R_D den Widerstand des n⁻-Gebietes und R_K den Widerstand des Kanalgebietes. Der Durchlaßwiderstand des MOS-FET im eingeschalteten Zustand $R_{DS(on)}$ setzt sich aus beiden zusammen. Dabei überwiegt der Widerstand R_D bei den MOS-FET, die für die in der Leistungselektronik vorkommenden Sperrspannungen > 100 V ausgelegt sind.

Die zwischen die Anschlüsse G und D geschaltete Kapazität entspricht der Kapazität in einem Miller-Integrator und wird deshalb auch mit Miller-Kapazität C_{Mi} bezeichnet. Die im Ersatzschaltbild eingezeichneten Kapazitäten sind von der Spannung u_{DS} abhängig. Diese Kennlinien sind für einen typischen MOS-FET im Bild 3.27 dargestellt. Aus den im Ersatzschaltbild eingezeichneten Kapazitäten ergeben sich die Eingangskapazität C_{iss} und die Ausgangskapazität C_{oss} des MOS-FET:

$$C_{iss} = C_{GS} + C_{GD},$$

$$C_{oss} = C_{DS} + C_{GD}.$$

Die sich aus dem parsitären Bipolar-Transistor ergebende Diode ist im Ersatzschaltbild mit D_F bezeichnet. Damit sie auch als Diode eines Spannungsventils im Schaltbetrieb verwendet werden kann, muß ihr Schaltverhalten angepaßt sein. Heute sind MOS-FET verfügbar, deren Diode eine reduzierte Sperrverzugsladung und ein definiertes Rückstromverhalten besitzt.

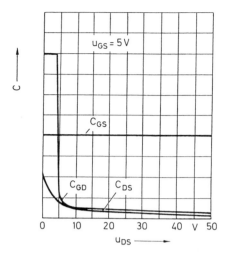

Bild 3.27 Spannungsabhängigkeit der Kapazitäten des Ersatzschaltbildes

Das Schaltverhalten des MOS-FET zeigt, daß er sowohl beim Ein- wie beim Ausschalten kürzere Schaltzeiten erreicht, als ein vergleichbarer bipolarer Transistor. Die erreichbaren Schaltzeiten hängen dabei fast nur von der Ansteuerschaltung ab. Das Durchlaßverhalten ist besonders bei Auslegung für höhere Sperrspannungen deutlich schlechter und damit ist sein Einsatz auf kleine Leistungen beschränkt.

3.2.6 Insulated Gate Bipolar Transistor (IGBT)

Ein IGBT entsteht, wenn ein MOS-FET anstatt auf dem n-Substrat (Bild 3.23) auf einem p-Substrat aufgebaut wird. Das Bild 3.28a zeigt den prinzipiellen Aufbau eines IGBT. Es ist die Zelle eines MOS-FET zu erkennen. Der Aufbau zeigt, daß ein weiterer pn-Übergang zur Wirkung kommt. Dieser injiziert im durchgeschalteten Zustand Löcher als zusätzliche Ladungsträger und damit wird der Durchlaßwiderstand gegenüber dem eines MOS-FET merklich reduziert. Die Ansteuereigenschaften des IGBT entsprechen denen des MOS-FET. Die antiparallele Diode des MOS-FET ist im IGBT nicht wirksam.

Für die Anwendung als Spannungsventil muß eine an das Schaltverhalten angepaßte antiparallele Diode zugeschaltet werden. Das Schaltsymbol für einen IGBT wurde aus dem des bipolaren Transistors abgeleitet (Bild 3.28c). Seine Anschlüsse werden üblicherweise mit G Gate, E Emitter und C Kollektor bezeichnet.

3.2 Beispiele elektronischer Ventile

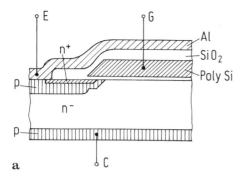

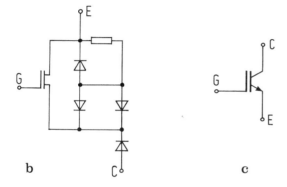

Bild 3.28 Insulated Gate Bipolar Transistor (IGBT)
a) prinzipieller Aufbau b) einfaches Ersatzschaltbild
c) Schaltungssymbol

Ein Vergleich der Kennlinienfelder eines MOS-FET und eines IGBT von gleicher Chipfläche zeigt das Bild 3.29. Die Verbesserung der Durchlaßeigenschaften ist daraus direkt zu erkennen.

Durch das Hinzukommen des weiteren pn-Überganges entsteht gegenüber dem MOS-FET im IGBT eine weitere Transistorstruktur. Damit ergibt sich eine Vierschichtanordnung, die im Ersatzschaltbild mit zwei Transistoren wiedergegeben werden kann (Bild 3.28b). Sie stellt ein einschaltbares Ventil vom Typ Thyristor dar. Die Stromverstärkungen der parasitären Transistoren sind im IGBT so eingestellt, daß unter Betriebsbedingungen ein Einrasten der Vierschichtstruktur nicht auftritt. Für das Schaltverhalten unter Betriebsbedingungen brauchen die parasitären Transistoren nicht berücksichtigt zu werden.

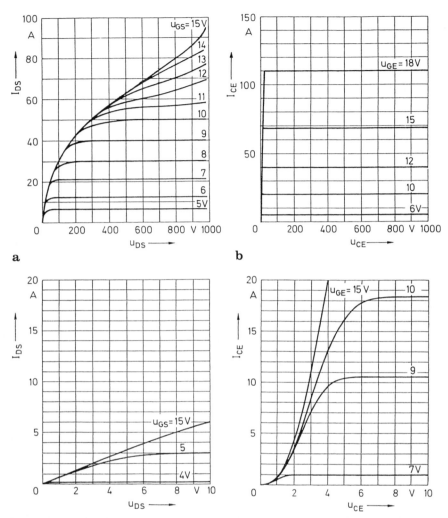

Bild 3.29 Kennlinien von MOS-FET und IGBT
a) MOS-FET b) IGBT

Die Einschalteigenschaften des IGBT werden überwiegend von der MOS-Struktur bestimmt. Dagegen entsprechen die Abschalteigenschaften dem des bipolaren Transistors. So fällt der Strom beim Abschalten zunächst sehr schnell auf einen Bruchteil des Vorwärtsstromes ab. Der verbleibende Strom klingt danach wesentlich langsamer ab, da er durch Rekombination der verbleibenden Ladungsträger bestimmt wird (Schweifstrom). Damit treten gegenüber dem MOS-FET erhöhte Abschaltverluste auf, die die Schaltfrequenz begrenzen. Auf das Abschaltverhalten kann über die Größe der Restladung und die Lebensdauer der Ladungsträger Einfluß genommen werden.

Das Verbessern der Abschalteigenschaften kann nur zu Lasten des Durchlaßverhaltens erfolgen. Aus diesem Grund wurden zwei Typen von IGBT entwickelt. Ein Typ mit gezielt guten Durchlaßverlusten und höheren Schaltverlusten ist für niedrige Schaltfrequenzen vorgesehen. Ein weiterer Typ mit gezielt gutem Schaltverhalten, dafür aber mit höheren Durchlaßverlusten, kann für höhere Schaltfrequenzen verwendet werden.

Wegen ihrer Transistorstruktur sind IGBT in der Lage, im Kurzschlußfall den Strom zu begrenzen, diesen für einige µs zu führen und danach abzuschalten. Damit kann ein Schutz gegen Kurzschluß-Überstrom ohne zusätzliche Induktivitäten erreicht werden.

IGBT sind überwiegend in Modulbauform auf dem Markt.

Die Tabelle 3.1 enthält einen Vergleich wichtiger Eigenschaften von abschaltbaren elektronischen Ventilen. Damit kann gezeigt werden, in welchen Leistungsbereichen die einzelnen Ventilbauelemente anwendbar sind. In der Tabelle werden die Werte für Spannung (periodische Spitzen-Sperrspannung) und abschaltbaren Strom als Leistungskennzeichen und die Ausschaltzeit t_{off} als Kennzeichen der Abschalteigenschaften verwendet. Die Werte der Tabelle beziehen sich auf im Markt erhältliche Bauelemente.

Tabelle 3.1: Abschaltbare elektronische Ventile (November 2002)

	U/V	I/A	$t_{off}/\mu s$
MOS-FET	1000	100	0,6
	200	500	0,7
IGBT	6500	600	5,5
	3300	1200	1,7
	1700	2400	1,5
bip Transistor	1200	300	15 - 25
	550	480	5 - 10
GTO-Thyristor	6000	6000	30
IGCT	6000	6000	3 - 8
	5500	2300	3 - 8
	4500	4000	3 - 8

3.3 Beschaltung elektronischer Ventile

Bei der Anwendung elektronischer Ventile zeigt es sich, daß im allgemeinen die Grenzwerte für den Strom- und Spannungsanstieg und die maximal zulässigen Schaltverluste ohne zusätzliche Bauelemente nicht eingehalten werden können. Die für das Einhalten der Grenzwerte notwendigen zusätzlichen Bauelemente werden **Beschaltungselemente** oder Beschaltungsnetzwerk genannt. Ihre Aufgabe ist es:

- Die Werte für die Spannungssteilheit du/dt und die Stromsteilheit di/dt zu begrenzen,
- den Maximalwert für die Sperrspannung einzuhalten und
- die Schaltverluste im elektronischen Ventil zu vermindern.

Für das Beispiel des Transistors ist der erste Punkt gleichbedeutend mit dem Vermeiden eines Durchbruches der zweiten Art. Die Verminderung der Schaltverluste im elektronischen Ventil durch Beschaltungselemente bedeutet in der Regel, daß die Schaltverluste aus dem Ventilbauelement in die Beschaltungselemente verlagert werden. Dabei kann auch eine Verringerung der Summe der Schaltverluste im Halbleiterbauelement und in den Beschaltungselementen erreicht werden, wenn ein Teil der in Beschaltungselementen gespeicherten Energie an den Verbraucher oder an die Quelle abgegeben wird.

Das Bild 3.30 zeigt die grundsätzliche Anordnung von Beschaltungselementen an einem elektronischen Ventil. Dabei wird der Stromanstieg beim Einschalten durch eine in Reihe geschaltete Drossel L_e und der Spannungsanstieg beim Ausschalten durch einen parallelgeschalteten Kondensator C_a begrenzt. Die Widerstände R_e und R_a dienen dem Entladen der beim Schalten aufgeladenen Speicher L_e und C_a. Dabei mindern die Widerstände in der Schaltung nach Bild 3.30a auch die begrenzende Wirkung beim Schalten. Dieses wird durch die in der Schaltung nach Bild 3.30b eingeführten Dioden vermieden. In dieser Schaltung begrenzt C_a den du/dt-Wert beim Ausschalten allein. Andererseits begrenzt R_a den Entladestrom von C_a beim Einschalten von V_1. Diese Funktionen lassen sich in der kombinierten Schaltung nach Bild 3.30c vereinen. Das Kennzeichen der gezeigten Kombinationen von Beschaltungselementen ist, daß die beim Schalten in die Speicher gelangende Energie in den Widerständen in Wärme umgesetzt wird.

Die Dimensionierung der Beschaltungselemente ist sehr stark vom Ventilbauelement und von der Anwendung abhängig. So ist es üblicherweise bei Thyristoren und einer Anwendung mit Netzfrequenz ausreichend, eine RC-Beschaltung auszuführen. Es genügt, die Elemente R_a und C_a im Bild 3.30a zu verwenden. Die im speisenden Netz wirksamen Induktivitäten sind in der Regel so groß, daß auf L_e verzichtet werden kann. Werden dagegen Kondensatoren von Thyristoren geschaltet, muß eine Strombegrenzung durch L_e vorgesehen werden.

Bei Abschaltthyristoren und bipolaren Transistoren reicht im allgemeinen eine RCD-Beschaltung aus (die Elemente R_a, C_a, D_a im Bild 3.30b). Die Dimensionierung dieser Beschaltungselemente für einen Abschaltthyristor

3.3 Beschaltung elektronischer Ventile

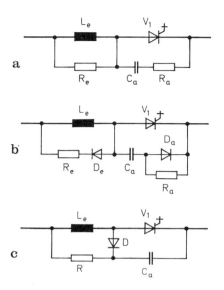

Bild 3.30 Anordnung der Beschaltungselemente
a) Grundprinzip für Einschalt- und Ausschalt-Entlastung
b) Anwendung zusätzlicher Dioden
c) Anwenden nur eines Entladewiderstandes

erfogt so, daß der größte Abschaltstrom I_{TQM} und der kritische Wert für du/dt die Größe des Kondensators C_a bestimmen:

$$C_a \geq I_{TQM}/(du/dt)_{kritisch}.$$

Damit der Kondensator bei jedem Ausschalten voll wirksam ist, muß er zum Zeitpunkt des Ausschaltens ganz entladen sein. Hierzu ist es notwendig, daß der Abschaltthyristor für eine Mindest-Einschaltzeit leitend war und daß der Widerstand R_a so bestimmt wird:

$$R_a \leq t_{min}/4\, C_a.$$

Da die Begrenzung des du/dt-Wertes nur gelingt, wenn der Strom vom abschaltenden Ventil sehr schnell in den Kondensator C_a übergehen kann, ist es notwendig, daß die Beschaltungselemente ohne Induktivitäten an das Ventilbauelement angeschlossen werden. Ein konstruktiv enger Aufbau ohne Stromschleifen ist in jedem Fall notwendig.

Bei den betrachteten Beschaltungen werden die in L_e und C_a gespeicherten Energiebeträge in Wärme umgesetzt. Diese Verluste verringern den Wirkungsgrad eines Gerätes, führen zu Aufwand für die Kühlung und begrenzen damit die Schaltfrequenz des elektronischen Ventils. Am Beispiel der

Beschaltung zweier in Reihe geschalteter und mit einem Mittelpunkt versehenen Spannungsventile soll eine andere Möglichkeit gezeigt werden, die Verlustleistung in den Beschaltungswiderständen zu vermindern. Das Zusammenschalten von Spannungsventilen zu Brückenzweigen wird vielfältig angewendet. Eine Verbesserung der Verlustbilanz gegenüber der einfachen Reihenschaltung zweier Beschaltungsnetzwerke nach Bild 3.30a läßt sich mit der Schaltung nach Bild 3.31a erreichen. Der Widerstand R_a, der für das Entladen sowohl von L_e als C_a verwendet wird, kann hierbei so ausgelegt werden, daß die Verlustleistung geringer ist als bei der Reihenschaltung.

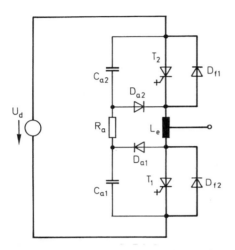

Bild 3.31   Kombinierte RCD-Beschaltung für einen Brückenzweig

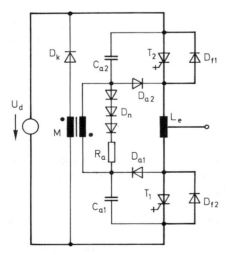

Bild 3.32   Beschaltung eines Brückenzweiges mit Rückspeisung

3.4 Ansteuerung elektronischer Ventile

Diese Beschaltung kann weiter verbessert werden, wenn mit dem Übertrager M (Bild 3.32) ein Mittel vorgesehen wird, das einen großen Teil der in L_e, C_{a1} und C_{a2} gespeicherten Energie in die Quelle zurückspeist.

3.4 Ansteuerung elektronischer Ventile

Soll ein elektronisches Ventil sicher funktionieren, so muß auch sein Steuerstrom richtig dimensioniert sein. Die Amplitudenwerte der Steuerströme sind den Listen der Halbleiterbauelemente zu entnehmen. Der Zeitverlauf des Steuerstromes unterscheidet sich sehr stark für die einzelnen Halbleiterbauelemente. Ein Thyristor bleibt leitend, sobald der Durchlaßstrom den Wert des Einraststromes überschreitet und darauf kann der Steuerstrom abgeschaltet werden. Dem gegenüber muß für einen Transistor der Basisstrom als Steuerstrom solange fließen, wie der Transistor eingeschaltet bleiben soll.

Für die Beurteilung der Kurvenform des Steuerstromes wird zwischen einem **Kurzimpuls** und einem **Dauerimpuls** unterschieden. Als Vergleichsgröße wird der Teil der Periodendauer verwendet, in dem unter idealen Umständen in einer bestimmten Schaltung das Ventil leitend ist. Dieser Teil der Periodendauer wird **ideelle Stromflußdauer** genannt.

Ein **Kurzimpuls** ist länger als die zum Einschalten mindestens notwendige Zeit und wesentlich kürzer als die ideelle Stromflußdauer. Die Mindestzeit beim Thyristor ist der Zeitabschnitt, in der der Durchlaßstrom den Wert des Einraststromes erreicht. Er hängt vom Wert des Stromanstieges di/dt ab. Da dieser vom Außenkreis vorgegeben wird, ist die Mindestzeit für verschiedene Verbraucher unterschiedlich. In praktischen Anwendungsfällen wird unter Berücksichtigung der verschiedenen Verbraucher und mit einem Sicherheitszuschlag mit einer Zeit von 50 bis 100 µs gerechnet. Im Bild 3.33a ist ein Kurz-

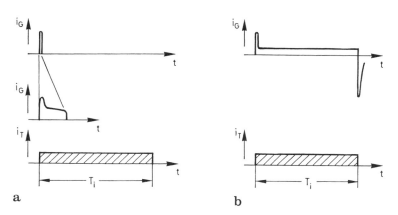

Bild 3.33 Impulsformen für Steuerströme
a) Kurzimpuls b) Dauerimpuls T_i: ideelle Stromflußdauer

impuls dargestellt. Mit T_i ist die ideelle Stromflußdauer bezeichnet. Da das Einschalten um so schneller erfolgt je mehr Ladungsträger in kurzer Zeit in das Gebiet der Steuerelektrode gelangen, wird die dargestellte Kurvenform mit einer Anfangsüberhöhung für den Impuls verwendet.

Ein **Dauerimpuls** liegt dann vor, wenn der Steuerstromimpuls mindestens so lang wie die ideelle Stromflußdauer ist (Bild 3.33b). Diese Kurvenform des Steuerstromes ist bei allen Transistoren anzuwenden. GTO-Thyristoren könnten mit einem Kurzimpuls angesteuert werden. Für ein gutes Leitverhalten, auch bei kleinen Durchlaßströmen, werden üblicherweise Dauerimpulse verwendet. Auch beim Dauerimpuls wird eine Anfangsüberhöhung des Steuerstromes zum Verbessern des Einschaltens angewendet.

Die für das Erzeugen des Steuerstromes notwendige Einrichtung kann mit dem Blockschaltbild 3.34 beschrieben werden. Mit dem Block 1 ist die Ventilschaltung bezeichnet, mit der der Energiefluß gesteuert wird. Die Blöcke 2 und 3 bilden das eigentliche Steuergerät, oft auch Steuersatz genannt. Es besteht aus einem Informationsteil 3 und einem Impulsverstärker 2. Der erstere hat die Aufgabe, das Steuersignal für die einzelnen Ventile zu bilden. Dazu gehören in der Regel das Festlegen der Frequenz und des Phasenwinkels und die Anzahl der Wiederholungen in einer Periode. Der Impulsverstärker bringt das Steuersignal auf das für das verwendete Halbleiterbauelement benötigte Leistungsniveau. Dem Steuergerät vorgeschaltet ist meist ein Regelverstärker 4, dessen Ausgangssignal vom Informationsteil des Steuergerätes verarbeitet wird. Obwohl oft die Blöcke 2 und 3 auch konstruktiv zu einem Gerät zusammengefaßt werden (Steuergerät) können auch die Blöcke 3 und 4 eine Einheit bilden. Der nachgeschaltete Impulsverstärker wird dann meist Treiber genannt.

Neben den Aufgaben der Signalformung und Signalverstärkung hat das Steuergerät noch die Aufgabe der Potentialtrennung. Im Regelverstärker werden kleine Signalspannungen auf Erdpotential bezogen verwendet. In der Ventilschaltung treten die höheren Spannungen von Energieversorgungsnetzen auf. Dabei sind die Potentiale der einzelnen Ventile unterschiedlich und

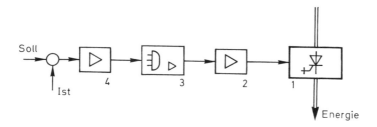

Bild 3.34 Prinzipdarstellung der Ansteuerschaltung für elektronische Ventile

3.4 Ansteuerung elektronischer Ventile

einem schnellen, dauernden Wechsel unterworfen. Eine Trennung dieser Potentiale vom Potential des Regelverstärkers ist notwendig.

Zur Potentialtrennung werden magnetische Übertrager oder Optokoppler verwendet. Die Auswahl zwischen beiden hängt von der Größe des Potentialunterschiedes, von der benötigten Steuerleistung und vom Zeitverlauf des zu übertragenden Signales ab. Es wird dabei unterschieden, ob über eine Potentialtrennstelle sowohl das Signal als auch die für Ansteuerung notwendige Leistung übertragen wird oder ob für diese beiden Aufgaben zwei Potentialtrennstellen vorgesehen werden.

Das Bild 3.35 zeigt einen Impulsverstärker für Kurzimpulse. Über den Übertrager als Potentialtrennstelle werden sowohl das Signal als auch die Steuerleistung übertragen. Das Signal muß dabei so kurz oder der Übertragerkern so groß bemessen sein, daß der Impuls übertragen wird ohne daß der Kern in die Sättigung gerät. Die auf der Primärseite des Übertragers angeordneten Diode und Zenerdiode dienen der Entmagnetisierung des Kernes. Dieser Impulsverstärker kann deshalb nur für Kurzimpulse mit einem entsprechenden Impulsabstand verwendet werden.

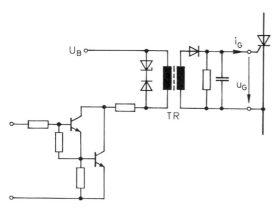

Bild 3.35 Impulsverstärker für Kurzimpulse

Ein Impulsverstärker für Dauerimpulse mit einer Potentialtrennstelle in Form eines Übertragers ist im Bild 3.36 dargestellt. Die Transistoren T_1 und T_2 bilden zusammen mit dem Übertrager TR einen Oszillator, der über die Dioden D_3 und D_4 ein- und ausgeschaltet werden kann. Üblicherweise werden Frequenzen von mehreren 10 kHz als Oszillatorfrequenz verwendet. Bei schwingendem Oszillator wird der Leistungstransistor T_3 über die Dioden D_1 und D_2 mit Steuerstrom versorgt. Damit wird über den Übertrager TR sowohl das Signal als auch die Steuerleistung übertragen. Oft sind zum schnellen Schalten von T_3 weitere Bauelemente erforderlich, die für das Ausschalten einen negativen Steuerstrom bereitstellen.

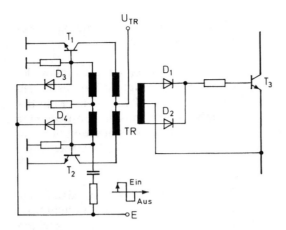

Bild 3.36   Impulsverstärker für Dauerimpulse

Das Bild 3.37 zeigt das Prinzipschaltbild für ein Steuergerät mit zwei verschiedenen Potentialtrennstellen. Über den Übertrager TR wird der Impulsverstärker 2 mit Steuerleistung versorgt. An das Zeitverhalten dieses Übertragers werden keine Ansprüche gestellt. Das Steuersignal gelangt über den Optokoppler 2/3 vom Impulsformer 3 zum Impulsverstärker. Über diese Potentialtrennstelle werden dabei nur das Einschalt- und das Ausschaltsignal mit gutem Zeitverhalten übertragen.

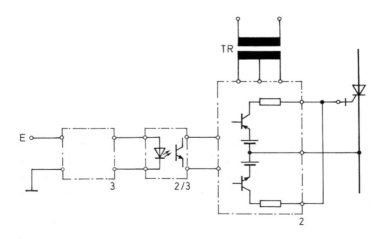

Bild 3.37   Prinzipschaltbild eines Steuergerätes mit zwei Potentialtrennstellen

3.5 Kühlung elektronischer Ventile

In allen elektronischen Ventilen wird während des Betriebes elektrische Leistung in Wärme umgesetzt. Die Ursachen dafür sind die nichtidealen Eigenschaften - sichtbar gemacht in den Strom-Spannungskennlinien - während des Durchlaß- und des Sperrintervalls und beim schaltenden Übergang zwischen Leiten und Sperren und umgekehrt. Somit ist mit **Durchlaß-, Sperr-** und **Schaltverlusten** zu rechnen. Hinzu kommen noch die über die Steuerelektrode eingebrachten **Steuerverluste**. Die Verlustleistung wird im Siliziumkristall des Ventilbauelementes umgesetzt. Dabei können die Verluste in den anderen Teilen des elektronischen Ventils, wie Zuleitungen, im allgemeinen vernachlässigt werden.

Die Temperatur ist die physikalische Grenze für die Belastung der Halbleiterbauelemente. Besonders die Sperrfähigkeit und die du/dt-Festigkeit nehmen mit steigender Temperatur ab. Somit besitzen alle Halbleiterbauelemente eine obere Grenze für die Betriebstemperatur. Um diese einzuhalten, muß die Verlustwärme in die Umgebung abgeführt werden. Dazu wird der Siliziumkristall möglichst gut auf wärmeleitende Teile des Gehäuses des Ventilbauelementes aufgesetzt. Die Außenseiten des Gehäuses werden mit Bauteilen verbunden, die die Weiterleitung der Wärme übernehmen, bevor diese an die umgebende Luft als Kühlmittel abgegeben wird. Weit verbreitet sind hierfür Wärmeleiter in Form von Kühlblechen, Kühlkörpern und Kühlschienen. Die Gehäuse von Halbleiterbauelementen können so beschaffen sein, daß die Wärme nur über eine Außenseite abgeführt wird. Dann liegt **einseitige Kühlung** mit Flachbodengehäusen vor. Bei scheibenförmigen Gehäusen wird die Wärme über beide Seiten abgeführt - **beidseitige Kühlung**.

Von **Luftselbstkühlung** wird gesprochen, wenn die Verlustwärme durch den natürlichen Luftzug abgeführt wird. Dagegen liegt eine **verstärkte Luftkühlung** vor, wenn die Kühlluft durch einen Lüfter bewegt wird. Dabei kann sie aus der nächsten Umgebung entnommen oder von einer anderen Stelle zugeführt werden.

Im Gegensatz zu dieser **unmittelbaren Kühlung** wird bei großen Leistungen die Verlustleistung vom Halbleiterbauelement über einen besonderen Wärmeträger in einem geschlossenen Kreislauf zu einem Wärmetauscher geführt. Dieser gibt die Wärme an das Kühlmittel ab (mittelbare Kühlung). Wärmeträger dieser Art können Luft, Wasser oder andere Flüssigkeiten sein. Das Prinzip einer **mittelbaren Kühlung** zeigt das Bild 3.38. Dabei wurde ein erzwungener Umlauf des Wärmeträgers angenommen. Eine Bezeichnung Umluft-Wasserkühlung besagt, daß als Wärmeträger Luft und als Kühlmittel Wasser verwendet wird. Siedekühlung liegt vor, wenn die Halbleiterbauelemente in einem geschlossenen Tank vollständig von der Flüssigkeit umgeben sind und durch Sieden dieser Flüssigkeit gekühlt werden.

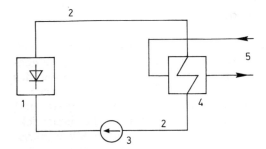

Bild 3.38 Prinzip der mittelbaren Kühlung mit erzwungenem Umlauf des Wärmeträgers
1 Elektronische Ventile 2 Kreislauf des Wärmeträgers
3 Pumpe 4 Wärmetauscher 5 Kühlmittel

3.5.1 Bestimmung der Verluste

Je nach dem Teil der Strom-Spannungskennlinie, auf dem der Arbeitspunkt sich befindet, werden die Verluste unterschieden. Für ihre Abschätzung lassen sich Näherungen verwenden.

Durchlaßverluste

Das Bild 3.39a zeigt die Durchlaßkennlinie eines Ventilbauelementes, wenn als Beispiel ein Thyristor gewählt wird. Diese soll näherungsweise durch eine Gerade beschrieben werden. Diese wird durch die Schleusenspannung U_{T0} und den Anstieg der Tangente an die Kennlinie im Arbeitspunkt A festgelegt. Dabei wird der Anstieg durch den differentiellen Widerstand r_T beschrieben. Dann gilt für die Spannung im Durchlaßbereich bei zeitveränderlichem Strom:

$$u_T(t) = U_{T0} + i_T(t)\, r_T .$$

Bei periodischem Betrieb mit der Periodendauer T wird die Durchlaßverlustleistung P_T aus der Leistungsdefinition gewonnen:

$$P_T = \frac{1}{T} \int_0^T (U_{T0} + i_T r_T)\, i_T\, dt ,$$

$$P_T = U_{T0}\, I_{TAV} + r_T\, I^2_{TRMS} . \tag{3.1}$$

3.5 Kühlung elektronischer Ventile

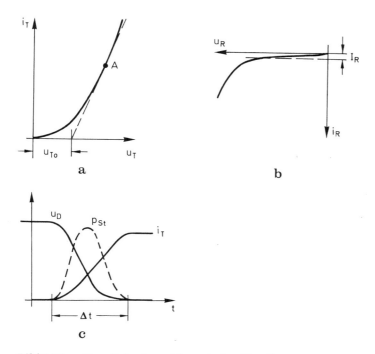

Bild 3.39 Kennlinie eines elektronischen Ventils
a) Durchlaßkennlinie   b) Sperrkennlinie
c) Einschalten eines elektronischen Ventils

Mit dieser Gleichung ist eine ausreichend genaue Abschätzung der Durchlaßverluste möglich.

Sperrverluste

Zur Abschätzung der Sperrverluste muß zunächst der Zeitverlauf der Sperrspannung $u_R(t)$ bekannt sein. Der aus der Sperrkennlinie folgende Zeitverlauf des Sperrstromes $i_R(t)$ kann dann mit Hilfe einer Ersatzgeraden abgeschätzt werden. Oft kann jedoch wie im Bild 3.39b der Sperrstrom zu einem konstanten Wert I_R angenommen werden. Für den Fall der sinusförmigen Sperrspannung $u_R(t) = \hat{u}_R \sin \omega t$ können dann die Sperrverluste berechnet werden:

$$P_R = \frac{1}{T} \int_0^T p_R(t)\, dt = \frac{1}{T} I_R \int_0^T u_R(t)\, dt,$$

$$P_R = \frac{1}{\pi} \hat{u}_R I_R. \tag{3.2}$$

Schaltverluste

Eine Abschätzung der Schaltverluste kann im allgemeinen nur durch Aufnehmen des Zeitverlaufes von Strom und Spannung während des Schaltvorganges vorgenommen werden. Für die Einschaltverluste seien die in Bild 3.39c wiedergegebenen Zeitverläufe $u_D(t)$ und $i_T(t)$ bestimmt worden. Die Multiplikation dieser Größen ergibt die Verlustleistung $p_{ST}(t)$ bei einem Einschaltvorgang. Die Fläche unter der Kurve p_{ST} ist ein Maß für den in Wärme umgesetzten Energiebetrag bei einmaligem Einschalten. Die Einschaltverluste P_{ST} sind dann mit der Wiederholfrequenz des Schaltvorganges f_S zu berechnen:

$$P_{ST} = f_S \int^{\Delta t} p_{ST}(t)\, dt\,. \tag{3.3}$$

In der gleichen Weise können aus den Zeitverläufen $u_R(t)$ und $i_R(t)$ während des Ausschaltens die Ausschaltverluste P_{SR} abgeschätzt werden.

Es sei an dieser Stelle noch einmal darauf aufmerksam gemacht, daß die beim Schalten anfallende Energie nicht gleichmäßig über das Volumen des Siliziumkristalls verteilt ist. Damit ist die Grenzbelastung beim Schalten nicht durch die Erwärmung infolge der Schaltverluste gegeben, sondern durch die zulässigen Werte für du/dt und di/dt. Die gegebenen Abschätzungen für die Ein- und Ausschaltverluste sind für die Berechnung der Erwärmung zusammen mit den Abschätzungen für die anderen Verluste anzuwenden.

Die von den Steuergeräten in das Ventilbauelement eingespeisten Steuerverluste sind besonders bei kleinen Schaltfrequenzen gegenüber den anderen Verlusten vernachlässigbar klein.

3.5.2 Thermisches Ersatzschaltbild

Bei der Berechnung der Erwärmung der Sperrschicht muß der innere Aufbau des Halbleiterbauelements sowie seine Montage in ein Gehäuse und dessen Aufbau auf einen Kühlkörper oder eine andere Art der Wärmeleitung berücksichtigt werden. Für das Beispiel der Luftselbstkühlung wird die Wärme vom Siliziumkristall über Gehäuse und Kühlkörper an die Umgebung abgeführt (Bild 3.40). Dabei wird an den einzelnen Teilen des Halbleiterbauelementes und seines Aufbaus auf den Kühlkörper Wärme sowohl abgeleitet als auch gespeichert.

Die **Wärmespeicherung** läßt sich aus der Überlegung, daß die in die Masse eingebrachte Energie $P\,dt$ vollständig in die Temperaturänderung $d\vartheta$ umge-

3.5 Kühlung elektronischer Ventile

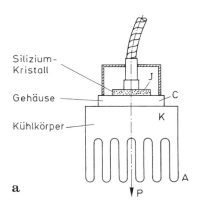

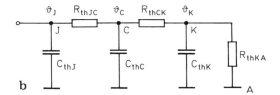

Bild 3.40 Zur Ableitung eines thermischen Ersatzschaltbildes
a) schematische Darstellung eines Halbleiterbauelementes mit Kühlkörper
b) thermisches Ersatzschaltbild

setzt wird und unter Verwendung der Wärmekapazität C_{th} wie folgt beschreiben:

$$P \, dt = C_{th} \, d\vartheta . \tag{3.4}$$

Hierin ist $C_{th} = V \gamma c$ mit der Einheit Ws/K und V Volumen, γ spezifische Masse und c spezifische Wärmekapazität.

Die **Wärmeleitung** durch einen ausgedehnten Körper, in dem ein Wärmestrom von der Stelle 1 zur Stelle 2 geführt wird, kann unter Verwendung des Wärmewiderstandes R_{th} durch die Beziehung (3.5) beschrieben werden. Der Körper habe senkrecht zum Wärmestrom die Querschnittsfläche A und in Richtung des Wärmestromes die Dicke d. Sein Material sei durch die Wärmeleitfähigkeit λ gekennzeichnet.

$$\vartheta_1 - \vartheta_2 = P \, R_{th} . \tag{3.5}$$

Hierin ist $R_{th} = \dfrac{d}{\lambda A}$.

Einheit von λ: W/Km,
Einheit von R_{th}: K/W.

Wegen der vollständigen Analogie der Gleichungen (3.4) und (3.5) zu den Gleichungen, die das elektrische Verhalten eines Kondensators und eines elektrischen Widerstandes beschreiben, ist es möglich, die Wärmekapazität und den Wärmewiderstand, wie bei elektrischen Schaltungen gewohnt, als Kapazität und als Widerstand darzustellen. Dabei ist die Verlustleistung im thermischen Ersatzbild die analoge Größe für den Strom im elektrischen Ersatzbild, ebenso wie die Temperatur für die elektrische Spannung.

Aus dem im Bild 3.40a schematisch dargestellten Aufbau eines Halbleiterbauelementes mit einseitiger Kühlung kann unter Verwendung der Beziehungen (3.4) und (3.5) das im Bild 3.40b dargestellte thermische Ersatzschaltbild abgeleitet werden. Mit J ist der Ort der Sperrschicht im Halbleiterkristall bezeichnet. ϑ_J ist dann die Temperatur der Sperrschicht, bezogen auf die Umgebung A. Diese Übertemperatur gegenüber der Umgebung wird auch mit Erwärmung bezeichnet. Es wird angenommen, daß die gesamte Verlustleistung P in der Sperrschicht umgesetzt wird. C_{thJ} repräsentiert die Wärmekapazität des Siliziumkristalls. Die Wärmeleitung in diesem und der Übergang zum Gehäuse wird durch den Wärmewiderstand R_{thJC} ausreichend genau beschrieben. Analoges gilt für die Wärmekapazität C_{thC} des Gehäuses und den Wärmewiderstand R_{thCK}, wie auch die Wärmekapazität des Kühlkörpers C_{thK} und den Wärmewiderstand R_{thKA}. ϑ_A ist die Umgebungstemperatur am Kühlkörper.

Trotz der Tatsache, daß die Temperatur in Wirklichkeit innerhalb des Siliziumkristalls und des Gehäuses örtlich verteilt unterschiedliche Werte hat, im Ersatzschaltbild aber mit einem Temperaturwert gerechnet wird, ergibt die Verwendung des thermischen Ersatzschaltbildes nach Bild 3.40b ausreichend genaue Ergebnisse bei der Berechnung der Erwärmung. Da im allgemeinen außer den in der schematischen Darstellung des Bildes 3.40a aufgeführten noch weitere Teile im Halbleiterbauelement verwendet werden (Molybdenscheiben, Goldzwischenlagen), enthält das vollständige thermische Ersatzschaltbild oft weitere RC-Glieder.

Für die Anwendung bei Erwärmungsberechnungen ist das im Bild 3.40b dargestellte Ersatzschaltbild, das aus den geometrischen Abmessungen der einzelnen Teile und aus der Beschreibung von Wärmeleitung und Wärmespeicherung gewonnen wurde, unbequem. Deshalb soll für die Anwendung ein äquivalentes Ersatzschaltbild verwendet werden. Dafür geeignet ist ein Reihenersatzschaltbild, das auf eine Partialbruchdarstellung führt. Im Bild 3.41a ist das thermische Ersatzschaltbild in Partialbruchschaltung gezeigt, das zu

3.5 Kühlung elektronischer Ventile

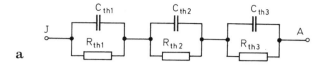

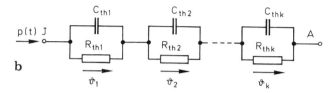

Bild 3.41 Thermisches Ersatzschaltbild
a) äquivalentes Ersatzschaltbild in Partialbruchdarstellung
b) thermisches Ersatzschaltbild mit k Gliedern

dem Ersatzschaltbild aus Bild 3.40b äquivalent ist, wenn die Werte R_{th1}, R_{th2}... und C_{th1}, C_{th2}... entsprechend gewählt werden. Da die Elemente des Ersatzschaltbildes nicht aus den geometrischen Abmessungen und den Materialkonstanten bestimmt, sondern aus der Messung des Temperatur-Zeitverhaltens gewonnen werden, wird letztere auf die Bestimmung der Werte für die R_{th} und die C_{th} ausgewertet. Wenn mehr als drei konstruktive Teile im Halbleiterbauelement berücksichtigt werden sollen, dann ergibt sich ein mehrgliedriges Ersatzschaltbild, wie es das Bild 3.41b für k Glieder zeigt.

Für das im Bild 3.41b dargestellte thermische Ersatzschaltbild ergibt sich die Erwärmung der Sperrschicht J gegenüber der Umgebung A zu:

$$\vartheta_J = \vartheta_1 + \vartheta_2 + \ldots \vartheta_k = \sum_{i=1}^{k} \vartheta_i . \tag{3.6}$$

Zur Bestimmung der Sperrschichttemperatur ist zu ϑ_J noch ϑ_A zu addieren.

Wird eine zeitveränderliche Leistung in der Sperrschicht eingespeist, dann gelten für die einzelnen Glieder des Ersatzschaltbildes die folgenden Beziehungen:

$$p(t) = \frac{\vartheta_1}{R_{th1}} + C_{th1} \frac{d\vartheta_1}{dt} = \frac{\vartheta_2}{R_{th2}} + C_{th2} \frac{d\vartheta_2}{dt} = \ldots . \tag{3.7}$$

Aus der Lösung dieses Gleichungssystems sind die Zeitverläufe der einzelnen Erwärmungen ϑ_1, ϑ_2 ... zu gewinnen. So gibt es für den Fall, daß auf das unbelastete, sich im thermischen Gleichgewicht befindende Halbleiterbauelement eine konstante Leistung geschaltet wird (p(t) = 0 für t < 0; p(t) = P = konst für t > 0) die Lösungen:

$$\vartheta_1 = P\, R_{th1}\, (1 - \exp(-t/\tau_{th1})) \qquad \text{mit } \tau_{th1} = R_{th1}\, C_{th1}\,, \tag{3.8}$$

$$\vartheta_2 = P\, R_{th2}\, (1 - \exp(-t/\tau_{th2})) \qquad \text{mit } \tau_{th2} = R_{th2}\, C_{th2}\, \text{und}$$

$$\vartheta_k = P\, R_{thk}\, (1 - \exp(-t/\tau_{thk})) \qquad \text{mit } \tau_{thk} = R_{thk}\, C_{thk}.$$

Mit (3.6) ergibt sich hieraus die Erwärmung an der Sperrschicht zu:

$$\vartheta_J = P \sum_{i=1}^{k} R_{thi}\, (1 - \exp(-t/\tau_{thi})) \,. \tag{3.9}$$

Diese Gleichung sagt aus, daß die Sperrschichterwärmung von der Einwirkungszeit und natürlich von den Wärmekapazitäten und den Wärmewiderständen, wie sie im thermischen Ersatzbild dargestellt sind, abhängig ist.

In (3.9) sind in der Summe die thermischen Eigenschaften aller Glieder des Ersatzschaltbildes zusammengefaßt. Sie wird deshalb zur Beschreibung der thermischen Eigenschaften des Halbleiterbauelementes mit Kühleinrichtungen verwendet und **transienter Wärmewiderstand** genannt. Er ist definiert zu:

$$Z_{th}(t) = \sum_{i=1}^{k} R_{thi}\, (1-\exp(-t/\tau_{thi})) \,. \tag{3.10}$$

Dieser transiente Wärmewiderstand wird aus der Messung des Zeitverlaufes der Sperrschichttemperatur nach dem Einschalten einer konstanten Leistung entsprechend der Gleichung (3.9) ermittelt. Aus der meßtechnisch bestimmten Funktion $Z_{th}(t)$ können auch die Werte R_{th} und C_{th} der Glieder des thermischen Ersatzschaltbildes berechnet werden. Das Bild 3.42 zeigt den transienten Wärmewiderstand für einen Scheibenthyristor mit verschiedenen Kühlkörpern und unterschiedlichen Belastungen. Dabei ist mit DC die gleichmäßige Belastung bezeichnet, während die anderen Kurven die Wirkung eines Belastungspulses mit der Pulsfrequenz 50 Hz und den angegebenen Einschaltdauern der einzelnen Impulse beschreiben. Die durchgezogenen Kurven für beidseitige, die unterbrochen gezeichneten für einseitige Kühlung.

3.5 Kühlung elektronischer Ventile 65

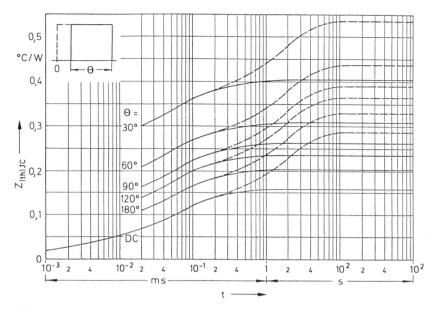

Bild 3.42 Transienter Wärmewiderstand eines Halbleiterbauelementes

3.5.3 Anwenden des thermischen Ersatzschaltbildes

Stationärer Betrieb P = konst, t ≫ 4 τ_{thmax}

Bei gleichmäßiger Belastung sind nach ausreichend langer Zeit alle Wärmespeicher aufgefüllt und nehmen keine weitere Wärme auf. Die Temperaturverteilung wird allein von den Wärmewiderständen des Ersatzschaltbildes bestimmt. Für diesen Lastfall werden die Wärmewiderstände der inneren Teile des Halbleiterbauelementes zum inneren Wärmewiderstand R_{thJC} zusammengefaßt. Somit verbleibt für den Betrieb mit gleichmäßiger Belastung das thermische Ersatzschaltbild wie im Bild 3.43 dargestellt. Der Wärmewiderstand R_{thCA} wird äußerer Wärmewiderstand genannt. Die Werte für R_{thJC} und R_{thCA} können den Listen der Halbleiterbauelemente entnommen werden.

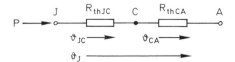

Bild 3.43 Thermisches Ersatzschaltbild für stationären Betrieb
R_{thJC} innerer Wärmewiderstand
R_{thCA} äußerer Wärmewiderstand

Betrieb mit veränderlicher Verlustleistung p(t)

Das thermische Ersatzschaltbild kann auch bei veränderlicher Belastung zur Berechnung der Sperrschichterwärmung verwendet werden. Dazu werden die Lösungen der Differentialgleichungen (3.7) und die Gleichung (3.6) benutzt.

Die in den Listen enthaltenen transienten Wärmewiderstände stellen eine Lösung für eine bestimmte Zeitfunktion p(t), nämlich das Einschalten einer konstanten Verlustleistung, dar. Da die Differentialgleichungen in (3.7) linear sind, kann mit Hilfe des Superpositionsgesetzes auch bei etwas komplizierteren Zeitverläufen der Leistung p(t) vom transienten Wärmewiderstand Gebrauch gemacht werden.

Ein Beispiel dafür zeigt das Bild 3.44. In diesem wird der Verlauf der Sperrschichterwärmung ermittelt, wenn ein Leistungsimpuls in Form des Kurzzeitbetriebes auftritt. Dieser wird in zwei Einschaltvorgänge bei t_0 und t_1 zerlegt. Für jeden davon kann mit Hilfe des transienten Wärmewiderstandes der Zeitverlauf der Temperatur ermittelt werden. Die Sperrschichterwärmung $\vartheta_J(t)$ ergibt sich dann aus der linearen Überlagerung der beiden Vorgänge.

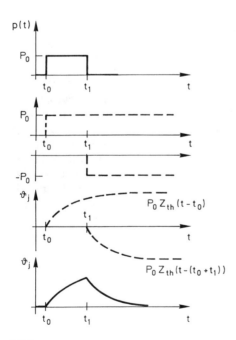

Bild 3.44 Anwendung des Superpositionsgesetzes zur Bestimmung der Sperrschichterwärmung

Aufgaben zum Abschnitt 3

Aufgabe 3.1

Ein Thyristor wird mit Halbschwingungen eines sinusförmigen Stromes belastet (Impulsdauer $t_i = 100$ μs; Scheitelwert $\hat{\imath}_T = 500$ A). Welche Folgefrequenz f_p kann zugelassen werden, wenn die Verlustleistung P_T den Wert 150 W nicht überschreiten darf?

a) Die Schaltverlustenergie kann vernachlässigt werden.
b) Aus Messungen des Schaltvorganges ist bekannt, daß die Schaltverlustenergie W_S bei einmaligem Schalten 0,2 Ws beträgt.

Die Daten der Kennlinie des Thyristors sind: $U_{T0} = 1{,}4$ V, $r_T = 0{,}9$ mΩ.

Aufgabe 3.2

Aufgrund von Messungen mit einem abschaltbaren Ventilbauelement können die Zeitverläufe beim Ein- und beim Ausschalten wie skizziert durch Geradenstücke angenähert werden. Unter dieser Annahme ist der Zeitverlauf der Verlustleistung zu bestimmen.

Wie groß ist die Verlustenergie bei einem Schaltvorgang?

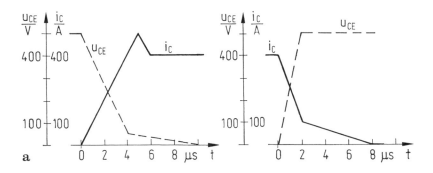

Aufgabe 3.3

Das Ventilbauelement aus Aufgabe 3.2 wird mit einem Einschaltverhältnis 0,5 geschaltet. Im EIN-Zustand beträgt die Durchlaßspannung 2,8 V bei i_C = 400 A. Welche Schaltfrequenz wird erreicht, wenn die Durchlaßverlustleistung so groß wie die Schaltverluste angenommen wird?

Aufgabe 3.4

Ein Thyristor in einem Schraubgehäuse wird mit einem Verlustleistungsimpuls wie skizziert belastet. Der transiente thermische Widerstand zwischen Sperrschicht und Gehäuse wird durch vier Zeitkonstanten angenähert genau beschrieben. Wie ist der Zeitverlauf der Erwärmung der Sperrschicht gegenüber dem Gehäuse und wie groß ist sie am Ende des Impulses?

i	1	2	3	4	
R_{thi}	0,019	0,033	0,222	0,068	K/W
τ_{thi}	0,003	0,025	0,104	0,998	s

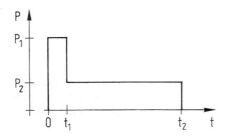

P_1 = 800 W, P_2 = 300 W, t_1 = 5 ms, t_2 = 35 ms.

Aufgabe 3.5

Der in der Aufgabe 3.4 gegebene Thyristor wird auf einen Kühlkörper für verstärkte Luftkühlung montiert. Das Diagramm gibt den transienten thermischen Widerstand Z_{thCA} des Kühlkörpers einschließlich Wärmeübergang für die verstärkte Luftkühlung an.

Nach welcher Zeit erreicht bei einer Verlustleistung von 85 W die Sperrschichttemperatur den Wert 80°C bei einer Umgebungstemperatur von 35°C?

Wie groß ist die zulässige, konstant angenommene Verlustleistung bei einer Umgebungstemperatur von 35°C und einer zulässigen Sperrschichttemperatur von 125°C?

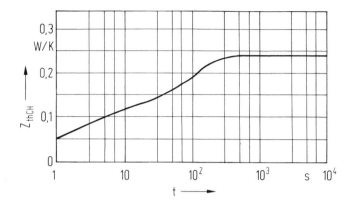

Lösungen der Aufgaben zum Abschnitt 3

Lösung Aufgabe 3.1

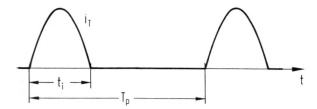

$i_T(t) = \hat{i}_T \sin \omega_i t \quad$ für $\quad 0 \leq t \leq t_i \;\; ; \;\; \omega_i = \pi/t_i$

$u_T(t) = U_{T0} + i_T(t)\, r_T$

Während eines Durchlaßimpulses wird im Thyristor die Energie W_T umgesetzt:

$$W_T = \int_0^{t_i} u_T(t)\, i_T(t)\, dt = \int_0^{t_i} U_{T0}\, i_T(t)\, dt + \int_0^{t_i} r_T\, i_T^2(t)\, dt ,$$

$W_T = U_{T0}\, \hat{i}_T\, 2\, t_i/\pi + r_T\, \hat{i}_T^2\, t_i/2 ,$

$W_T = 55{,}81 \text{ mWs} .$

Die maximale Folgefrequenz ist aus der maximalen Verlustleistung zu berechnen:

$P_{T\max} = f_{P\max}\, W_T \quad , \quad f_{P\max} = P_{T\max}/W_T .$

Für die Annahme unter a) ergibt sich: $\quad f_{P\max} = 2{,}69 \text{ kHz}.$

Für die Annahme b) gilt: $P_{T\max} = f_{P\max}(W_T + W_S) \quad , \quad f_{P\max} = 0{,}59 \text{ kHz}.$

Lösung Aufgabe 3.2

Für das Einschalten können die angenäherten Zeitverläufe abschnittsweise wie folgt dargestellt werden:

$0 \leq t \leq 4\,\mu s$:
$i(t) = 100\,A\,t/\mu s$
$u(t) = 500\,V - 450\,V\,t/(4\,\mu s) = 500\,V - 112{,}5\,V\,t/\mu s$
$p(t) = 50\,kW\,t/\mu s - 11{,}25\,kW(t/\mu s)^2$

$4\,\mu s \leq t \leq 5\,\mu s$:
$i(t) = 100\,A\,t/\mu s$
$u(t) = 50\,V - 50\,V(t - 4\,\mu s)/(6\,\mu s) = 83{,}33\,V - 8{,}33\,V\,t/\mu s$
$p(t) = 8{,}33\,kW\,t/\mu s - 0{,}833\,kW(t/\mu s)^2$

Die Stromspitze ist durch den Rückstrom einer den Strom abgebenden Diode bedingt.

$5\,\mu s \leq t \leq 6\,\mu s$:
$i(t) = 500\,A - 100\,A\,(t - 5\,\mu s)/\mu s = 1000\,A - 100\,A\,t/\mu s$
$u(t) = 83{,}33\,V - 8{,}33\,V\,t/\mu s$
$p(t) = 83{,}33\,kW - 16{,}67\,kW\,t/\mu s + 0{,}833\,kW(t/\mu s)^2$

$6\,\mu s \leq t \leq 10\,\mu s$:
$i(t) = 400\,A$
$u(t) = 83{,}33\,V - 8{,}33\,V\,t/\mu s$
$p(t) = 33{,}33\,kW - 3{,}33\,kW\,t/\mu s$

In derselben Weise ergibt sich für das Ausschalten:

$0 \leq t \leq 2\,\mu s$
$i(t) = 400\,A - 150\,A\,t/\mu s$
$u(t) = 250\,V\,t/\mu s$
$p(t) = 100\,kW\,t/\mu s - 37{,}5\,kW(t/\mu s)^2$

$2\,\mu s \leq t \leq 8\,\mu s$
$i(t) = 100\,A - 100\,A(t - 2\,\mu s)/(6\,\mu s) = 133{,}33\,A - 16{,}667\,A\,t/\mu s$
$u(t) = 500\,V$
$p(t) = 66{,}67\,kW - 8{,}33\,kW\,t/\mu s$

Der Strom-Zeitverlauf zeigt einen deutlichen Schweifstrom.

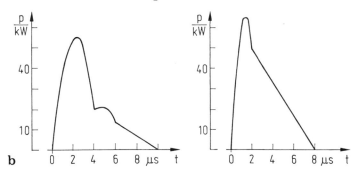

Beim Einschalten beträgt der größte Wert der Leistung 55,56 kW. Beim Ausschalten ist der größte Wert 66,7 kW.

Die Verlustenergie ist zu berechnen $W_S = \int\limits_{}^{\Delta t} p(t)\, dt$.

Somit ergibt sich im ersten Einschaltabschnitt:

$$W_{SE} = 25 \text{ kW } \mu s\, (t/\mu s)^2 \Big|_0^{4\,\mu s} - 3{,}75 \text{ kW } \mu s\, (t/\mu s)^3 \Big|_0^{4\,\mu s},$$

$W_{SE} = 160$ mWs.

Die Verlustenergie beträgt beim Einschalten in den einzelnen Abschnitten:

$0 \leq t \leq 4\,\mu s$	$W_{SE} = 160$ m Ws
$4\,\mu s \leq t \leq 5\,\mu s$	$W_{SE} = 20{,}55$ mWs
$5\,\mu s \leq t \leq 6\,\mu s$	$W_{SE} = 16{,}94$ mWs
$6\,\mu s \leq t \leq 10\,\mu s$	$W_{SE} = 26{,}67$ mWs

$W_{SE} = 224{,}16$ mWs.

Die Verlustenergie beträgt beim Ausschalten:

$0 \leq t \leq 2\,\mu s$	$W_{SA} = 100$ mWs
$2\,\mu s \leq t \leq 8\,\mu s$	$W_{SA} = 150$ mWs

$W_{SA} = 250$ mWs.

Lösung Aufgabe 3.3

Die gegebenen Werte für den EIN-Zustand ergeben eine Durchlaßverlustleistung von 560 W.

Die Aufgabe 3.2 hatte eine Verlustenergie beim einmaligen Schalten erbracht:

$W_S = W_{SE} + W_{SA} = 474{,}2$ mWs.

Ansatz: $P_T = f_S\, W_S$.

Daraus ergibt sich die Schaltfrequenz $f_S = 1{,}18$ kHz.

Aufgaben zum Abschnitt 3

Lösung Aufgabe 3.4

Die Erwärmung der Sperrschicht wird mit Gleichung (3.9) berechnet. dabei wird die Gehäusetemperatur wegen der kurzen Impulsdauer konstant angenommen.

$$\vartheta_J = P \sum_1^4 R_{thi} (1 - \exp(-t/\tau_{thi})).$$

Der Verlustleistungsimpuls wird in einen positiven Leistungssprung von 800 W, beginnend bei t = 0 und einen negativen Leistungssprung 500 W, beginnend bei t = t_1 zerlegt. Mit (3.9) werden die beiden zugehörigen Erwärmungen berechnet und anschließend überlagert. Für t = 35 ms ergibt sich:

Positiver Leistungssprung

ϑ_J = 800 W(0,019 K/W + 0,025 K/W + 0,063 K/W + 0,0023 K/W)
ϑ_J = 87,5 K

Negativer Leistungssprung

ϑ_J = - 500 W(0,019 K/W + 0,023 K/W + 0,056 K/W + 0,002 K/W
ϑ_J = - 50 K

Damit ergibt sich die Sperrschichterwärmung am Ende des Verlustleistungsimpulses zu 37,5 K.

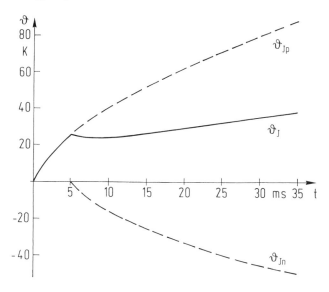

Lösung Aufgabe 3.5

Im Vergleich zu den Zeitkonstanten der Strecke zwischen Sperrschicht und Gehäuse ist die Zeitkonstante τ_{thCA} viel größer, wie aus der Skalierung der Zeitachse des Diagrammes hervorgeht. Für die Berechnung des Zeitverlaufes der Sperrschichttemperatur bei verstärkter Luftkühlung kann allein mit dem transienten, thermischen Widerstand Z_{thCA} und der Summe der inneren Widerstände R_{thJC} gerechnet werden.

$$\vartheta_J = P(R_{thJC} + Z_{thCA})$$

Bei der Umgebungstemperatur 35°C stehen bis zur Sperrschichttemperatur 80°C für die Erwärmung 45 K zur Verfügung. Mit P = 85 W und R_{thJC} = 0,342 K/W ergibt das:

$$Z_{thCA} = \vartheta_J/P - R_{thJC} \quad , \quad Z_{thCA} = 0,187 \text{ K/W} .$$

Aus dem Diagramm geht für diesen Wert eine Erwärmungszeit von 100 s hervor.

Der Wert für den Dauerbetrieb geht aus dem Diagramm zu Z_{thCA} = 0,24 K/W hervor. Die zulässige Erwärmung beträgt 90 K. Damit ist die zulässige Verlustleistung für diese Betriebsart:

$$P = \vartheta_J/(R_{thJC} + Z_{thCA}) \quad , \quad P = 155 \text{ W} .$$

4 Schaltungsübersicht und Stromübergang zwischen Ventilzweigen

4.1 Die Grundschaltungen der Leistungselektronik

Für einen ordnenden Überblick über die vielen Schaltungen, die es in der Leistungselektronik gibt, ist es hilfreich, die verschiedenen Wirkungsprinzipien an Grundschaltungen zu erklären.

Eine **Grundschaltung der Leistungselektronik** soll aus einer Spannungs- und einer Stromquelle, die über elektronische Ventile miteinander verbunden sind, bestehen. Das folgt zunächst aus der Definition der Leistungselektronik mit der Energiesteuerung über Ventilbauelemente. Für eine Grundschaltung wird zunächst angenommen, daß sie keinen Energiespeicher enthält. Deshalb ist auch nur das Zusammenschalten jeweils einer Spannungs- mit einer Stromquelle zulässig. Die eine der Quellen arbeitet dabei als Generator, die andere als Verbraucher. Es kann dabei angenommen werden, daß jede dieser Quellen je nach dem benötigten Arbeitspunkt sowohl als Generator als auch als Verbraucher arbeiten kann. Diese Annahme ist jedoch nicht bei allen technischen Anwendungen erfüllt. Da in der Energietechnik Stromquellen kaum verwendet werden, sollen sie, der praktischen Anwendung entsprechend, durch Spannungsquellen mit in Reihe geschaltetem induktiven Speicher ersetzt werden.

Die in den Grundschaltungen verwendeten Spannungs- und Stromquellen können Gleich- oder Wechselgrößen liefern. Somit ergeben sich die im Bild 4.1 dargestellten vier Schaltungsmöglichkeiten. Sie stellen die Grundschaltungen der Leistungselektronik dar. Die erste Grundschaltung - eine Gleichspannungs- und eine Gleichstromquelle über die Ventilschaltung verbunden oder in technischer Näherung zwei Gleichspannungsquellen über die Ventilschaltung und den induktiven Speicher verbunden - wird mit **GS-Umrichter** bezeichnet. Als praktisches Anwendungsbeispiel ist die Schaltung eines Gleichspannungswandlers hinzugefügt.

Die Grundschaltung in der zweiten Zeile von Bild 4.1 zeigt die Kombination einer Wechselspannungs- mit einer Gleichstromquelle oder den Anschluß der Wechselspannungsquelle direkt und der Gleichspannungsquelle über den induktiven Speicher an die Ventile. Diese Grundschaltung wird **WS/GS-**

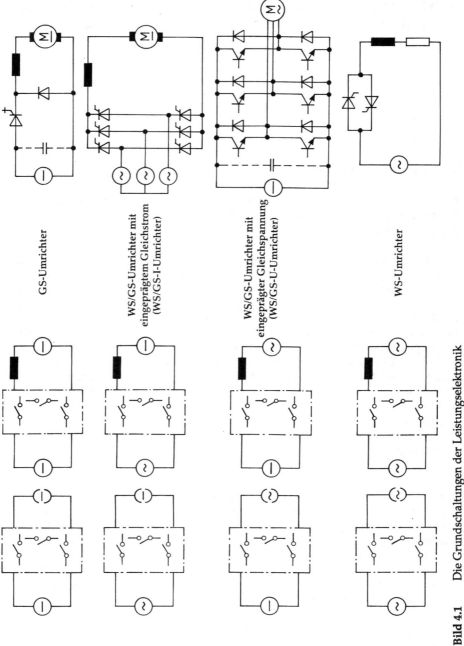

Bild 4.1 Die Grundschaltungen der Leistungselektronik

4.1 Die Grundschaltungen der Leistungselektronik

Umrichter mit eingeprägtem Gleichstrom (WS/GS-I-Umrichter) genannt. Da eine Umkehr der Richtung des Energieflusses durch einen Vorzeichenwechsel der Gleichspannung erfolgen muß - der Gleichstrom ist eingeprägt - finden in der Schaltung Stromventile Verwendung. Praktische Anwendungsbeispiele sind die weit verbreiteten, am Wechselspannungsnetz arbeitenden Stromrichter.

Die Grundschaltung in der dritten Zeile von Bild 4.1 zeigt die Kombination einer Gleichspannungs- mit einer Wechselstromquelle. In der technischen Ausführung sind die Gleichspannungsquelle direkt und die Wechselspannungsquelle über den induktiven Speicher an die Ventile geschaltet sind. Diese Grundschaltung wird **WS/GS-Umrichter mit eingeprägter Gleichspannung (WS/GS-U-Umrichter)** genannt. Da bei dieser Grundschaltung die Richtungsänderung des Energieflusses durch eine Richtungsänderung des Gleichstromes vorgenommen wird - die Gleichspannung ist eingeprägt - besteht die Ventilschaltung aus Spannungsventilen. Als praktische Anwendungen seien die spannungsgespeisten Wechselrichter mit abschaltbaren Ventilen genannt. Zu diesen Beispielen gehört auch die am Wechselspannungsnetz arbeitende Schaltung mit eingeprägter Gleichspannung, die Spannungsrichter genannt werden kann.

Bei der Grundschaltung in der vierten Zeile sind eine Wechselspannungs- und eine Wechselstromquelle oder in der technischen Ausführung zwei Wechselspannungsquellen über die Ventile und den induktiven Speicher verbunden. Sie wird **WS-Umrichter** genannt. Als Anwendungsbeispiel ist die Wechselstromstellerschaltung zu nennen.

Aus der Kombination mehrerer Grundschaltungen lassen sich zusammengesetzte Schaltungen in der Leistungselektronik ableiten. In dieser Weise enstehen als Beispiele die Umrichterschaltungen mit Zwischenkreis. Bild 4.2 zeigt einen Umrichter mit Gleichstromzwischenkreis. Er ist aus zwei Grundschaltungen WS/GS-Umrichter mit eingeprägtem Gleichstrom zusammengesetzt. Diese sind über einen Strom-Zwischenkreis miteinander verbunden.

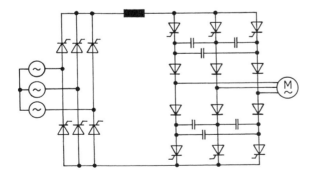

Bild 4.2   Kombination zweier Grundschaltungen:
            Umrichter mit Gleichstromzwischenkreis

Wie der Überblick über die Grundschaltungen im Bild 4.1 mit den Beispielen zeigt, enthält die Ventilschaltung im allgemeinen mehrere Ventilzweige. Die Grundschaltungen arbeiten so, daß die einzelnen Ventilzweige zeitlich aufeinanderfolgend in den verschiedenen Abschnitten einer Periodendauer Strom führen. Das ist für Schaltungen, die mehrphasige Wechselspannungen enthalten, ohne weiteres einsichtig. Es gilt zum Erreichen einer Steuerbarkeit auch für den in der obersten Zeile des Bildes 4.1 gezeigten GS-Umrichter.

Von besonderer Bedeutung für die Funktion aller Schaltungen der Leistungselektronik ist nun die Art und Weise, wie die verschiedenen Ventile einer Schaltung zeitlich aufeinanderfolgend leiten und sperren oder wie der Strom von einem Ventilzweig zum nächsten übergeht. Hierfür ist es ganz entscheidend, ob in der Schaltung einschaltbare oder abschaltbare elektronische Ventile verwendet werden. Bei der Anwendung einschaltbarer Ventile muß die Schaltung so arbeiten, daß die Ventile sicher in den Sperrzustand gelangen. Das erfolgt mit Hilfe von Bauelementen außerhalb der Ventile. Bei der Anwendung abschaltbarer Ventile muß dafür gesorgt sein, daß der Strom, der im allgemeinen in Induktivitäten fließt, beim Abschalten eines Zweiges einen anderen Ventilzweig findet, in dem er weiter fließen kann. Dafür dienen Freilauf- oder andere Hilfszweige.

4.2 Stromübergang zwischen Ventilzweigen
4.2.1 Grundprinzip

Das Bild 4.3 zeigt das Ersatzschaltbild für zwei Ventilzweige, die Teile einer Ventilschaltung sind. Sie bestehen je aus einer Spannungsquelle, einer Induktivität und einem Ventil. Die Spannungsquellen können dabei Teile der Spannungsquelle der Grundschaltung sein oder als Hilfsquellen in der Ventilschaltung arbeiten. Es werden zunächst zwei ideale Dioden als Ventile angenommen. Einer der beiden Zweige enthält zur Erläuterung des Vorganges zunächst noch einen idealen Schalter S. Es werde angenommen, daß über diese zwei Ventilzweige der Strom I_d = const fließt. Diese Annahme beschreibt sehr viele Fälle der praktischen Anwendung auch dort, wo kein Gleichstrom vorliegt. Bei vielen Anwendungsfällen sind die hier betrachteten Zeiten für den Stromübergang zwischen zwei Ventilzweigen viel kleiner als die Zeitkonstanten in den außen angeschlossenen Kreisen, so daß für die Übergangszeit mit konstantem Strom gerechnet werden kann.

Bei offenem Schalter S fließt der Strom in dem oberen Ventilzweig $i_1 = I_d$; $i_2 = 0$.

Für t > 0 sei der Schalter S geschlossen und damit gelten:

$$i_1 + i_2 - I_d = 0,$$
$$u_1 - u_2 + L_2 \frac{di_2}{dt} - L_1 \frac{di_1}{dt} = 0.$$
(4.1)

4.2 Stromübergang zwischen Ventilzweigen

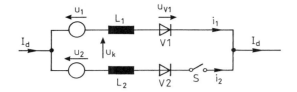

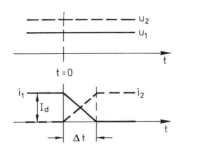

Bild 4.3 Grundprinzip des Stromüberganges zwischen zwei Ventilzweigen

Wegen I_d = const gilt $\dfrac{di_2}{dt} = -\dfrac{di_1}{dt}$.

$$\dfrac{di_1}{dt} = -\dfrac{u_2 - u_1}{L_1 + L_2} = -\dfrac{u_k}{L_1 + L_2},$$

$$\dfrac{di_2}{dt} = \dfrac{u_2 - u_1}{L_1 + L_2} = \dfrac{u_k}{L_1 + L_2}.$$

(4.2)

Diese aus dem Ansatz gewonnenen Beziehungen müssen interpretiert werden. Dabei können die folgenden Fälle unterschieden werden:

$u_2 < u_1 : di_2/dt < 0$ Diese Stromänderung ist wegen der Diode V2 nicht möglich. Der Strom im Zweig 2 bleibt Null, die Diode V2 bleibt gesperrt. Ein Stromübergang findet nicht statt.

$u_2 > u_1 : di_2/dt > 0$ Strom im Zweig 2 steigt an, Strom im Zweig 1 nimmt ab. Es findet ein Stromübergang statt.

Es sollen für u_2 und u_1 einfache Annahmen getroffen werden und damit die verschiedenen Möglichkeiten des Stromüberganges zwischen zwei Ventilzweigen berechnet werden.

Zunächst sei u_2 = const, u_1 = const angenommen, wie es im Bild 4.3 gezeichnet ist. Dann lassen sich die Ströme i_1 und i_2 aus (4.2) berechnen. Mit den Anfangswerten t = 0: $i_1 = I_d$, $i_2 = 0$ ergeben sich:

$$i_1(t) = I_d - \frac{u_2 - u_1}{L_1 + L_2} t,$$

$$i_2(t) = \frac{u_2 - u_1}{L_1 + L_2} t. \qquad (4.3)$$

Diese zeitproportionale Änderung der Ströme während des Stromüberganges ist im Bild 4.3 eingezeichnet. Es ist zu sehen, daß der Stromübergang von einem Ventilzweig zum anderen so erfolgt, daß beide Zweige für eine gewisse Zeit Strom führen. Es tritt eine **Überlappung** der Stromführungszeiten in den Ventilzweigen auf. Ein Stromübergang mit Überlappung zwischen zwei Ventilzweigen wird auch **Kommutierung** genannt. Deshalb wird die Spannung $u_2 - u_1 = u_k$ auch mit **Kommutierungsspannung** bezeichnet.

Die Überlappungsdauer Δt läßt sich aus (4.3) mit dem Ansatz $i_1 = 0$ berechnen.

$$\Delta t = I_d \frac{L_1 + L_2}{u_2 - u_1}. \qquad (4.4)$$

Zur Erläuterung wird in der Schaltung nach Bild 4.3 der Stromübergang noch von einem Schalter herbeigeführt. Für die praktische Anwendung können natürlich u_1 und u_2 so gewählt werden, daß zu einem gewünschten Zeitpunkt der Stromübergang beginnt. Das ist im Bild 4.4 an einer Schaltung mit zwei Ventilzweigen gezeigt, die je eine Diode enthalten. Solange $u_2 < u_1$ ist, fließt der Strom I_d über den oberen Ventilzweig. Bei t = 0 beginnt mit $u_2 > u_1$ der Stromübergang.

Annahmen: I_d = const; $u_1 = U_0$ = const; $u_2 = U_0(1 + t/t_0)$.

Anfangsbedingungen: t = 0; $i_1 = I_d$.

Der Ansatz entsprechend (4.1) liefert für dieses Beispiel die Lösung:

$$i_1(t) = I_d - \frac{U_0}{L_1 + L_2} \frac{t^2}{2t_0},$$

$$i_2(t) = I_d - i_1(t) = \frac{U_0}{L_1 + L_2} \frac{t^2}{2t_0}. \qquad (4.5)$$

Das Bild 4.4 zeigt die Zweigströme während der Überlappungszeit. Die

4.2 Stromübergang zwischen Ventilzweigen

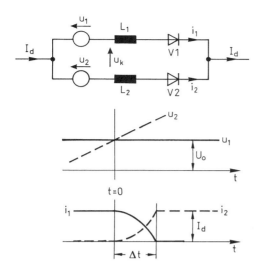

Bild 4.4 Beispiel für den Stromübergang zwischen zwei Diodenzweigen

Dauer der Überlappung Δt kann aus (4.5) berechnet werden:

$$\Delta t = \sqrt{\frac{2 I_d\, t_0 (L_1 + L_2)}{U_0}}. \tag{4.6}$$

Bei vielen Anwendungsfällen sind u_1 und u_2 Spannungen aus dem speisenden, mehrphasigen Wechselspannungsnetz. Dann wechseln sich u_1 und u_2 entsprechend den Zeitfunktionen der phasenverschobenen Wechselspannungen ab und geben damit die Zeitpunkte für den Vorzeichenwechsel der Spannung ($u_2 - u_1$) und damit den Beginn der Stromübergänge vor. Darauf wird im Abschnitt 5 näher eingegangen.

4.2.2 Stromübergang mit abschaltbaren Ventilen

Jetzt soll der Stromübergang zwischen zwei Ventilzweigen betrachtet werden, wenn eines der Ventile abschaltbar ist. Im Bild 4.5 ist das mit einem Transistor dargestellt. In den Zeitverlauf des Stromes geht das Schaltverhalten des abschaltbaren Ventils ein. Hier soll das Schaltverhalten durch eine einfache Näherung beschrieben werden.

Es werde angenommen, daß der für $t < 0$ leitende Transistor für $t > 0$ so angesteuert wird, daß er eine Spannung u_{tr} aufnehmen kann, die auf den Wert u_{trm} begrenzt wird. Die Spannungen u_1 und u_2 werden zu konstanten Werten angenommen, wie sie im Bild 4.5 gezeichnet sind. Für $t < 0$ ist $i_1 = I_d$,

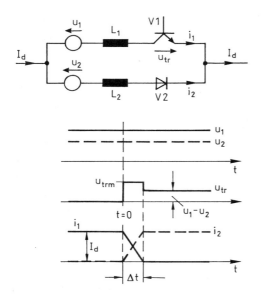

Bild 4.5 Stromübergang zwischen zwei Ventilzweigen mit abschaltbaren Ventilen

$i_2 = 0$. Bei den gewählten Werten für u_1 und u_2 gibt es ohne u_{tr} keinen Stromübergang. Für $t > 0$ ergibt sich mit u_{tr}:

$$\frac{di_1}{dt} = \frac{u_1 - u_2 - u_{tr}}{L_1 + L_2}. \tag{4.7}$$

Ein Stromübergang mit $di_1/dt < 0$ ist also möglich, weil $u_{tr} > (u_1 - u_2)$ ist. Mit den gewählten Spannungen ergibt sich in diesem Beispiel wieder ein linearer Stromübergang. Die Überlappungsdauer ist in diesem Fall

$$\Delta t = I_d \frac{L_1 + L_2}{u_{trm} - (u_1 - u_2)}. \tag{4.8}$$

Ein weiteres Beispiel zeigt das Bild 4.6a. Es zeigt die Ventilzweige der Grundschaltung des GS-Umrichters mit Induktivitäten in den Zweigen (Bild 4.6b).

Im Ausgangszustand $t < 0$ sei der Transistor V1 nicht angesteuert. Bei der Annahme idealer Elemente sperrt er U_0. Es ist $i_2 = I_d$. Bei $t = 0$ wird V1 durchgeschaltet ($u_{tr} = 0$) und der Stromübergang beginnt:

$$L_1 \frac{di_1}{dt} - L_2 \frac{di_2}{dt} - U_0 = 0 \; ; \; i_1 + i_2 - I_d = 0. \tag{4.9}$$

Die Anfangsbedingungen sind $t = 0$: $i_1 = 0$; $i_2 = I_d$

4.2 Stromübergang zwischen Ventilzweigen

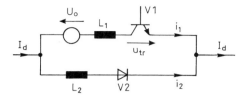

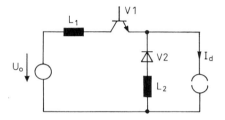

Bild 4.6 Schaltungsbeispiel für den Stromübergang mit abschaltbaren Ventilen

Wegen I_d = const und U_0 = const ergeben sich wieder konstante Stromänderungen und somit (Bild 4.7a):

$$i_1(t) = \frac{U_0}{L_1 + L_2} t \quad ; \quad i_2(t) = I_d - \frac{U_0}{L_1 + L_2} t \, . \tag{4.10}$$

Der Stromübergang ist nach Δt abgeschlossen:

$$\Delta t = \frac{I_d (L_1 + L_2)}{U_0} \, .$$

Nach dem Stromübergang bleibt die Diode V2 gesperrt. Sie sperrt die Spannung U_0. Es bleibt $i_1 = I_d$; $i_2 = 0$. Die Zeitverläufe sind im Bild 4.7a dargestellt.

Soll der Strom von V1 auf V2 übergehen, so muß V1 auf eine Spannung u_{tr} geschaltet werden (t = 0 im Bild 4.7b). Diese Spannung werde auf den Wert u_{trm} begrenzt. Jetzt gilt:

$$L_1 \frac{di_1}{dt} + u_{tr} - L_2 \frac{di_2}{dt} - U_0 = 0 \quad ; \quad i_1 + i_2 - I_d = 0 \, . \tag{4.11}$$

Mit den Anfangsbedingungen t = 0: $i_1 = I_d$; $i_2 = 0$.

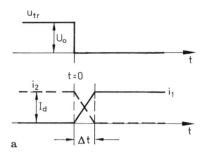

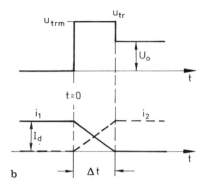

Bild 4.7 Zeitverläufe für den Stromübergang der Schaltung nach Bild 4.6
a) Übergang 2 - 1   b) Übergang 1 - 2

Für den Stromübergang muß $di_1/dt < 0$ sein. Das ist nur möglich mit $u_{tr} > U_0$. Ist diese Voraussetzung gegeben und werden konstante Spannungen angenommen, erfolgt der Stromübergang wiederum zeitproportional mit der Überlappungszeit Δt (Bild 4.7b).

$$\Delta t = \frac{I_d(L_1 + L_2)}{u_{trm} - U_0}. \tag{4.12}$$

Der Stromübergang erfolgt um so schneller, je größer der Unterschied zwischen u_{trm} und U_0 ist.

Nach dem Stromübergang ist wieder $i_2 = I_d$ und $i_1 = 0$ und V1 sperrt die Spannung U_0.

4.2.3 Stromübergang mit idealem Schalter

Ein idealer Schalter, der den Strom schlagartig unterbricht, kann in einem Ventilzweig mit einer Induktivität nicht verwendet werden. Die am Schalter auftretende Spannung würde alle Werte übersteigen. Für die praktische Anwendung werden entweder Schalter mit definiertem Schaltverhalten, wie im Abschnitt 4.2.2 gezeigt, verwendet oder die Spannung am idealen Schalter wird durch eine Beschaltung begrenzt.

Das Bild 4.8 zeigt zwei Beispiele für Spannungsbegrenzungen. In Bild 4.8a wird parallel zum Schalter ein spannungsbegrenzender Widerstand verwendet und in Bild 4.8b übernimmt die parallele RC-Reihenschaltung die Spannungsbegrenzung. Im letzteren Beispiel ist mit der Induktivität des Ventilzweiges ein gedämpfter Schwingkreis entstanden, dessen Elemente den Maximalwert der Spannung und die Spannungssteilheit bestimmen.

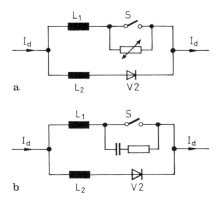

Bild 4.8 Stromübergang mit idealem Schalter, Beispiele für Beschaltungen
a) spannungsbegrenzender Widerstand   b) RC-Beschaltung

4.2.4 Stromübergang ohne Überlappung

Besonders in Schaltungen von WS-Umrichtern wird der Nulldurchgang eines Wechselstromes benutzt, um den Strom von einem Ventilzweig zum nächsten zu bringen. Dann erfolgt der Übergang so, daß der Strom in einem Zweig Null wird und dann im nächsten Zweig von Null ausgehend ansteigt. Dabei kann eine stromlose Pause auftreten. Zu keinem Zeitpunkt ist der Strom in beiden Ventilzweigen vorhanden.

Ein Beispiel zeigt das Bild 4.9. In dieser Schaltung mit zwei antiparallel geschalteten Thyristoren erreicht der eine Zweigstrom i_1 den Wert Null bevor nach einer durch die Steuerung bedingten Pause der Zweigstrom i_2 zu fließen anfängt. Diese Art des Stromüberganges wird Stromübergang ohne Überlappung genannt.

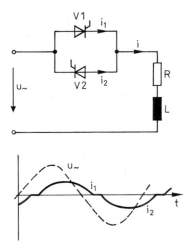

Bild 4.9   Stromübergang ohne Überlappung

4.3 Zur Bedeutung des Begriffes Stromübergang

Solange in der Leistungselektronik nur einschaltbare elektronische Ventile verwendet wurden, hatte der Vorgang des Stromüberganges zwischen Ventilzweigen eine zentrale Bedeutung. Es mußte durch die Schaltung einmal sichergestellt werden, daß der Strom von einem Zweig zum nächsten übergehen kann und daß darüber hinaus nach dem Nullwerden des Stromes im abgebenden Zweig das Ventil ausreichend Zeit hat, seine Sperrfähigkeit wiederzuerlangen. Für diese Zwecke ist die Schaltung richtig zu dimensionieren durch Abstimmen des Stromes I_d und der Induktivitäten L_1 und L_2 mit den den Übergang betreibenden Spannungen (u_1 und u_2 im Beispiel des Bildes 4.4).

Die Zeit, die die Schaltung nach dem Stromübergang noch zur Verfügung stellt, damit das Ventil wieder sperrfähig werden kann, wird Schonzeit genannt. Auf die Eigenschaften verschiedener Schaltungen in bezug auf die Schonzeit wird in den Abschnitten 5 und 6 eingegangen.

Bisher wurden die Schaltungen der Leistungselektronik nach dem Prinzip des Stromüberganges klassifiziert. Maßgebend für die Einteilung dabei ist, welcher Schaltungsteil die den Stromübergang betreibenden Spannungen zur Verfügung stellt. In diesem Zusammenhang werden diese Spannungen auch **Führungsspannungen** genannt. Am einfachsten kann das mit Hilfe des Beispieles des Bildes 4.4 beschrieben werden. Hierbei sind u_1 und u_2 die Spannungen, die einen Stromübergang verursachen.

Werden die Spannungen u_1 und u_2 vom speisenden Netz geliefert, so liegt ein **netzgeführter Stromübergang** oder eine **netzgeführte Kommutierung** vor. Werden die Spannungen u_1 und u_2 von der Last geliefert, so liegt ein **lastgeführter Stromübergang** oder eine **lastgeführte Kommutierung** vor. Netz- und lastgeführte Stromübergänge werden auch unter dem Begriff **fremdgeführter Stromübergang** zusammengefaßt. Ein **selbstgeführter Stromübergang** oder eine **selbstgeführte Kommutierung** liegt dann vor, wenn die Spannungen u_1 und u_2 einem zum leistungselektronischen Gerät selbst gehörenden (meist kapazitiven) Energiespeicher entnommen werden. Auch der Stromübergang in leistungselektronischen Schaltungen mit abschaltbaren Ventilen wird mit selbstgeführtem Stromübergang bezeichnet.

Da heute immer mehr abschaltbare Ventile in der Leistungselektronik eingesetzt werden, hat der Begriff des Stromüberganges seine zentrale Bedeutung verloren. Heute sollte zur Klassifizierung der Schaltungen der Leistungselektronik das Prinzip, wie es im Abschnitt 4.1 beschrieben wurde, verwendet werden.

4.4 Beispiele zum selbstgeführten Stromübergang

Der fremdgeführte Stromübergang wird im Abschnitt 5 ausführlich behandelt. Im folgenden sollen einige Beispiele zum **selbstgeführten Stromübergang** mit einschaltbaren Ventilen vorgestellt werden.

Das Grundprinzip wird mit dem Bild 4.10 erläutert. Das einschaltbare Ventil, hier Thyristor T1, sei eingeschaltet und führe den Gleichstrom I_d. Dieser soll an den Zweig mit dem Ventil D4 übergeben werden. Diesem Zweck dient der Hilfszweig mit dem Kondensator C_k und dem weiteren einschaltbaren Ventil T2. L_1 und L_2 sind die konzentriert angenommenen Induktivitäten in den Zweigen. L_d ist die Induktivität im Lastkreis. Es kann angenommen werden: $L_d \gg L_1$, $L_d \gg L_2$.

Zum Zeitpunkt t_0 wird das Ventil T2 eingeschaltet. Nur wenn $u_C < 0$ kann der Strom in den Hilfszweig übergehen. Wegen der Induktivitäten L_1 und L_2 ergibt sich eine Überlappungszeit $(t_1 - t_0)$. Zum Zeitpunkt t_1 ist der Strom I_d vollständig in den Hilfszweig übergegangen: $i_1 = 0$, $i_2 = I_d$. Der Strom i_2 lädt den Kondensator C_k um. Zum Zeitpunkt t_3 beginnt der Strom in den Zweig mit dem Ventil D4 überzugehen. Der Stromübergang mit Überlappung ist bei t_4 beendet: $i_2 = 0$, $i_4 = I_d$. Dieser vollständige Stromübergang vom Zweig T1 in den Zweig D4 nimmt die Zeit $(t_4 - t_0)$ in Anspruch. Er wird auch **indirekter Stromübergang** genannt, da der Strom I_d zwischenzeitlich über den Hilfszweig T2 fließt.

Im Zeitabschnitt $t_S = t_2 - t_1$ ist die Spannung am Ventil T1 negativ. Dieser Zeitabschnitt ist die Schonzeit, die in dieser Schaltung für das den Strom

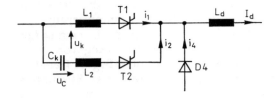

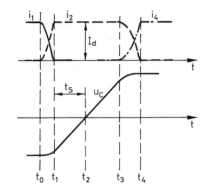

Bild 4.10 Selbstgeführter Stromübergang mit einschaltbaren Ventilen

abgebende Ventil T1 zur Verfügung steht. Die Forderung für einen vollständigen Stromübergang lautet: $t_S > t_q$. Hierin ist mit t_q die Freiwerdezeit des Ventils T1 bezeichnet.

Da die Ventile T1 und T2 und der Kondensator C_k Bauelemente sind, die im Gerät eingebaut sind, ergeben sich die Induktivitäten L_1 und L_2 allein aus der Verdrahtung. Ihre Werte sind üblicherweise sehr klein. Damit sind die Überlappungszeiten ebenfalls sehr klein. Dann können aber Werte für di/dt erreicht werden, die über den für die Ventile zulässigen Werten liegen. Dann sind zur Begrenzung der di/dt-Werte diskrete Induktivitäten erforderlich.

Mit dem Bild 4.11 wird der periodische Betrieb mit einem selbstgeführten Stromübergang erläutert. Die Induktivitäten L_1 und L_2 sind hierbei vernachlässigt. Die Schaltung sei zunächst mit $U_B = 0$ betrachtet. Um die für diesen Stromübergang notwendige Voraussetzung $u_C < 0$ zu gewinnen, ist ein weiterer Hilfszweig D3 - L3 eingeführt (Umschwingzweig). Vor dem Einschalten von T1 sei $u_C > 0$ und wegen der verlustfrei angenommenen Elemente der Schaltung kann $u_C = U_0$ angenommen werden. Der Strom I_d fließt im Zweig D4. Beim Einschalten von T1 springt wegen des induktivitätsfreien Aufbaues der Strom i_1 auf den Wert des Laststromes I_d und i_4 auf den Wert Null. Zugleich beginnt die Spannung u_C umzuschwingen (Bild 4.11b). Die

4.4 Beispiele zum selbstgeführten Stromübergang

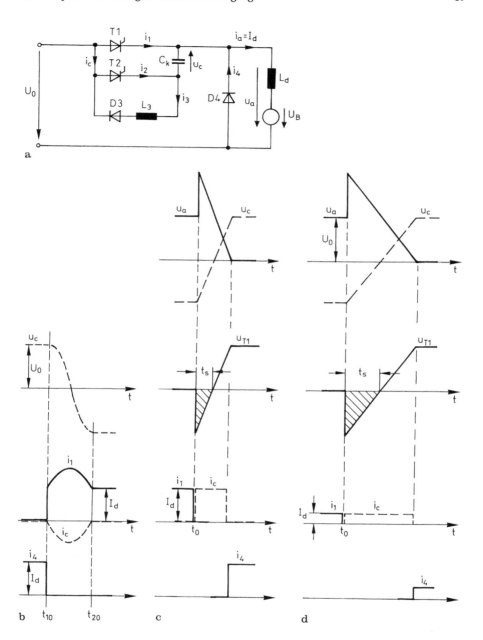

Bild 4.11 Selbstgeführter Stromübergang bei periodischem Betrieb
a) Schaltung   b) Umschwingen   c)/d) Abschalten Ventil T1

Periodendauer ergibt sich dabei aus C_k und L_3. Der Strom i_1 ergibt sich: $i_1 = I_d - i_C$. Wegen der Diode D3 ist die Schwingung nach einer halben Periode beendet und u_C hat das für den Stromübergang T1 - D4 richtige Vorzeichen. Wegen der vernachlässigten Verluste ist nach dem Umschwingen $u_C = -U_0$.

In den Bildern 4.11c und 4.11d ist der Stromübergang beim Abschalten von T1 dargestellt. Dieser Übergang entspricht dem mit dem Bild 4.10 beschriebenen, allerdings ohne die Überlappungen. Während der Zeit des Umladens des Kondensators C_k fließt der Strom $i_C = I_d$ im Zweig T2. Mit t_S ist wieder die Schonzeit der Schaltung bezeichnet. Mit den getroffenen Idealisierungen (verlustfreie Elemente, I_d = const) kann sie berechnet werden:

$$t_S = \frac{C_k U_0}{I_d}. \qquad (4.13)$$

Mit dieser Beziehung kann bei vorgegebenen Werten für U_0 und I_d der Kondensator so dimensioniert werden, daß $t_S > t_q$ erfüllt ist.

Es ist ersichtlich (Bild 4.11d), daß mit abnehmendem I_d die Schonzeit t_S sehr große Werte annehmen kann. Eine Schaltung, die auch bei Leerlauf $I_d = 0$ arbeitet, ist im Bild 4.12a gezeichnet. Es ist ein weiterer Zweig D5 - L5 (Lastausgleichszweig) eingeführt, über den ein Teil der Ladung auf C_k beim Abschalten von T1 umschwingen kann. Derselbe Effekt kann mit der Schaltung im Bild 4.12b erzielt werden. Hier besteht der Lastausgleichszweig nur aus der Diode D5. Es ist jedoch im Zweig T2 die Drossel D2 einzuführen und das Ventil im Umschwingzweig als steuerbares Ventil auszuführen.

Im folgenden soll als Beispiel der Stromübergang T1 - D4 (Abschalten T1) in der Schaltung nach Bild 4.12a berechnet werden. Die Schaltung nach Bild 4.12b ist Gegenstand der Aufgabe 4.3. Für die folgende Berechnung seien die verwendeten Idealisierungen nochmals zusammengefaßt:

- Konstante Eingangsspannung U_0 = const,
- zunächst $U_B = 0$,
- konstanter Laststrom $i_a = I_d$ oder $i_a = 0$,
- ideale diskrete Bauelemente (Ventile, Spulen, Kondensatoren),
- idealer Schaltungsaufbau.

Das Bild 4.13 zeigt die Schaltung mit den verwendeten Zählpfeilen. Der Ausgangszustand $t < t_0$ mit dem Leiten von T1 ist gekennzeichnet durch $i_a = i_1$ und daß alle anderen Ströme Null sind. Der Kondensator C_k ist auf $u_C = U_{C0}$ aufgeladen.

Bei $t = t_0$ wird T2 angesteuert. Da alle Induktivitäten außer den diskreten L_3 und L_5 vernachlässigt sind, geht der Strom i_a schlagartig vom Zweig T1 in den Zweig T2 und es gilt die in Bild 4.14 dargestellte Ersatzschaltung mit

4.4 Beispiele zum selbstgeführten Stromübergang

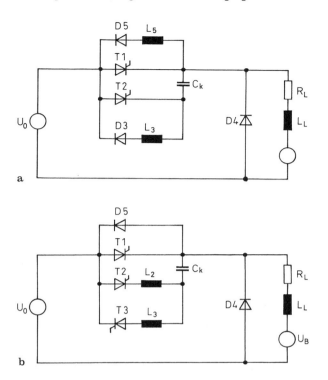

Bild 4.12 Schaltungen mit Lastausgleichszweig
a) Lastausgleichszweig D5 – L$_5$ b) D5 als Lastausgleichszweig

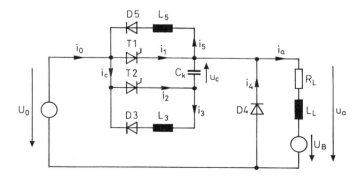

Bild 4.13 Zur Berechnung der Schaltung nach Bild 4.12a

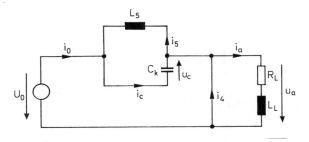

Bild 4.14   Ersatzschaltbild für t > t$_0$

$i_4 = 0$; $i_a = I_d$. Für sie ergeben die Kirchhoffschen Sätze:

$$i_a + i_5 - i_C = 0 ,\qquad(4.14)$$

$$L_5\, di_5/dt + u_C = 0 .\qquad(4.15)$$

Die Anfangsbedingungen lauten mit $i_a = I_d$ = const.

$$t = t_0:\ \ i_C = I_d,\ u_C = U_{C0} .$$

Damit können die Lösungen für den Strom i_C und die Spannung u_C im Zeitabschnitt $t_0 < t < t_1$ angegeben werden:

$$i_C(t) = \sqrt{I_d^2 + I_0^2}\, \sin(\omega_0 t + \varphi) ,\qquad(4.16)$$

$$i_5(t) = i_C(t) - I_d ,\qquad(4.17)$$

$$u_C(t) = \frac{U_{C0}}{\cos \varphi} \cos(\omega_0 t + \varphi) .\qquad(4.18)$$

Hierin sind

$$\omega_0 = 1/\sqrt{L_5 C_k} ,\qquad Z_0 = \sqrt{L_5/C_k} ,$$

$$I_0 = - U_{C0}/Z_0 ,\qquad \tan \varphi = I_d/I_0 .$$

Diese Zeitverläufe gelten von $t > t_0$ bis zu dem Zeitpunkt $t = t_1$, an dem die Freilaufdiode D4 den Laststrom i_a übernimmt. Solange $u_a > 0$ gilt, ist D4 gesperrt. Bei $t = t_1$ ist $u_a = 0$ und $u_C = U_0$. D4 wird leitend, $i_4 > 0$. Die Kondensatorspannung u_C wird auf den Wert U_0 der Eingangsspannung begrenzt. Der Zeitabschnitt $(t_1 - t_0)$ ist bestimmt durch (Bild 4.15b):

$$t_1 - t_0 = (\pi - 2\varphi)/\omega_0 .\qquad(4.19)$$

4.4 Beispiele zum selbstgeführten Stromübergang

In Abhängigkeit vom Anfangsspannungswert U_{C0} ergeben sich unterschiedliche Zeitverläufe.

Betriebszustand $i_a = I_d$ = const und $U_{C0} = -U_0$

Die Zeitverläufe sind in Bild 4.15 dargestellt. Im Bild a mit $I_d = 0$, d.h. hier liegt der Leerlauffall mit $\varphi = 0$ vor. Bild b zeigt die Zeitverläufe für $I_d > 0$.

Betriebszustand $i_a = I_d$ = const und $-U_0 < U_{C0} < 0$

Es gelten (4.14) und (4.15) und ihre Lösungen (4.16), (4.17) und (4.18), solange $i_C(t) > I_d$ ist (Bild 4.15c).

Bei $t = t_1$ wird $i_C = I_d$ und damit $i_5 = 0$. Wegen der Lastausgleichsdiode D5 ist $i_5 < 0$ nicht möglich. Wegen $-U_0 < U_{C0}$ ist $u_C(t_1) < U_0$ oder $u_a(t_1) > 0$, womit die Freilaufdiode D4 den Laststrom nicht übernehmen kann.

Der Kondensator C_k wird vom Laststrom $i_a = I_d$ weiter umgeladen. Es gilt für das Zeitintervall $t_1 < t < t_2$ das in Bild 4.16 gezeigte Ersatzschaltbild mit $i_C(t) = I_d$. Die Spannung $u_C(t)$ steigt wegen des konstanten Laststromes zeitproportional an, bis zum Zeitpunkt $t = t_2$ die Ausgangsspannung $u_a = 0$ und die Spannung am Kondensator $u_C(t_2) = U_0$ werden.

Berechnung der Schonzeit für T1

In diesem Abschnitt soll der Einfluß des Laststromes auf die Schonzeit von T1 untersucht werden. Für die Schaltung ohne Lastausgleichszweig wurde die Schonzeit mit der Gleichung (4.13) angegeben.

Bei der Schaltung nach Bild 4.12a wird die Schonzeit für T1 zusätzlich von der Induktivität im Lastausgleichszweig abhängig sein. Es ergibt sich für den Betriebszustand $I_d = 0$ die Leerlaufschonzeit t_{S0} aus dem Bild 4.15a

$$\omega_0 t_{S0} = \pi/2 . \tag{4.20}$$

Für den Betriebszustand $i_a = I_d$ = const ergibt sich aus Bild 4.15b die Lastschonzeit t_{Sl}:

$$\omega_0 t_{Sl} = \pi/2 - \varphi . \tag{4.21}$$

Der Einfluß des Betriebszustandes soll durch das Verhältnis dieser beiden Größen ausgedrückt werden

$$t_{Sl}/t_{S0} = 1 - 2\varphi/\pi \quad \text{(mit D5 - L}_5\text{)} . \tag{4.22}$$

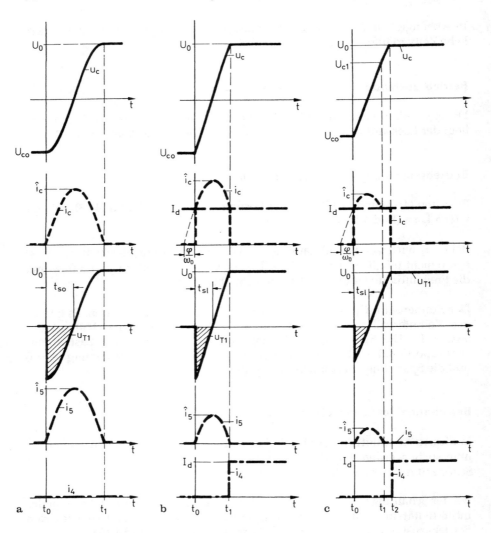

Bild 4.15 Zeitverläufe beim Abschalten T1
a) $i_a = I_d = 0$ b) $i_a = I_d \neq 0$ c) $i_a = I_d \neq 0$ und $-U_0 < U_{C0}$

Für die Schonzeit ohne Lastausgleichszweig kann aus (4.13) abgeleitet werden

$$t_{Sl}/t_{S0} = \frac{2}{\pi} \frac{1}{\tan \varphi} \quad \text{(ohne D5 - L5)} . \tag{4.23}$$

Im Winkel φ ist der Laststrom enthalten $\tan \varphi = I_d/I_0$.

4.4 Beispiele zum selbstgeführten Stromübergang

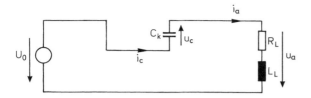

Bild 4.16 Ersatzschaltbild für $t_1 < t < t_2$

Im Bild 4.17 ist die Abhängigkeit der auf den Leerlaufwert bezogenen Schonzeit für T1 vom Laststrom aufgezeichnet, wobei die gestrichelte Kurve die bezogene Schonzeit für die Schaltung ohne Lastausgleichszweig angibt. Die Bedeutung des Lastausgleichszweiges kann leicht abgelesen werden. Für $\varphi > \pi/4$ kann auf den Lastausgleichszweig verzichtet werden, während für $\varphi < \pi/4$ eine solche Stellerschaltung wegen der großen Stromübergangszeit nicht mehr sinnvoll betrieben werden kann.

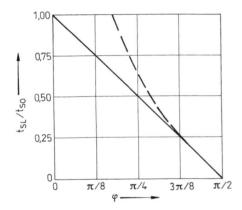

Bild 4.17 Abhängigkeit der bezogenen Schonzeit vom Laststrom
——— mit D5 – L5   - - - - ohne D5 – L5

Berechnung der Stromscheitelwerte $\hat{i}_C$ und $\hat{i}_5$

Aus Bild 4.17 folgt, daß sich die Schonzeit des Hauptthyristors für kleine Winkel φ mit dem Laststrom nur sehr gering ändert. Das ist vorteilhaft, da diese Zeit für die Anwendung nicht genutzt aber mit einem festen Wert kompensiert werden kann. Für kleine Winkel φ ist aber der Anteil des Lastausgleichsstromes i_5 am Kondensatorstrom i_C sehr groß. Das soll mit dem Amplitudenverhältnis $\hat{i}_5/\hat{i}_C$ gezeigt werden:

$$\hat{i}_C = \sqrt{I_d^2 + I_0^2}, \qquad (4.24)$$

$$\hat{i}_5 = \hat{i}_C - I_d \quad ; \quad \hat{i}_5/\hat{i}_C = 1 - \sin\varphi, \qquad (4.25)$$

$$I_d/\hat{i}_C = \sin\varphi. \qquad (4.26)$$

Mit (4.26) wird der Anteil des Laststromes am Scheitelwert des Kondensatorstromes beschrieben.

Das Bild 4.18 zeigt die Abhängigkeit der bezogenen Stromscheitelwerte vom Winkel φ und damit vom Laststrom. Dem Bild ist zu entnehmen, daß bei kleinem Winkel der Anteil des Lastausgleichsstromes am Kondensatorstrom groß und der des Laststromes gering ist. Für φ mit Werten nahe π/2 liegt der entgegengesetzte Fall vor. Der Anteil von i_5 am Kondensatorstrom ist sehr gering und der Anteil des Laststromes sehr groß.

Beim Auslegen der die Schonzeit bestimmenden Kommutierungsmittel C_k und L_5 kann der Winkel φ und damit das Verhältnis I_d/I_0 frei gewählt werden. Die Auswertung der Bilder 4.17 und 4.18 empfiehlt φ ≈ π/4.

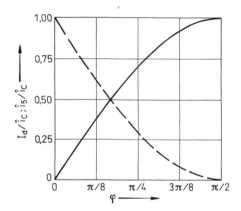

Bild 4.18 Abhängigkeit des bezogenen Scheitelwertes $\hat{i}_5$ und des bezogenen Laststromes I_d
  - - - - $\hat{i}_5/\hat{i}_C$ ——— $I_d/\hat{i}_C$

Aufgaben zum Abschnitt 4

Aufgabe 4.1

Bei dem im Bild 4.5 gezeigten Übergang des Stromes vom Zweig V1 in den Zweig V2 nimmt das Ventil V1 eine Leistung auf. Wie ist der Zeitverlauf der Leistung und welche Energie wird in V1 beim einmaligen Stromübergang umgesetzt?

Aufgabe 4.2

Für einen Gleichspannungssteller nach der Schaltung des Bildes 4.13 sollen die Kommutierungsmittel C_k und L_5 berechnet werden. Die Daten des Verbrauchers seien: U_{amax} = 400 V ; i_{amax} = 400 A, L_L = 4 mH; R_L = 20 mΩ. Die diskreten Elemente können als verlustfrei angenommen werden. Die Freiwerdezeit der verwendeten Thyristoren beträgt t_q = 35 µs.

Aufgabe 4.3

Für den abgebildeten Gleichspannungssteller (vergl. Bild 4.12b) sollen die Zeitverläufe von Strömen und Spannungen beim Abschalten des Thyristors T1 berechnet werden.

Aufgabe 4.4

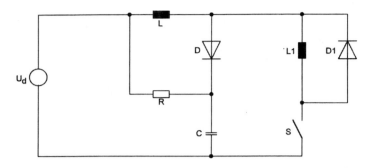

Mit der dargestellten Schaltung kann das Schaltverhalten abschaltbarer Ventile untersucht werden. Hier ist das zu untersuchende Ventil idealisiert durch S dargestellt, da die Stromübergänge zwischen den Zweigen der Testschaltung berechnet werden sollen. Wird S eingeschaltet, steigt der Strom in ihm zeitproportional an. Erreicht dieser den Testwert I_N, wird S geöffnet (Messen des Ausschaltvorganges), kurze Zeit später wieder geschlossen (Messen des Einschaltvorganges) und kurz danach endgültig geöffnet. Wegen der kurzen Zeiten ist die thermische Belastung des zu untersuchenden Ventils gering. Die Induktivität L dient der Begrenzung des Stromanstieges beim Einschalten. Der Kondensator C nimmt beim Ausschalten zusammen mit R die in L gespeicherte Energie auf. So wird die Spannungserhöhung am abschaltenden Ventil begrenzt. Für das Ausschalten soll der Zeitverlauf der Ströme durch L und durch C und der der Spannung an C berechnet werden. Wie groß ist die maximale Spannung an C? Für die Rechnung kann U_d = konst angenommen werden. Außerdem sollen alle Streuinduktivitäten und ohmschen Widerstände vernachlässigt werden. Die Dioden seien ideal.

Die Werte für das Zahlenbeispiel stammen aus einer Testschaltung für IGCT:

U_d = 2500 V	L1 = 25 mH	C = 6 µF
I_N = 4000 A	L = 2,2 µH	R = 0.8 Ω

Aufgabe 4.5

Die in der Aufgabe 4.4 gefundene Differentialgleichung für den Strom durch L soll für den aperiodischen Grenzfall gelöst werden. Eine Beziehung für die maximale Spannungsüberhöhung an C ist anzugeben.

Lösungen der Aufgaben zum Abschnitt 4

Lösung Aufgabe 4.1

Mit den in Bild 4.5 gezeigten Zeitverläufen für u_{tr} und I_d ergibt die Leistung an V1 zu $p(t) = u_{tr} \, i_1 = u_{trm} \, i_1(t)$. Sie ist nur innerhalb der Überlappungszeit von Null verschieden.

$$p(t) = u_{trm} \left(I_d - \frac{u_{trm} - (u_1 - u_2)}{L_1 + L_2} t \right) \quad \text{für} \quad 0 < t < \Delta t.$$

Die Energie, die in V1 beim Stromübergang umgesetzt wird:

$$E_S = \int_0^{\Delta t} p(t) \, dt \quad ; \quad E_S = \frac{1}{2} I_d \, u_{trm} \, \Delta t.$$

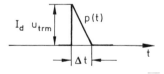

Wird (4.8) verwendet ergibt sich:

$$E_S = \frac{1}{2} I_d^2 \, \frac{u_{trm}(L_1 + L_2)}{u_{trm} - (u_1 - u_2)}.$$

Lösung Aufgabe 4.2

Zunächst wird $\varphi = \pi/4$ gewählt. Damit ist auch das Verhältnis $I_d/I_0 = 1$ gewählt.

Die Kommutierungsmittel bestimmen die Schonzeit. Sie müssen über diese berechnet werden. Aus dem Bild 4.17 geht für $\varphi = \pi/4$ der Wert $t_{S1}/t_{S0} = 0{,}5$ hervor.

Die kleinste auftretende Schonzeit bei voller Belastung muß noch um einen Sicherheitsfaktor größer sein als die Freiwerdezeit des vorliegenden Thyristortyps:

$$t_{S1min} = K_S t_q \quad ; \quad K_S = 1{,}25 \ldots 2{,}5$$

$$K_S t_q = 0{,}5 \, t_{S0} \, .$$

Bei einer Freiwerdezeit von 35 µs und einem Sicherheitsfaktor von $K_S = 2$ ergibt sich für die Leerlaufschonzeit $t_{S0} = 140$ µs. Mit $T_0 = 4 \, t_{S0}$ und $\omega_0 = 2\pi/T_0$ ergibt sich:

$$\omega_0 = 11{,}22 \cdot 10^3 \, 1/s \, .$$

Weiter ergibt sich mit der Annahme von $U_{C0} = -U_0 = -U_{amax}$

$$Z_0 = \omega_0 L_5 = U_0/I_d = 1 \, \Omega \, ,$$

$$L_5 = \frac{U_0}{I_d \, \omega_0} = 89{,}1 \, \mu H \quad ; \quad C_k = \frac{1}{\omega_0^2 \, L_5} = 89{,}1 \, \mu F \, .$$

Lösung Aufgabe 4.3

Bei der vorliegenden Schaltung besteht der Lastausgleichszweig aus der Diode D5, die direkt antiparallel zum Thyristor T1 geschaltet ist. Zur Sicherstellung der Schonzeit ist eine Drossel L_2 im Löschzweig vorgesehen.

Da bei dieser Schaltung - wie gezeigt werden wird - die Kondensatorspannung u_C am Ende des Kommutierungsvorganges größere Werte als U_0 annehmen kann, muß im Umschwingkreis ein steuerbares Ventil T3 verwendet werden. Anderenfalls entlädt sich der Kondensator über den Eingangskreis und die Freilaufdiode wieder auf den Wert von U_0.

Es sollen die bei der Berechnung der Schaltung nach Bild 4.12b getroffenen Voraussetzungen auch hier gelten. Der Ausgangszustand $t < t_0$ ist dadurch gekennzeichnet, daß T1 den Strom führt $i_a = i_1$ und daß alle anderen Ströme Null sind. Der Kondensator C_k ist auf U_{C0} aufgeladen.

Aufgaben zum Abschnitt 4

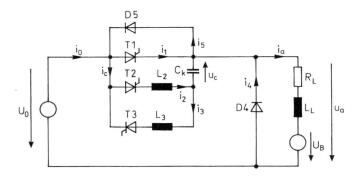

Bei $t = t_0$ wird T2 angesteuert. Wegen L_2 kann der Strom i_1 nicht momentan in den Löschzweig übergehen. Im Abschnitt $t_0 < t < t_1$ gelten das Ersatzshaltbild und die Beziehungen:

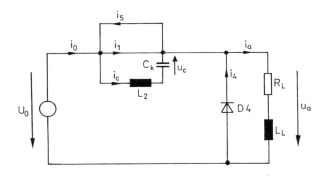

$i_1 \neq 0$; $i_5 = 0$; $i_4 = 0$,

$i_1 + i_C - i_a = 0$; $u_C + L_2 \dfrac{di_C}{dt} = 0$.

Die Anfangsbedingungen lauten $i_C(t_0) = 0$; $u_C(t_0) = U_{C0}$.

Mit den Abkürzungen

$$\omega_0 = 1/\sqrt{C_k L_2} \quad , \quad Z_0 = \sqrt{L_2/C_k}$$

ergeben sich die Lösungen:

$$i_C(t) = -\frac{U_{C0}}{Z_0} \sin \omega_0 t ,\qquad(a)$$

$$u_C(t) = U_{C0} \cos \omega_0 t . \qquad(b)$$

Diese Gleichungen gelten bis zum Zeitpunkt $t = t_1$, an dem der Strom i_1 im Thyristor T1 Null wird (s. Darstellung der Zeitverläufe).

Zeitabschnitt $t_1 < t < t_2$:

$$i_1 = 0 \;;\; i_5 \neq 0 \;;\; i_4 = 0 ,$$

$$i_C - i_5 - i_a = 0 .$$

Die Gleichungen (a) und (b) gelten auch für dieses Intervall, da sich das Ersatzschaltbild prinzipiell nicht verändert hat. Zum Zeitpunkt $t = t_2$ erreicht der Kondensatorstrom zum zweiten Mal den wert des Laststromes und der Lastausgleichsstrom wird Null.

Zeitabschnitt $t_2 < t < t_3$:

$$i_1 = 0 \;;\; i_5 = 0 \;;\; i_C < I_d \;;\; i_4 \neq 0 ,$$

$$i_C + i_4 - i_a = 0 , \qquad(c)$$

$$u_C + L_2 \frac{di_C}{dt} - U_0 = 0 . \qquad(d)$$

Mit den Anfangsbedingungen

$$i_C(t_2) = I_d ,\; u_C(t_2) = U_{C2}$$

ergibt sich als Lösung für (c) und (d):

$$i_C(t) = \frac{(U_0 - U_{C2})/Z_0}{\cos \psi} \sin(\omega_0 t + \psi) , \qquad(e)$$

$$u_C(t) = -\frac{U_0 - U_{C2}}{\cos \psi} \cos(\omega_0 t + \psi) \qquad(f)$$

mit

$$\tan \psi = \frac{I_d Z_0}{U_0 - U_{C2}} .$$

Aufgaben zum Abschnitt 4   103

Der Kommutierungsvorgang in den Freilaufzweig erfolgt wegen L_2 ebenfalls nach einer harmonischen Zeitfunktion. Die Gleichungen sind solange gültig bis zum Zeitpunkt $t = t_4$ der Kondensatorstrom gleich Null wird (s. Darstellung der Zeitverläufe).

Da in Reihe zum Kondensator bei dieser Schaltungsvariante die Drossel L_2 liegt, erfährt u_C keine Begrenzung mehr auf die Eingangsspannung U_0.

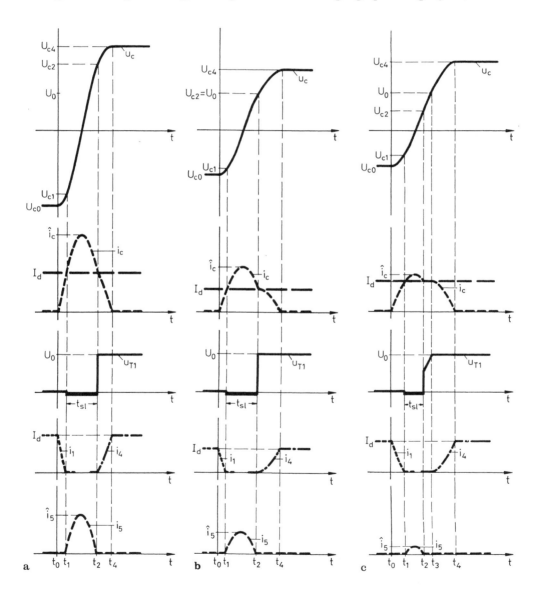

Mit den Zeitverläufen in den Bildern b und c wird der Einfluß der Spannung U_{C2} gezeigt. Die Zeitverläufe a sind mit der Annahme $U_{C2} > U_0$ gezeichnet worden.

Für das Bild b wurde angenommen $U_{C2} = U_0$. Damit ändern sich die Gleichungen (e) und (f) zu

$$i_C(t) = I_d \cos \omega_0 t, \tag{g}$$

$$u_C(t) = U_0 + I_d Z_0 \sin \omega_0 t, \tag{h}$$

wobei $\psi = -\pi/2$ gilt.

Diese Zeitverläufe sind in den Bildern b und c dargestellt. Der Strom $i_C(t)$ beginnt ebenso wie $i_4(t)$ mit waagerechter Tangente.

Für den Fall $U_{C2} < U_0$ erfolgt analog zu den Überlegungen zur Schaltung 4.12a ein Aufladen des Kondensators mit dem als konstant angenommenen Laststrom. Dieser Vorgang ist im Bild c dargestellt. Während dieser weiteren Aufladung ändert sich $u_C(t)$ zeitproportional und erreicht bei $t = t_3$ den Wert $u_C(t) = U_0$. Im Intervall $t_3 < t < t_4$ gelten dann die Gleichungen (e) und (f).

Bestimmung der Schonzeit des Thyristors T1

Aus den dargestellten Zeitverläufen ergibt sich für die Schonzeit

$t_{S1} = t_2 - t_1$.

Unter Annahme eines konstanten Laststromes während der Kommutierung gilt

$\omega_0 t_2 = \pi - \omega_0 t_1$.

Im Zeitpunkt t_1 beträgt der Kondensatorstrom nach (a)

$i_C(t_1) = I_0 \sin \omega_0 t_1 = I_d$, woraus folgt $\omega_0 t_1 = \arcsin(I_d/I_0)$.

Damit ergibt sich für die Schonzeit t_{S1}: $\omega_0 t_{S1} = \pi - 2 \arcsin(I_d/I_0)$.

Als größte Schonzeit ergibt sich für $I_d = 0$ die Leerlaufschonzeit

$\omega_0 t_{S0} = \pi$.

Daraus ergibt sich dann für das verhältnis der Schonzeiten

$$t_{S1} = 1 - \frac{2}{\pi} \arcsin\left(\frac{I_d}{I_0}\right) . \tag{i}$$

Die Abhängigkeit der bezogenen Schonzeit von dem früher verwendeten Winkel φ zeigt das Bild. (tan φ = I_d/I_0).

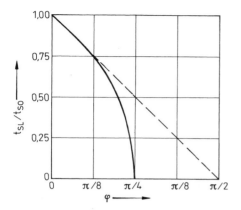

Berechnung der Stromscheitelwerte

Im Gegensatz zur Gleichstromstellerschaltung nach Bild 4.12a ist hier der Scheitelwert des Kondensatorstromes konstant

$$\hat{i}_C = -U_{C0}/Z_0 = I_0.$$

Somit ergibt sich für die bezogenen Stromscheitelwerte

$$\frac{\hat{i}_5}{\hat{i}_C} = \frac{I_0 - I_d}{I_0} = 1 - \tan\varphi \quad , \quad \frac{I_d}{\hat{i}_C} = \frac{I_d}{I_0} = \tan\varphi.$$

Diese Gleichungen sind in Abhängigkeit von dem Winkel φ im folgenden dargestellt.

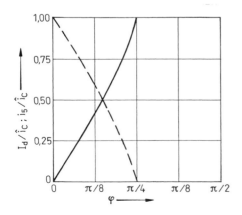

Lösung Aufgabe 4.4

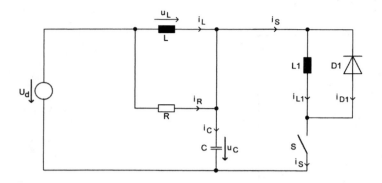

Vor den Schaltversuchen wird C auf U_d aufgeladen. Bei offenem S sind alle Ströme Null. Wird S geschlossen, steigt i_S zeitproportional vom Wert Null an:

$$i_S(t) = \frac{U_d}{L+L1} t \approx \frac{U_d}{L1} t \quad da \quad L1 >> L \; .$$

Wegen dieser Bedingung sind alle anderen Ströme vernachlässigbar und

$u_L \approx 0 \quad$ und $\quad u_C \approx U_d$.

i_S erreicht den Wert I_N nach t_e : $\quad t_e \approx \dfrac{I_N \, L1}{U_d}$.

Mit den gegebenen Zahlenwerten: $\quad t_e \approx 40 \text{ ms}$.

Ausschalten von S bei $i_L = I_N$, dann $t = 0$.

Da $L1 >> L$ kann für $t = -0$ gelten:
$i_L = i_S = i_{L1} = I_N \; ; \quad i_R = 0 \; ; \quad i_C = 0 \; ; \quad u_C = U_d$.

Da alle Streuinduktivitäten vernachlässigt sind und der Schalter S als ideal angenommen wird, gilt unmittelbar nach dem Öffnen von S, also für $t = +0$:
$i_S = 0 \; ; \quad i_{L1} = I_N = -i_{D1} \; ; \quad i_C = I_N \; ; \quad i_L = I_N \; ; \quad i_R = 0 \; ; \quad u_C = U_d$

Wegen der Annahmen ist der Strom durch L1 ohne Zeitverzug in die Freilaufdiode D1 übergegangen. Ebenso ist der Strom $i_L = I_N$ ohne Zeitverzug in den Kondensatorzweig übergegangen.

Aus dem Ansatz für $t > 0$: $\quad i_L + i_R = i_C \; ; \quad u_L + u_C = U_d$
folgt die Differentialgleichung:

$$\frac{d^2 i_L}{dt^2} + \frac{1}{RC} \frac{di_L}{dt} + \frac{1}{LC} i_L = 0 \; .$$

Oder mit: $\delta = \dfrac{1}{2RC}$; $\omega_0 = \dfrac{1}{\sqrt{LC}}$; $\omega = \sqrt{\delta^2 - \omega_0^2}$

$$\frac{d^2 i_L}{dt^2} + 2\delta \frac{di_L}{dt} + \omega_0^2 i_L = 0.$$

Die Anfangsbedingungen sind:

$$t = +0 \; : \; i_L = I_N \; ; \; u_C = U_d \; \text{oder} \; \frac{di_L}{dt} = 0 \; .$$

Sie hat für den Fall $\delta < \omega_o$ (periodisches Einschwingen) die Lösung:

$$\frac{i_L(t)}{I_N} = e^{-\delta t}\left(\frac{\delta}{\omega} \sin \omega t + \cos \omega t\right) \; .$$

Die Spannung am Kondensator C ergibt sich aus

$u_C = U_d - u_L$; $u_L = L\dfrac{di_L}{dt}$ zu:

$$\frac{u_C(t)}{U_d} = 1 + \frac{I_N \omega_0 L}{U_d} \frac{\omega_0}{\omega} e^{-\delta t} \sin \omega t \; .$$

Die Spannungsüberhöhung an C folgt aus $\Delta u_C(t) = u_C(t) - U_D$ zu:

$$\frac{\Delta u_C(t)}{U_d} = \frac{I_N \omega_0 L}{U_d} \frac{\omega_0}{\omega} e^{-\delta t} \sin \omega t \; .$$

Die Ströme durch R und durch C: $i_R = \dfrac{u_L}{R}$; $i_C = i_L + i_R$.

Mit den Werten des Zahlenbeispiels ergeben sich:

$$\delta = 0{,}1042 \cdot 10^6 \, \frac{1}{s} \; ; \; \omega_0 = 0{,}2752 \cdot 10^6 \, \frac{1}{s} \; ; \; \omega = 0{,}2547 \cdot 10^6 \, \frac{1}{s} \; .$$

Damit ist $\delta < \omega_0$ und das periodische Verhalten, das bei der Lösung der Differentialgleichung angenommen wurde, ist bestätigt.

Mit den Werten des Zahlenbeispiels ergeben sich die folgenden Zeitverläufe.

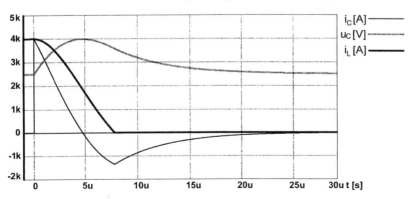

Der Strom i_L wird bei $t = t_a$ Null. Die Diode D sperrt für $t > t_a$ und es gilt jetzt das Ersatzschaltbild:

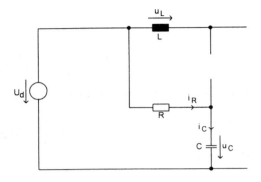

Der Kondensator C wird nun über R mit der Zeitkonstanten RC auf U_d entladen.

Der Zeitpunkt t_a wird aus $i_L(t_a) = 0$ ermittelt. Über $\omega t_a = \arctan(-\frac{\omega}{\delta})$ ergibt sich $t_a = 7{,}7\,\mu s$.

Die maximale Spannungsüberhöhung an C werde bei $t = t_m$ erreicht. Der Zeitpunkt t_m wird aus $\dfrac{d}{dt}\left(\dfrac{\Delta u_C(t)}{U_d}\right) = 0$ bestimmt. Über $\omega t_m = \arctan(\dfrac{\omega}{\delta})$ folgt $t_m = 4{,}6\,\mu s$.

Der Wert der maximalen Spannungsüberhöhung ist $\dfrac{\Delta u_C(t_m)}{U_d} = 0{,}6$.

Im Zahlenbeispiel beträgt die maximale Spannung an C $u_C(t_m) = 4000\,V$. Nach $\approx 4RC = 19\,\mu s$ ist C wieder auf den Wert von U_d entladen.

Lösung Aufgabe 4.5

Für den aperiodischen Grenzfall $\delta = \omega_0$ hat die Differentialgleichung die Lösung: $\dfrac{i_L(t)}{I_N} = e^{-\delta t}(1 + \delta t) = e^{-\delta t}(1 + \omega_0 t)$.

Die Spannung am Kondensator C: $\dfrac{u_C(t)}{U_d} = 1 + \dfrac{I_N \omega_0 L}{U_d} \cdot e^{-\delta t} \cdot \omega_0 t$.

Maximale Spannung an C bei $\dfrac{du_C(t)}{dt} = 0$, dann $t = t_m$.

Aufgaben zum Abschnitt 4

Über $\quad \dfrac{d}{dt}\left(\dfrac{u_C(t)}{U_d}\right) = \dfrac{I_N \omega_0 L}{U_d} \omega_0 \cdot e^{-\delta t} \cdot (1-\delta t) \quad$ folgt $\quad t_m = \dfrac{1}{\delta} \quad$ und

$$\dfrac{u_C(t_m)}{U_d} = 1 + \dfrac{1}{e} \cdot \dfrac{I_N \omega_0 L}{U_d} \quad.$$

Die maximale Spannungsüberhöhung : $\quad \left.\dfrac{\Delta u_C}{U_d}\right|_{max} = \dfrac{1}{e} \cdot \dfrac{I_N \omega_0 L}{U_d} \quad.$

5 WS/GS-Umrichter mit eingeprägtem Gleichstrom (WS/GS-I-Umrichter)

5.1 WS/GS-I-Umrichter mit einschaltbaren Ventilen

Für den Betrieb von Umrichtern mit einschaltbaren Ventilen ist der richtige Stromübergang zwischen den Ventilzweigen von besonderer Bedeutung. Deshalb werden im folgenden die verschiedenen Arten der Kommutierung in getrennten Abschnitten behandelt.

5.1.1 Netzgeführte WS/GS-I-Umrichter

5.1.1.1 Idealisierte Sechspuls-Brückenschaltung

Die Wirkungsweise eines WS/GS-Umrichters mit eingeprägtem Gleichstrom soll an einer aus einem dreiphasigen Wechselspannungsnetz gespeisten Brückenschaltung erläutert werden (Sechspuls-Brückenschaltung). Die Prinzipschaltung ist in Bild 5.1 dargestellt. Als Ventile werden zunächst ideale Dioden angenommen. Der Strom auf der GS-Seite sei vollständig geglättet, I_d = const.

Der Strom I_d wird zeitlich aufeinanderfolgend von den drei Ventilen 1, 3, 5 jeweils in einem Intervall von $2\pi/3$ Länge geführt. Entsprechend den Überlegungen im Abschnitt 4 erfolgt die Stromübergabe zwischen den Ventilen so, daß diejenige Diode den Strom führt, die im Kreis mit der jeweils höchsten Wechselspannung liegt. Für die obere Ventilgruppe ist das

Diode 1	$\pi/6 < \omega t < 5\pi/6$	$u_{CN} - u_U = 0$,
Diode 3	$5\pi/6 < \omega t < 9\pi/6$	$u_{CN} - u_V = 0$,
Diode 5	$9\pi/6 < \omega t < (2\pi + \pi/6)$	$u_{CN} - u_W = 0$.

Diese zeitliche Aufteilung des Stromes I_d auf die Ströme i_{T1}, i_{T3}, i_{T5} ist in Bild 5.2 gezeigt. Darin ist auch die jeweils höchste Spannung aus u_U, u_V, u_W als u_{CN} gekennzeichnet. Die Winkel sind zunächst so gewählt, daß das Bild mit dem Nulldurchgang von u_U beginnt. Für die untere Ventilgruppe 2, 4, 6 gilt entsprechendes. Die Stromübernahmen erfolgen jedoch gegenüber der oberen Gruppe um $\pi/3$ versetzt

5.1 WS/GS-I-Umrichter mit einschaltbaren Ventilen 111

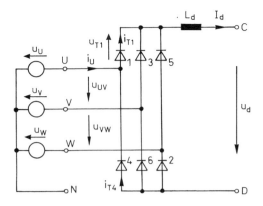

Bild 5.1 Sechspuls-Brückenschaltung

Diode 2	$3\pi/6 < \omega t < 7\pi/6$	$u_{DN} - u_W = 0$,
Diode 4	$7\pi/6 < \omega t < 11\pi/6$	$u_{DN} - u_U = 0$,
Diode 6	$11\pi/6 < \omega t < (2\pi + 3\pi/6)$	$u_{DN} - u_V = 0$.

Das ist mit den Ventilströmen i_{T2}, i_{T4}, i_{T6} im Bild 5.2 dargestellt. Als Beispiel ist aus den Ventilströmen der Netzstrom i_U gebildet

$$i_U = i_{T1} - i_{T4} . \tag{5.1}$$

Die gezeichnete Kurvenform ist nur aufgrund der Idealisierungen - keine Induktivitäten auf der WS-Seite - möglich. Die Spannung u_d auf der GS-Seite läßt sich leicht ermitteln, wenn die Spannungen zwischen einer Klemme der GS-Seite (C oder D) und dem Mittelpunkt N auf der WS-Seite als Hilfsgrößen betrachtet werden. Die so gebildeten Spannungen u_{CN} und u_{DN} sind in den oben stehenden Tabellen angegeben und als Zeitverläufe im Bild 5.2 dargestellt.

Aus den Hilfsgrößen u_{CN} und u_{DN} ergibt sich die Spannung u_d

$$u_d = u_{CD} = u_{CN} - u_{DN} . \tag{5.2}$$

Diese Spannung setzt sich, wie in Bild 5.2 gezeigt wird, aus den Kuppen der Außenleiterspannungen zusammen. Diese wechseln sich in der Gleichspannung u_d in Intervallen mit einer Länge von $\pi/3$ ab. Im Bild 5.2 ist als Beispiel einer Ventilspannung die Spannung des Ventils 1 als u_{T1} dargestellt. Es gelten aufgrund der Idealisierungen

im Intervall mit	$i_{T1} = I_d$	$u_{T1} = 0$,	
im Intervall mit	$i_{T3} = I_d$	$u_{T1} = u_{UV}$,	(5.3)
im Intervall mit	$i_{T5} = I_d$	$u_{T1} = -u_{WU}$.	

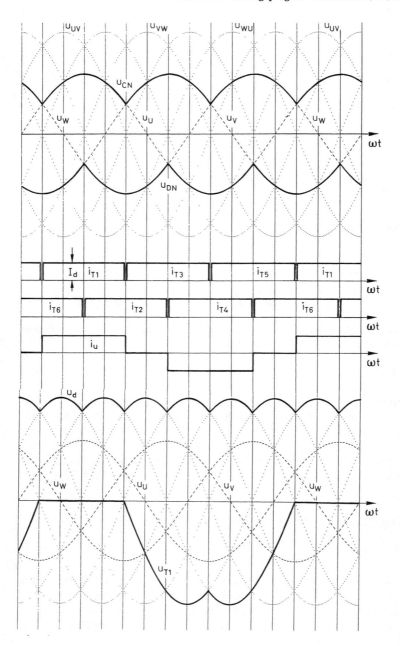

Bild 5.2 Zeitverläufe von Spannungen und Strömen der ungesteuerten Sechspuls-Brückenschaltung

5.1 WS/GS-I-Umrichter mit einschaltbaren Ventilen

In der Sechspuls-Brückenschaltung wechseln sich die Ventile 1, 3, 5 und ebenso die Ventile 2, 4, 6 in der Führung des Stromes I_d ab. Man nennt eine solche Gruppe von Ventilen, die sich in der Führung des Stromes I_d abwechseln, eine **Kommutierungsgruppe**. Mit **Kommutierungszahl q** wird die Anzahl der Kommutierungen innerhalb einer Kommutierungsgruppe bezeichnet. Im Beispiel der Sechspuls-Brückenschaltung beträgt q = 3.

Da in der betrachteten Schaltung die beiden Kommutierungsgruppen zeitlich versetzt kommutieren, ändert sich die Topologie der Schaltung in Intervallen von $\pi/3$ Länge. Die Anzahl der nicht gleichzeitigen Kommutierungen während einer Periode der Wechselspannung beträgt 6. Diese Anzahl wird **Pulszahl p** genannt. Sie wird zur Kennzeichnung der Schaltungen verwendet. Die hier betrachtete Schaltung nach Bild 5.1 heißt deshalb Sechspuls-Brückenschaltung.

In der Sechspuls-Brückenschaltung sind zwei Kommutierungsgruppen (von der GS-Seite aus betrachtet) in Reihe geschaltet. Allgemein wird die Anzahl der in Reihe geschalteten nicht gleichzeitig kommutierenden Kommutierungsgruppen mit s bezeichnet.

Es gibt auch Schaltungen, bei denen Kommutierungsgruppen parallel geschaltet sind. Ihre Anzahl soll mit r bezeichnet werden. Aus der Kommutierungszahl q und den Kenngrößen s und r ergibt sich die Pulszahl einer Schaltung zu

$$p = q\, s\, r . \tag{5.4}$$

Eine Zusammenstellung von Schaltungen unterschiedlicher Pulszahlen findet sich in /1.15/, /4.17/.

Der arithmetische Mittelwert der Gleichspannung U_d kann unter den getroffenen Idealisierungen (ideale Dioden, idealer Stromübergang zwischen den Ventilen, symmetrische sinusförmige dreiphasige Wechselspannung) über die Integration eines Intervalls berechnet werden. Dabei wird die Bezugsachse in die Mitte des betrachteten Intervalls mit der Spannung $u_{UV} = \sqrt{2}\,U \cos\omega t$ gelegt. Für die ideelle Gleichspannung der Sechspuls-Brückenschaltung ergibt sich

$$U_{di} = \frac{1}{\pi/3} \int_{-\pi/6}^{\pi/6} \sqrt{2}\,U \cos\omega t\, d\omega t ,$$

$$U_{di} = \frac{3}{\pi} \sqrt{2}\,U = 1{,}35\, U . \tag{5.5}$$

Mit U ist der Effektivwert der Außenleiterspannung der Dreiphasen-Wechselspannung bezeichnet.

Werden die Dioden in der Schaltung nach Bild 5.1 durch Thyristoren ersetzt, so ist es möglich, den arithmetischen Mittelwert der Gleichspannung zu verändern. Dabei wird die Eigenschaft des Thyristors ausgenutzt, positive Spannung bis zum Zeitpunkt eines Steuersignals sperren zu können.

Mit dem Bild 5.3 wird die Wirkungsweise dieser **Anschnittsteuerung** erklärt. Die Thyristoren werden jeweils um den Steuerwinkel α gegenüber den Zeitpunkten verzögert eingeschaltet, bei denen in der Diodenschaltung die Stromübergabe zwischen den Ventilen erfolgt. Diese Zeitpunkte sind durch die Schnittpunkte der Spannungen u_U, u_V, u_W gekennzeichnet und werden natürliche Steuerzeitpunkte, auch natürliche Zündzeitpunkte, genannt. Einer von ihnen (Stromübergabe 5 - 1 im Bild 5.2), ist im Bild 5.3 mit $\alpha = 0$ gekennzeichnet.

Da auch weiterhin I_d = const und eine ideale Stromübergabe angenommen werden, behalten die Ströme i_{T1}, i_{T3}, i_{T5} ihre Form. Sie sind jetzt gegenüber der Diodenschaltung um den Winkel α verzögert. Dasselbe gilt für den Netzstrom i_U.

Die Gleichspannung u_d (Bild 5.3) besteht weiter aus $\pi/3$ langen Abschnitten der Außenleiterspannungen. Sie sind ebenfalls um den Winkel α gegenüber der Diodenschaltung verschoben. Den Einfluß der Anschnittsteuerung auf die Sperrspannung der Thyristoren zeigt der Zeitverlauf der Spannung u_{T1}.

Im Bild 5.4 ist für weitere Steuerwinkel der Zeitverlauf der Spannung u_d aufgezeichnet. Es wird dabei weiter vorausgesetzt, daß der Strom I_d vollständig geglättet ist.

Der arithmetische Mittelwert kann auch für die Anschnittsteuerung durch Integration eines Intervalls berechnet werden

$$U_{d\alpha} = \frac{1}{\pi/3} \int_{\alpha-\pi/6}^{\alpha+\pi/6} \sqrt{2}\, U \cos \omega t \, d\omega t = \frac{3}{\pi} \sqrt{2}\, U \cos \alpha = U_{di} \cos \alpha. \quad (5.6)$$

Die Abhängigkeit des arithmetischen Mittelwertes der Gleichspannung bei Anschnittsteuerung $U_{d\alpha}$ ist im Bild 5.5 gezeigt. Es zeigt sich, daß die oben getroffene Wahl für $\alpha=0$ dazu führt, daß bei $\alpha=0$ der größte Wert von $U_{d\alpha}$ erreicht wird.

Die Voraussetzungen, unter denen die Beziehung (5.6) abgeleitet wurde, seien noch einmal wiederholt: Vollständig geglätteter Strom I_d, symmetrische dreiphasige Wechselspannung, symmetrische Ansteuerung aller Ventile, idealer Stromübergang zwischen den idealen Ventilen.

5.1 WS/GS-I-Umrichter mit einschaltbaren Ventilen

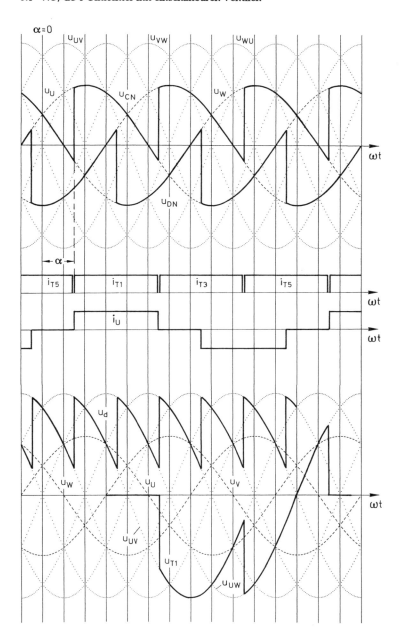

Bild 5.3 Zeitverläufe von Spannungen und Strömen der anschnittgesteuerten Sechspuls-Brückenschaltung

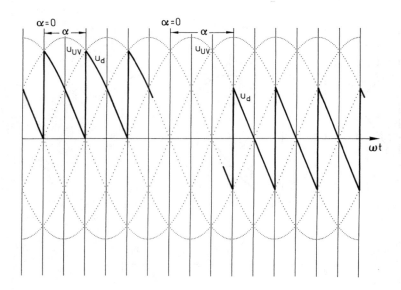

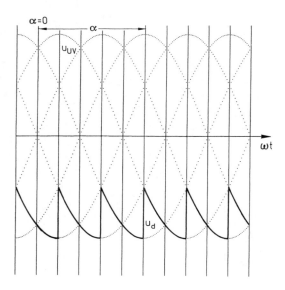

Bild 5.4 Zeitverlauf der Gleichspannung u_d bei verschiedenen Steuerwinkeln

5.1 WS/GS-I-Umrichter mit einschaltbaren Ventilen

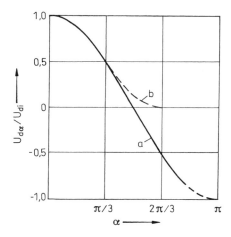

Bild 5.5 Steuerkennlinien $U_{d\alpha}/U_{di} = f(\alpha)$
a) I_d = const, b) ohmsche Belastung

Für den Steuerwinkel $\alpha > \pi/2$ wird $U_{d\alpha}$ negativ. Da die Stromrichtung nicht geändert wurde, bedeutet das eine Umkehr der Richtung des Energieflusses. Das ist praktisch nur ausführbar, wenn auf der GS-Seite eine Spannungsquelle angeschlossen wird. Dann arbeitet der Stromrichter für $\alpha < \pi/2$ im **Gleichrichter-** und für $\alpha > \pi/2$ im **Wechselrichterbetrieb**.

Wird auf der GS-Seite nur ein ohmscher Widerstand angeschlossen, so sind die Zeitverläufe von i_d und u_d gleich. Der Strom i_d ist dann nicht geglättet. Das zeigt das Bild 5.6 für zwei verschiedene Steuerwinkel. Für $\alpha > \pi/3$ treten im Strom i_d Lücken auf. Die Ventilschaltung bildet den Strom i_d auf die Netzseite ab, wie er als i_U dargestellt ist.

Das Bild 5.7 verdeutlicht den Zeitverlauf des Stromes i_d bei nicht vollständiger Glättung. Dabei ist im Bild 5.7b die Glättungsinduktivität L_d so groß angenommen, daß bei dem gewählten Steuerwinkel keine Lücken in i_d auftreten. Im Bild 5.7a ist die Induktivität L_d so gewählt, daß Lücken im Strom i_d auftreten. Die Steuerkennlinie $U_{d\alpha} = f(\alpha)$ für den Fall einer ohmschen Belastung auf der GS-Seite ist ebenfalls im Bild 5.5 mit eingezeichnet worden.

5.1.1.2 Netzkommutierung bei der Sechspuls-Brückenschaltung

Der bisher als ideal angenommene Stromübergang von einem Ventil einer Kommutierungsgruppe zum nächsten führt zu einem rechteckförmigen Netzstromverlauf (Bild 5.2). Wegen der in den Innenwiderständen des speisenden Netzes oder im Stromrichtertransformator vorhandenen Induktivitäten ent-

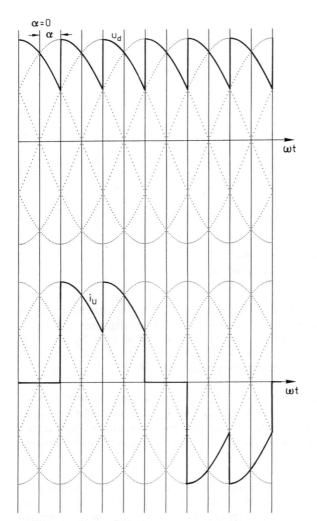

Bild 5.6 Gleichspannung u_d und Netzstrom i_U der Sechspuls-Brückenschaltung mit ohmscher Belastung

spricht diese Annahme nicht der praktischen Anwendung. Die Wirklichkeit wird ausreichend genug nachgebildet, wenn in den Zweigen Induktivitäten angenommen werden. Die ohmschen Widerstände der Zweige sind meistens vernachlässigbar klein. Damit kann für zwei Ventile einer Kommutierungsgruppe ein Ersatzstromkreis entworfen werden, wie er im Bild 5.8 dargestellt ist. In den Kommutierungsinduktivitäten L_k sind alle Induktivitäten eines Zweiges zusammengefaßt. Es wird wieder mit I_d = const gerechnet. Die Spannung $u_V - u_U = u_k$ wird auch Kommutierungsspannung genannt. Wird der Zeitbezugspunkt in den natürlichen Zündzeitpunkt gelegt, so gilt $u_k = \sqrt{2}\, U_k \sin\omega t$.

5.1 WS/GS-I-Umrichter mit einschaltbaren Ventilen

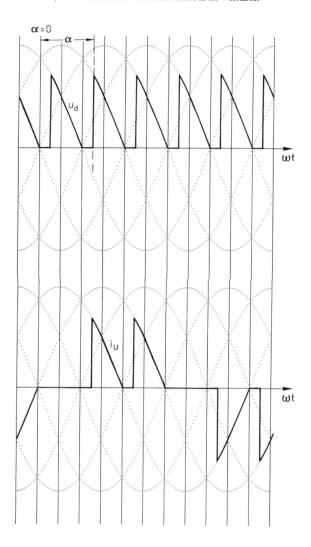

Fortsetzung Bild 5.6

Der Kommutierungsvorgang vom Ventil 1 nach dem Ventil 3 kann für $\alpha = 0$ dann mit dem Ansatz berechnet werden:

$$u_k + L_k \frac{di_{T1}}{dt} - L_k \frac{di_{T3}}{dt} = 0, \quad (5.7)$$

$$i_{T1} + i_{T3} - I_d = 0,$$

mit der Anfangsbedingung: $t = t_o$, $i_{T1} = I_d$.

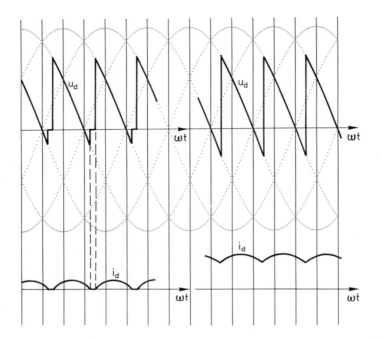

Bild 5.7 Zeitverläufe u_d und i_d der Sechspuls-Brückenschaltung bei unvollständiger Glättung

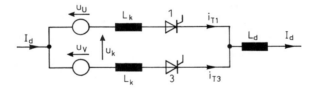

Bild 5.8 Ersatzschaltbild zum Berechnen der Kommutierung Ventil 1 auf Ventil 3

Die Lösung dieser Gleichungen ergibt

$$i_{T1} = \frac{\sqrt{2}\, U_k}{2\, \omega L_k} (\cos \omega t - 1) + I_d\,,$$

$$i_{T3} = \frac{\sqrt{2}\, U_k}{2\, \omega L_k} (1 - \cos \omega t)\,.$$

(5.8)

Die Gleichungen (5.8) gelten nur solange $i_{T1} \geq 0$.

5.1 WS/GS-I-Umrichter mit einschaltbaren Ventilen

Wird $i_{T1} = 0$ und damit zugleich $i_{T3} = I_d$ erreicht, so bleibt, da ideale Ventile angenommen wurden, der Strom $i_{T1} = 0$ und der Kommutierungsvorgang ist beendet. Im Bild 5.9 sind die Zeitverläufe i_{T1}, i_{T3}, u_k eingezeichnet. Während des Intervalls $(t_1 - t_0)$ führen beide Ventile der Kommutierungsgruppe Strom. Deshalb wird dieses Intervall Überlappungszeit $t_u = t_1 - t_0$ und der zugehörige Winkel u **Überlappungswinkel** genannt

$$u = \omega t_u = \omega(t_1 - t_0).$$

Für $\alpha \neq 0$ ergibt die entsprechende Berechnung:

$$i_{T1} = \frac{\sqrt{2}\, U_k}{2\, \omega L_k} (\cos(\omega t + \alpha) - \cos \alpha) + I_d,$$

$$i_{T3} = \frac{\sqrt{2}\, U_k}{2\, \omega L_k} (\cos \alpha - \cos(\omega t + \alpha)).$$

(5.9)

Das Ergebnis ist im Bild 5.10 dargestellt.

Eine anschauliche Darstellung des Kommutierungsvorganges bei verschiedenen Steuerwinkeln gibt das Bild 5.11 wieder. Hierin ist mit i_{k0} der Strom bezeichnet, den die Spannung u_k im Kommutierungskreis ohne Einfluß der Ventile treiben würde. Nach der zweiten Gleichung aus (5.9) ist je nach dem Steuerwinkel α ein anderes Stück dieser Kurve als i_{T3} während des Überlap-

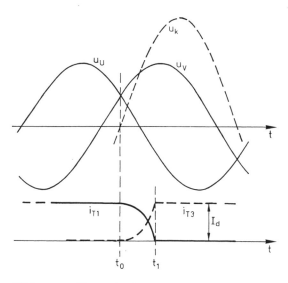

Bild 5.9   Zeitverläufe von Spannungen und Strömen im Kommutierungskreis für $\alpha = 0$

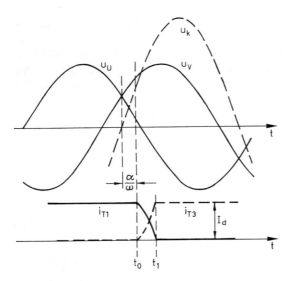

Bild 5.10 Zeitverläufe von Spannungen und Strömen im Kommutierungskreis für $\alpha \neq 0$

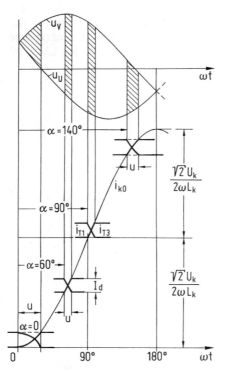

Bild 5.11 Kommutierungsvorgang für verschiedene Steuerwinkel

5.1 WS/GS-I-Umrichter mit einschaltbaren Ventilen

pungswinkels u gültig. Im oberen Teil des Bildes ist die Differenz der Spannungen $u_k = (u_V - u_U)$ aufgezeichnet.

Die endliche Dauer des Kommutierungsvorganges ist im Entladen der einen und im gleichzeitigen Aufladen der anderen Kommutierungsinduktivität begründet. Die dazu notwendige Spannungszeitfläche ist durch die schraffierte Fläche im Bild 5.11 gekennzeichnet. Diese ist für alle Steuerwinkel gleich groß. Damit ändert sich jedoch der Überlappungswinkel u. Auf den Überlappungswinkel u haben die konstruktiven Parameter des Stromrichters ω, U_k, L_k und die Betriebsparameter α und I_d Einfluß.

Der Überlappungswinkel u läßt sich aus (5.9) mit dem Ansatz $i_{T1} = 0$ für $\omega t = u$ berechnen. Die Gleichung

$$\frac{\sqrt{2}\, U_k}{2\, \omega L_k} (\cos(u + \alpha) - \cos \alpha) + I_d = 0$$

liefert die implizite Lösung

$$\cos(\alpha + u) = \cos \alpha - \frac{I_d\, 2\, \omega L_k}{\sqrt{2}\, U_k}. \tag{5.10}$$

Es soll noch der Überlappungswinkel u_o bei $\alpha = 0$, der Anfangsüberlappungswinkel, eingeführt werden

$$\cos u_o = 1 - \frac{I_d\, 2\, \omega L_k}{\sqrt{2}\, U_k}. \tag{5.11}$$

Dann zeigt das Bild 5.12 die Abhängigkeit des Überlappungswinkel u vom Steuerwinkel α mit dem Parameter u_o. Wegen der Überlappung ist ein Ansteuern mit Winkeln jenseits der unterbrochen gezeichneten Linie nicht möglich.

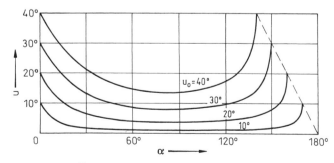

Bild 5.12 Überlappungswinkel u in Abhängigkeit des Steuerwinkels α mit dem Winkel der Anfangsüberlappung u_0 als Parameter

Der Kommutierungsvorgang hat während der Überlappungszeit auch Einfluß auf die Gleichspannung u_d. Zur Berechnung ihres Zeitverlaufes ist im Bild 5.13 das Ersatzschaltbild der Sechspuls-Brückenschaltung, gültig für die Überlappungszeit t_u der Ventile 1 - 3, gezeichnet. Entsprechend den Annahmen sind leitende Ventile als Verbindungen und sperrende Ventile als Unterbrechungen dargestellt. Wegen $i_{T1} + i_{T3} = I_d = $ const gilt

$$u_d + u_W - u_U + L_k \frac{di_{T1}}{dt} = 0,$$

$$u_d + u_W - u_V - L_k \frac{di_{T1}}{dt} = 0.$$
(5.12)

Hieraus und mit $u_W - u_U = u_{WU}$ und $u_{UW} = - u_{WU}$ kann der Zeitverlauf u_d für die Überlappungszeit gewonnen werden

$$u_d = \frac{1}{2}(u_{UW} + u_{VW}).$$
(5.13)

Mit Hilfe dieser Zeitfunktion ist u_d im Bild 5.14 gezeichnet. Außerhalb der Überlappungszeit hat u_d den Zeitverlauf, wie er im Bild 5.4 abgeleitet wurde. Das Bild 5.14 zeigt das Ergebnis für zwei Steuerwinkel.

Die Gleichspannung u_d kann auch nach (5.12) geschrieben werden

$$u_d = u_{VW} - L_k \frac{di_{T3}}{dt}.$$

Die Abweichung von u_d während der Überlappungszeit gegenüber der verketteten Spannung ist durch die Kommutierungsinduktivitäten bedingt.

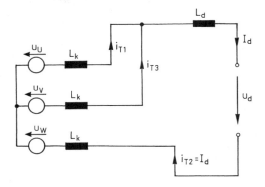

Bild 5.13 Ersatzschaltbild während der Überlappung der Ventilströme i_{T1} und i_{T3}

5.1 WS/GS-I-Umrichter mit einschaltbaren Ventilen

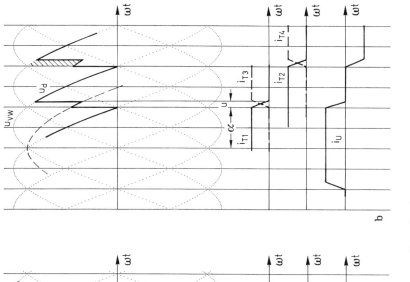

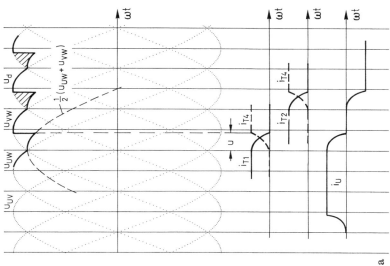

Bild 5.14 Zeitverlauf der Gleichspannung u_d mit Berücksichtigung der Überlappung
a) Steuerwinkel $\alpha = 0$, b) Steuerwinkel $\alpha = 60°$

Wird der arithmetische Mittelwert gebildet, so ist zu erkennen, daß in jedem Intervall die im Bild 5.14 schraffierte Spannungszeitfläche gegenüber dem Wert mit idealem Stromübergang fehlt. Der Kommutierungsvorgang, der bedingt ist durch die Induktivitäten im Kommutierungskreis, führt zu einer Minderung des arithmetischen Mittelwertes der Gleichspannung. Sie wird mit **induktiver Gleichspannungsänderung** bezeichnet.

Die schraffierte Fläche ist die Spannungszeitfläche an einer Kommutierungsinduktivität. Sie kann nach (5.7) berechnet werden. Da sich i_{T3} während t_u um I_d ändert, gilt

$$u_k - 2 L_k \frac{di_{T3}}{dt} = 0,$$

$$\frac{1}{2} \int^{t_u} u_k \, dt = L_k I_d.$$

Die schraffierte Fläche fehlt in jedem Intervall, also sq mal in jeder Periode. Für die Sechspuls-Brückenschaltung ist sq = 6.

Daraus ergibt sich die induktive Gleichspannungsänderung zu

$$D_x = f s q L_k I_d. \tag{5.14}$$

Wird die induktive Gleichspannungsänderung berücksichtigt, so ergibt sich der arithmetische Mittelwert der Gleichspannung bei Anschnittsteuerung:

$$U_{d\alpha} = U_{di} \cos \alpha - D_x. \tag{5.15}$$

Gegenüber der induktiven Gleichspannungsänderung D_x können in den meisten Fällen die Gleichspannungsänderung infolge der ohmschen Widerstände (einschließlich des ohmschen Anteils der Ventilspannung) D_r und die Schleusenspannung der Ventile U_{T0} vernachlässigt werden.
D_x und D_r sind linear vom Laststrom abhängig, so daß sich die im Bild 5.15 gezeigten **Belastungskennlinien** ergeben.

Besonderen Einfluß auf den Wechselrichterbetrieb haben die Sperreigenschaften der Thyristoren. Nach dem Nullwerden des Thyristorstromes muß mindestens die Freiwerdezeit abgewartet werden, bis der Thyristor positive Spannung sperren kann. Im Bild 5.16 ist im unteren Bildteil die Spannung u_{T1} am Thyristor 1 für den Steuerwinkel $\alpha = 150°$ konstruiert.

Außerhalb der Überlappungswinkel gelten:

im Intervall mit $i_{T3} = I_d$ $\quad u_{T1} = u_{UV}$,
im Intervall mit $i_{T5} = I_d$ $\quad u_{T1} = - u_{WU}$.

5.1 WS/GS-I-Umrichter mit einschaltbaren Ventilen

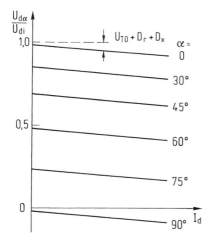

Bild 5.15   Belastungskennlinien $U_{d\alpha}/U_{di} = f(I_d)$ mit dem Steuerwinkel α als Parameter

Aus Abschnitten dieser Spannungen setzt sich die Ventilspannung bei jedem Steuerwinkel zusammen (siehe Bild 5.2). Mit $\alpha = 150°$ ergibt sich außerhalb der Überlappungswinkel der Zeitverlauf des Bildes 5.16.

Während der Intervalle mit Überlappung müssen die jeweils gültigen Ersatzschaltbilder betrachtet werden. Diese sind im Bild 5.17 dargestellt.

Im Überlappungsintervall 3 - 5 (Bild 5.17a) gilt:

$$u_{T1} - \frac{1}{2}u_{VW} - u_{UV} = 0 \quad ; \quad u_{T1} = \frac{1}{2}(u_{UV} + u_{UW}) . \tag{5.16}$$

Diese Kurve ist im Bild 5.16 mit eingezeichnet. Im Überlappungsintervall 2 - 4 (Bild 5.17b) gilt:

$$u_{T1} - u_{UV} - \frac{1}{2}u_{WU} = 0 \quad ; \quad u_{T1} = \frac{1}{2}(u_{UV} + u_{WV}) . \tag{5.17}$$

Entsprechend ergibt sich für das Überlappungsintervall 4 - 6:

$$u_{T1} = \frac{1}{2}(u_{UW} + u_{VW}) . \tag{5.18}$$

Diese Zeitverläufe in den Überlappungsintervallen wurden für das Bild 5.16 ebenfalls berücksichtigt.

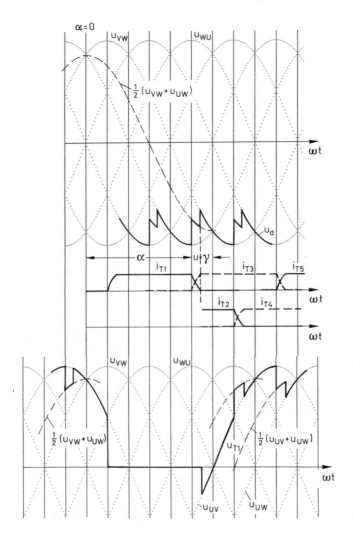

Bild 5.16 Gleichspannung u_d und Ventilspannung u_{T1} bei $\alpha = 150°$

Im Bild 5.16 ist mit dem Winkel γ der **Löschwinkel** bezeichnet. Die Bedingung für einen einwandfreien Stromübergang heißt, daß die Schonzeit t_S größer sein muß als die Freiwerdezeit t_q. Dem Winkel γ entspricht im Zeitmaßstab die Schonzeit t_S.

$$\gamma = \omega t_S > \omega t_q. \tag{5.19}$$

Hierin sind t_q Freiwerdezeit und t_S Schonzeit.

5.1 WS/GS-I-Umrichter mit einschaltbaren Ventilen

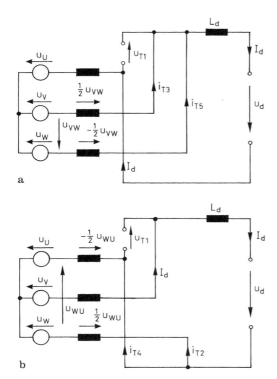

Bild 5.17 Ersatzschaltbilder während der Überlappungsintervalle
a) Überlappung der Ströme i_{T3} und i_{T5},
b) Überlappung der Ströme i_{T2} und i_{T4}

Es ist diesem Bild auch zu entnehmen, daß die Ansteuerung nur bis zu einem Steuerwinkel $\alpha_{max} = \pi - (\gamma + u)$ betrieben werden kann. Es wird deutlich, daß die Vorgänge **Überlappen** und **Freiwerden des Ventils** zeitlich nacheinander ablaufen. Wird $\alpha > \alpha_{max}$ gewählt, kann der Thyristor seine positive Sperrfähigkeit nicht erlangen. Er bleibt leitend, der Stromrichter im Wechselrichterbetrieb "kippt". Eine Ansteuerung mit $\alpha = \alpha_{max}$ wird Ansteuerung an der Wechselrichter-Trittgrenze genannt.

5.1.1.3 Eigenschaften an der WS-Schnittstelle

Verschiebung der Strom-Grundschwingung

Wie das Bild 5.3 zeigt, setzt bei der Anschnittsteuerung unter idealisierten Bedingungen der Netzstrom um den Steuerwinkel α verzögert ein. Das ist im Bild 5.18a für die Netzspannung u_U und den Netzstrom i_U noch einmal

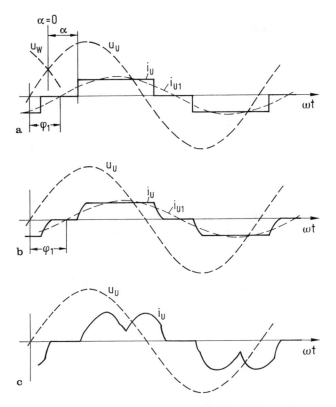

Bild 5.18 Netzspannung u_U und Netzstrom i_U bei der Sechspuls-Brückenschaltung
a) ohne Überlappung   b) mit Überlappung
c) unvollständige Glättung von i_d

dargestellt. Das Bild zeigt, daß auch die Grundschwingung des Netzstromes um diesen Winkel verschoben ist. Unter den idealisierten Bedingungen gilt $\varphi_1 = \alpha$.

Damit läßt sich aber die gesamte Wirkleistung an der WS-Schnittstelle der Sechspuls-Brückenschaltung bestimmen. Da wegen der sinusförmig angenommenen Netzspannung nur die Grundschwingung des Stromes zur Wirkleistung beiträgt, gilt (vergl. (2.27)):

$$P = P_1 = 3\frac{U}{\sqrt{3}} I_1 \cos \varphi_1 = 3\frac{U}{\sqrt{3}} I_1 \cos \alpha . \tag{5.20}$$

5.1 WS/GS-I-Umrichter mit einschaltbaren Ventilen

Mit $I_1 = \dfrac{1}{\sqrt{2}} \dfrac{4}{\pi} I_d \cos \dfrac{\pi}{6} = \dfrac{\sqrt{2}}{\pi} \sqrt{3} I_d$ und $U_{di} = \dfrac{3}{\pi} \sqrt{2}\, U$ ergibt sich:

$$P = P_1 = U_{di}\, I_d \cos \varphi_1 = U_{di}\, I_d \cos \alpha.$$

Für die idealisierte Sechspuls-Brückenschaltung sind die Grundschwingungsscheinleistung S_1 und die Grundschwingungsblindleistung Q_1:

$$S_1 = U_{di}\, I_d$$
$$Q_1 = U_{di}\, I_d \sin \varphi_1 = U_{di}\, I_d \sin \alpha. \tag{5.21}$$

Die gesamte Scheinleistung an der WS-Schnittstelle beträgt

$$S = \sqrt{3}\, U\, I = \sqrt{3}\, U \dfrac{\sqrt{2}}{\sqrt{3}} I_d = \dfrac{\pi}{3} S_1 = 1{,}05\, S_1. \tag{5.22}$$

Aus den Gleichungen (5.20) und (5.21) geht hervor, daß mit Vergrößern des Steuerwinkels die Wirkleistung verkleinert und im Wechselrichterbetrieb negativ wird. Mit dieser Ansteuerung ist ein Bezug induktiver Grundschwingungsblindleistung verbunden. Leistungsumsatz auf der GS-Seite führt zu Wirk- und Grundschwingungsblindleistung auf der WS-Seite, die vom Steuerwinkel α abhängen.

Das Bild 5.19 zeigt für die idealisierte Sechspuls-Brückenschaltung die Abhängigkeit der Wirkleistung und der Grundschwingungsblindleistung vom Steuerwinkel. Steuerwinkel größer als α_{max} sind mit einschaltbaren Ventilen nicht zu erreichen. Die mit (5.21) gegebene Grundschwingungsblindleistung wird auch **Steuerblindleistung** genannt.

Aus dem Zeitverlauf des Netzstromes (Bild 5.14 und Bild 5.18b) geht hervor, daß durch die Überlappung der Ventile die Grundschwingung des Netzstromes weiter induktiv verschoben wird. Zur Steuerblindleistung kommt im praktischen Betrieb die **Kommutierungsblindleistung** hinzu.

Wird als Näherung angenommen, daß die Amplitude der Grundschwingung des Netzstromes durch die Überlappung nicht geändert wird, so lassen sich die folgenden Beziehungen angeben:

$$P = P_1 = U_{di}\, I_d \left(\cos \alpha - \dfrac{D_x}{U_{di}} \right) \tag{5.23}$$

$$Q_1 = U_{di}\, I_d \sqrt{1 - \left(\cos \alpha - \dfrac{D_x}{U_{di}} \right)^2}. \tag{5.24}$$

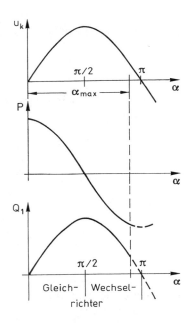

Bild 5.19 Kommutierungsspannung u_k, Wirkleistung P, Grundschwingungsblindleistung Q_1 eines WS/GS-I-Umrichters mit einschaltbaren Ventilen

Die mit den Gleichungen (5.23) und (5.24) beschriebenen Funktionen weichen für praktische Fälle nur geringfügig von den im Bild 5.19 dargestellten ab.

Harmonische im Netzstrom

Wie im Kapitel 5.1.1.1. abgeleitet wurde, wird der Gleichstrom I_d durch die Ventile der Sechspuls-Brückenschaltung in den im Bild 5.18a gezeigten Netzstrom i_U abgebildet.

In diesem sind Harmonische enthalten, die die folgende Ordnungszahl besitzen:

$$\nu = kp \pm 1 \quad , \quad k = 1, 2, 3 \dots . \tag{5.25}$$

Für den Effektivwert der Harmonischen gilt:

$$I_{\nu i}/I_{1i} = 1/\nu . \tag{5.26}$$

I_{1i} ist dabei der Effektivwert der Grundschwingung bei der idealisierten Sechspuls-Brückenschaltung.

Das Wegfallen der 3., 6., 9. ... Harmonischen folgt dabei aus dem Ansatz eines symmetrischen, dreiphasigen Spannungssystems mit nicht angeschlossenem Sternpunkt.

Bei den bisherigen Idealisierungen bleibt der rechteckförmige Zeitverlauf von i_U auch bei Änderung des Steuerwinkels erhalten. Der Netzstrom wird lediglich um den Winkel α relativ zu u_U verschoben. Damit gelten für die idealisierte Sechspuls-Brückenschaltung die Gleichungen (5.25 und 5.26) unabhängig vom Steuerwinkel.

Wird die Überlappung (Bild 5.18b) berücksichtigt, dann ändern sich die Ordnungszahlen der Harmonischen im Netzstrom nicht. Auf den Effektivwert der Harmonischen hat die Überlappung Einfluß. Das Bild 5.20 zeigt die Abhängigkeit der Harmonischen $I_{v\alpha}/I_{1i}$ als Funktion der normierten induktiven Gleichspannungsänderung D_x/U_{di}. Der Steuerwinkel α ist Parameter. Es ist zu erkennen, daß die Harmonischen mit zunehmender Überlappung durchweg kleiner werden.

Wird von der Annahme einer vollständigen Glättung des Gleichstromes I_d abgegangen, dann ändert sich zunächst der Zeitverlauf des Netzstromes i_U, wie im Bild 5.18c gezeigt ist. Die jetzt im Gleichstrom vorhandenen Wechselanteile werden auf den Netzstrom abgebildet. Es treten außer den mit Gleichung (5.25) beschriebenen keine weiteren Harmonischen auf. Die unvollständige Glättung von i_d hat jedoch Einfluß auf den Effektivwert der Harmonischen, wie mit dem Bild 5.21 gezeigt wird. In ihm sind in Ergänzung zum Bild 5.20 für zwei Werte D_x/U_{di} die normierten Harmonischen $I_{v\alpha}/I_{1i}$ für verschiedene Verhältnisse L_d/L_k aufgezeichnet. Dabei gelten die nebeneinander stehenden Linien von links nach rechts für $L_d/L_k = 10, 5, 2, 1$. Für die Sechspuls-Brückenschaltung ist festzuhalten, daß die fünfte Harmonische mit zunehmenden Wechselanteilen in i_d vergrößert wird. Alle anderen Harmonischen bleiben entweder unbeeinflußt oder werden verkleinert.

Spannungseinbrüche infolge der Kommutierung

Die Auswirkungen der Überlappung auf die Netzspannung können nur untersucht werden, wenn auch die Eigenschaften des speisenden Netzes mit berücksichtigt werden. Bisher war eine sinusförmige Netzspannung, also ein Netz ohne Innenwiderstand angenommen worden. Im folgenden soll das Netz durch eine ideale Spannungsquelle und eine in Reihe geschaltete Induktivität beschrieben werden. Das ist für viele Zwecke ausreichend genau. Das Bild 5.22 zeigt eine Sechspuls-Brückenschaltung, die - wie praktisch üblich - über Netzanschlußinduktivitäten L_S an das Netz angeschlossen ist. Dieses wird durch die idealen Quellen mit den Spannungen u_1, u_2, u_3 und die Netzinduktivitäten L_L beschrieben. Die Klemmen U, V, W des Stromrichtergerätes bezeichnen auch die Netzanschlußstellen, an denen andere Verbraucher an-

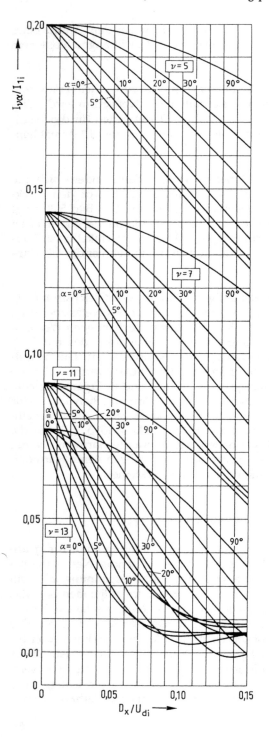

Bild 5.20

Einfluß der Überlappung auf die Oberschwingungen im Netzstrom (nach DIN 41750)

5.1 WS/GS-I-Umrichter mit einschaltbaren Ventilen

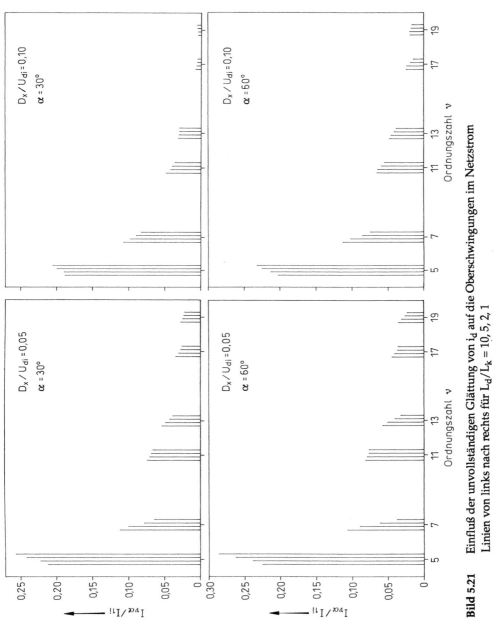

Bild 5.21 Einfluß der unvollständigen Glättung von i_d auf die Oberschwingungen im Netzstrom
Linien von links nach rechts für $L_d/L_k = 10, 5, 2, 1$

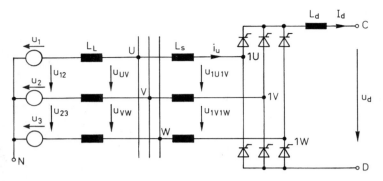

Bild 5.22 Sechspuls-Brückenschaltung über Induktivitäten an das speisende Netz angeschlossen

geschlossen sein können. 1U, 1V, 1W sind die Klemmen direkt an den Ventilen.

Im folgenden sollen die Spannungen u_{1U1V} und u_{UV} ermittelt werden. Es werden die weiteren Idealisierungen, besonders der vollständig geglättete Gleichstrom I_d = const, beibehalten. Außerhalb der Überlappungen gilt in den Intervallen, in denen der Netzstrom den Wert I_d hat (vergl. Bild 5.14):

$$u_{1U1V} = u_{UV} = u_{12}. \tag{5.27}$$

Sowohl während der Überlappung 1 - 3 als auch während der Überlappung 4 - 6 sind die Klemmen 1U und 1V kurzgeschlossen

$$u_{1U1V} = 0. \tag{5.28}$$

Für die anderen Intervalle mit Überlappungen kann die Spannung u_{1U1V} mit Hilfe der Ersatzschaltbilder gewonnen werden. Aus dem in Bild 5.23 dargestellten Ersatzbild für die Überlappung 3 – 5 wird aufgestellt:

$$u_{1U1V} - \frac{1}{2} u_{23} - u_{12} = 0,$$
$$u_{1U1V} = u_{12} + \frac{1}{2} u_{23} = \frac{1}{2}(u_{12} + u_{13}). \tag{5.29}$$

Diese Spannung ergibt sich auch im Intervall mit der Überlappung 6 - 2.

Für die Überlappungsintervalle 5 - 1 und 2 - 4 ergibt die entsprechende Überlegung:

$$u_{1U1V} = \frac{1}{2}(u_{12} + u_{32}). \tag{5.30}$$

5.1 WS/GS-I-Umrichter mit einschaltbaren Ventilen   137

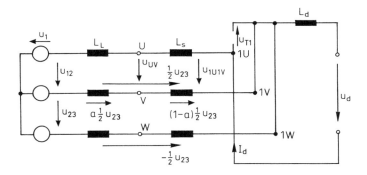

Bild 5.23   Ersatzschaltbild während der Überlappung der Ströme i_{T3} und i_{T5}

Der Zeitverlauf der Spannung an den Ventilklemmen u_{1U1V} ist im Bild 5.24a dargestellt. Er zeigt innerhalb der Periodendauer sechs charakteristische, durch die Kommutierung verursachte Spannungseinbrüche. Innerhalb zweier Intervalle bricht die betrachtete Spannung an den Ventilklemmen bis auf Null zusammen. Die Spannungsänderung in den anderen Intervallen hängt vom Steuerwinkel ab. Es läßt sich aus dem Bild 5.24a ablesen, daß die Spannungseinbrüche für den Steuerwinkel $\alpha = 90°$ am größten sind. Die Breite der Spannungseinbrüche ist einheitlich und entspricht der Überlappungsdauer.

Für die Spannung an den Anschlußklemmen U, V, W ist der aus den Induktivitäten L_L und L_S gebildete Spannungsteiler zu berücksichtigen. Die in den Überlappungsintervallen an der Reihenschaltung von vier Induktivitäten liegende Spannung wird, wie im Bild 5.23 angegeben, aufgeteilt.

Während der Überlappungen 1 - 3 und 4 - 6 ergibt sich daher

$$u_{12} - a\frac{1}{2}u_{12} - u_{UV} - a\frac{1}{2}u_{12} = 0$$

$$u_{UV} = u_{12} - a\, u_{12}\, .$$

(5.31)

Hierin ist $a = L_L / (L_L + L_S)$.

Für das Intervall mit der Überlappung 3 - 5 ergibt sich (Bild 5.23)

$$u_{UV} - a\frac{1}{2}u_{23} - u_{12} = 0$$

$$u_{UV} = u_{12} + a\frac{1}{2}u_{23}\, .$$

(5.32)

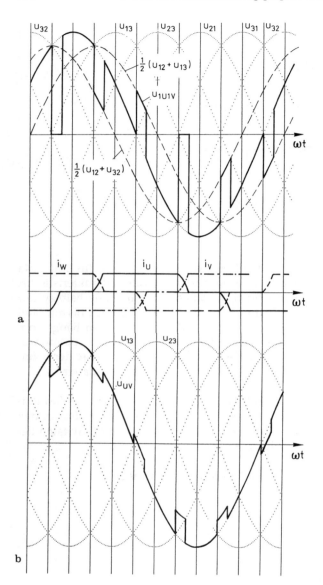

Bild 5.24 Zeitverläufe der verketteten Wechselspannungen
a) an den Ventilen, b) an der Netzanschlußstelle

Im Bild 5.24b ist die Spannung u_{UV} für ein Verhältnis $L_L/L_S = 1/3$ dargestellt. Auf die unterschiedlichen Zeitverläufe u_{1U1V} und u_{UV} sei besonders aufmerksam gemacht.

5.1.1.4 Doppel-Stromrichter, Mehrquadrantenbetrieb

Mit Hilfe des netzgeführten WS/GS -I-Umrichters ist es möglich, eine steuerbare Gleichspannungsquelle aufzubauen. Davon wird in der Antriebstechnik zur Drehzahlverstellung von fremderregten Gleichstrommotoren Gebrauch gemacht. Bei diesen ist die Winkelgeschwindigkeit der Welle ω_m der Klemmenspannung U_d näherungsweise und das Drehmoment M dem Strom I_d proportional.

Von einem drehzahlverstellbaren Antrieb wird im allgemeinen gefordert, daß die Winkelgeschwindigkeit der Welle und das Drehmoment in weiten Grenzen unabhängig von einander eingestellt werden können. Mit dem bisher betrachteten Umrichter, der nur eine Richtung des Gleichstromes, jedoch Gleichspannung in beiden Richtungen liefert, können damit im ω_m-M-Diagramm des Motors Arbeitspunkte in zwei Quadranten gewählt werden. Im Bild 5.25a sind diese Gebiete durch Schraffur gekennzeichnet. Es ist damit möglich, die Drehrichtung nicht aber die Richtung des Drehmomentes umzukehren.

Soll für einen Stellantrieb auch das Drehmoment seine Richtung umkehren, dann ist das nur mit einem zweiten Umrichter möglich, der mit dem ersten so zusammengeschaltet wird, daß der Strom im Motor in beiden Richtungen fließen kann. Damit sind dann Arbeitspunkte in weiteren Quadranten des ω_m-M-Diagrammes und damit auch ein Vierquadrantenbetrieb möglich (Bild 5.25b). Die hierfür verwendeten Umrichter werden **Doppel-Stromrichter** oder **Umkehr-Stromrichter** genannt.

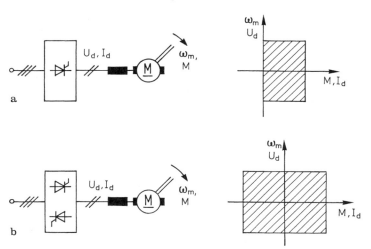

Bild 5.25 Mehrquadrantenbetrieb eines drehzahlverstellbaren Antriebes mit WS/GS-I-Umrichter
a) Zweiquadrantenbetrieb   b) Vierquadrantenbetrieb

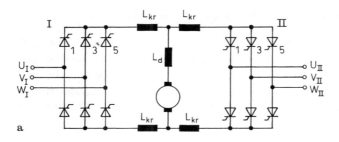

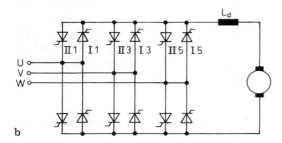

Bild 5.26 Zwei gegenparallel geschaltete Sechspuls-Brückenschaltungen
a) mit Kreisstromdrosseln   b) ohne Kreisstromdrosseln

Das Bild 5.26 zeigt zwei Beispiele mit Sechspuls-Brückenschaltungen. Im oberen Teil sind zwei Brücken über Drosseln L_{kr} auf der Gleichstromseite gegenparallel zusammengeschaltet. Es ist dabei zu unterscheiden, ob beide Brücken aus einer dreiphasigen Spannungsquelle (Gegenparallel-Schaltung) oder über einen Transformator mit getrennten Sekundärwicklungen (Kreuzschaltung) gespeist werden. Im unteren Teil des Bildes 5.26 sind die Ventilzweige unmittelbar gegenparallel zueinander angeordnet. Außer der Glättungsdrossel L_d sind keine weiteren Induktivitäten vorhanden. Ob beim Zusammenschalten Drosseln L_{kr} zu verwenden sind, hängt vom Steuerverfahren ab.

Es werden zwei Verfahren unterschieden:

a) Es ist jeweils nur einer der beiden Stromrichter angesteuert; der andere ist nicht angesteuert, er sperrt: **Kreisstromfreie Steuerung**.

b) Es werden beide Stromrichter angesteuert; der eine im Gleichrichter-, der andere im Wechselrichterbetrieb: **Steuerung mit Kreisstrom**.

Beim zuletzt genannten Steuerverfahren müssen, um einen Kurzschluß auf der Gleichstromseite zu vermeiden, die Beträge der arithmetischen Mittelwerte der Gleichspannungen des Gleichrichters und des Wechselrichters gleich sein. Damit lautet die Beziehung für die Steuerwinkel:

$\alpha_I + \alpha_{II} = 180°$.

Obwohl die arithmetischen Mittelwerte gleich sind, bestehen Unterschiede in den Augenblickswerten der Gleichspannungen. Sie führen zu Strömen, die nur über die Ventile nicht aber über die Last fließen. Solche Ströme werden **Kreisströme** genannt. Zu ihrer Begrenzung müssen Drosseln zwischen beide Stromrichter geschaltet werden. Diese Kreisstromdrosseln sind im Bild 5.26a mit L_{kr} bezeichnet.

Beim unter a) genannten Steuerverfahren gibt es – bei ideal angenommenen Ventilen – keine Kreisströme. Dieses Steuerverfahren wird deshalb kreisstromfreie Steuerung genannt. Kreisstromdrosseln sind nicht erforderlich (Bild 5.26b) und die direkte Gegenparallelschaltung der Ventilzweige ist anwendbar.

Wegen der Kreisströme ist der technische Aufwand beim Steuerverfahren mit Kreisstrom nicht nur um die Kreisstromdrosseln größer, es ist noch ein Mehraufwand in den Ventilen und im speisenden Netz erforderlich.

Das kreisstromfreie Steuerverfahren benötigt ein sicheres Vermeiden des Ansteuerns beider Stromrichter. Bevor der zweite angesteuert wird, muß der Strom des ersten Null geworden sein. Da das auch von der Überlappung abhängt, müssen entweder die Ventilströme überwacht oder es muß eine Sicherheitszeit vorgesehen werden. Es ergibt sich beim Umsteuern des Stromes eine mehr oder weniger große stromlose Pause.

Das Steuerverfahren mit Kreisstrom hat den Vorteil, daß der Gleichstrom, da immer beide Stromrichter angesteuert sind, ohne stromlose Pause von einer Richtung in die andere überführt werden kann. Der Betrag des Kreisstromes wird dabei meist so eingestellt, daß der Gleichstrom im Motorkreis bei der vorhandenen Glättungsinduktivität L_d nicht lückt (voller Kreisstrom). Das Steuerverfahren läßt sich dadurch verbessern, daß nicht bei allen Werten des Gleichstromes der volle Kreisstrom fließt. Der Kreisstrom wird dann so geregelt, daß er nur bei kleinen Gleichstromwerten im Bereich lückenden Gleichstromes fließt. Im Gegensatz zum Steuerverfahren mit vollem Kreisstrom wird dieses verbesserte Verfahren **kreisstromarme Steuerung** genannt.

5.1.1.5 Direktumrichter

Der Doppel-Stromrichter kann auch so gesteuert werden, daß auf seiner Ausgangsseite eine Wechselspannung mit einer gegenüber der des speisenden Netzes verkleinerten Frequenz vorhanden ist. Er dient dann der Frequenzumformung und wird, da keine Energiespeicher verwendet werden, **Direktumrichter** genannt. Das Bild 5.27a zeigt eine Anwendung, wie sie zum Speisen von Drehstrommotoren verwendet werden kann. Für die dreiphasige Maschine sind drei Doppel-Stromrichter mit insgesamt 36 Thyristoren notwendig.

Die Ausgangsspannung eines Stranges des Direktumrichters wird so gesteuert, daß sich ihr Mittelwert sinusförmig ändert. Das Bild 5.27b zeigt die idealisierte Ausgangsspannung eines Stranges eines Direktumrichters. Die einzelnen Stromrichter arbeiten dabei, je nach dem Phasenwinkel des Laststromes, im Gleichrichter- oder Wechselrichterbetrieb. Die Doppel-Stromrichter in einem Direktumrichter werden meist kreisstromfrei betrieben. Es sind auch Steuerverfahren mit Kreisstrom anwendbar.

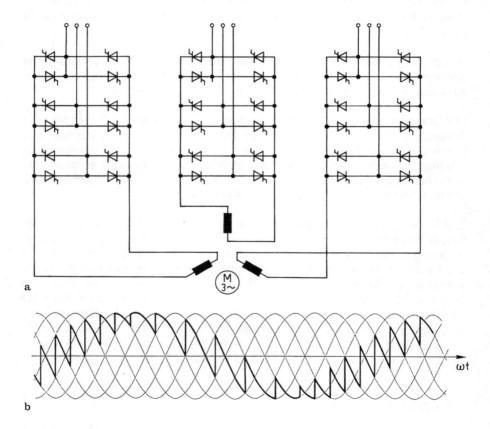

Bild 5.27 Direktumrichter für eine Drehstrommaschine
a) Prinzipschaltung
b) Ausgangsspannung eines Stranges des Direktumrichters

Die Frequenz auf der Ausgangsseite kann stetig verstellt werden. Ihr Maximalwert kann mit Rücksicht auf die Kurvenform des Netzstromes nicht größer als etwa der halbe Wert der Frequenz des speisenden Netzes sein. Mit Hilfe der Anschnittsteuerung der netzgeführten Stromrichter kann auch die Ausgangsspannung innerhalb des Steuerbereiches verstellt werden. Wegen der Anschnittsteuerung ergibt sich eine Belastung des speisenden Netzes mit Grundschwingungsblindleistung.

5.1.2 Lastgeführte WS/GS-I-Umrichter

Bei den lastgeführten WS/GS-I-Umrichtern mit Thyristoren wird die für die Kommutierung notwendige Spannung vom Verbraucher zur Verfügung gestellt. Für den Stromübergang mit diesen Ventilen ist es notwendig, daß eine endliche Schonzeit vorhanden ist. Das kann nur erfüllt werden, wenn zwischen den Grundschwingungen von Strom und Spannung am Verbraucher eine kapazitive Phasenverschiebung vorhanden ist. Damit kommen als Verbraucher für lastgeführte WS/GS-I-Umrichter nur Kondensatoren und übererregte Synchronmaschinen in Betracht. In der Energietechnik werden Kondensatoren im allgemeinen nicht als Verbraucher verwendet. Jedoch können induktive Verbraucher mit Kondensatoren überkompensiert werden. Davon wird Gebrauch gemacht bei den Magnetspulen von Teilchenbeschleunigern, Induktionsöfen und Erwärmungsspulen für Härten und Schmieden. Für lastgeführte Umrichter zur Speisung von überkompensierten Magnetspulen als passive Verbraucher hat sich die Bezeichnung **Schwingkreiswechselrichter** eingeführt. Da es sich bei diesen Magnetspulen um einphasige Verbraucher handelt, werden Schwingkreiswechselrichter im allgemeinen mit einphasigen Ausgangsgrößen betrieben.

5.1.2.1 Schwingkreiswechselrichter mit Parallelkompensation

Die Schaltung des Schwingkreiswechselrichters mit eingeprägtem Gleichstrom zeigt das Bild 5.28a. Wegen des eingeprägten Gleichstromes werden Stromventile verwendet. Es wird überwiegend die Brückenschaltung mit einphasigem Ausgang eingesetzt. Ihre Thyristoren schalten den eingeprägten Gleichstrom I_d im Takte der Wechselrichterfrequenz als Rechteckstrom auf den Verbraucher. Das ist im Bild 5.28b als Strom i_w dargestellt. Die positive Halbperiode von i_w wird von den Thyristoren T1 und T11, die negative Halbperiode von T2 und T21 geführt.

Die idealisiert angenommene sprunghafte Änderung des Stromes verlangt eine Parallelschaltung der Spule L und des Kompensationskondensators C_k. Der Widerstand R ist ein Maß für die Verluste der Spule. Es sei hier daran erinnert, daß diese Verluste für die Anwendung mit Materialerwärmung den eigentlichen Leistungsausgang darstellen. Nur wenn die Induktivitäten in

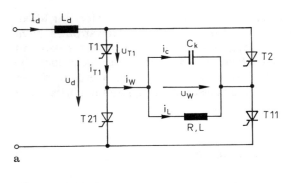

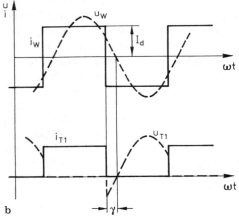

Bild 5.28 Schwingkreiswechselrichter mit Parallelkompensation
a) Schaltung   b) Idealisierte Zeitverläufe

den Ventilzweigen vernachlässigbar klein sind, kann mit einer unendlich kurzen Kommutierungszeit zwischen den Thyristoren und dementsprechend mit einem rechteckförmigen Strom i_w gerechnet werden.

Mit dem Strom i_w wird der Parallelschwingkreis periodisch angestoßen. Der Zeitverlauf der Spannung ist deshalb eine gedämpfte harmonische Schwingung. Für den eingeschwungenen Zustand bei sehr geringer Dämpfung ist die Spannung am Verbraucher als u_w im Bild 5.28b dargestellt.

Aus den Größen u_w und i_w lassen sich die Spannung am Thyristor T1 (u_{T1}) und sein Strom i_{T1} ermitteln. Es ist leicht abzulesen, daß der mit γ bezeichnete Abschnitt der Löschwinkel der Schaltung ist. Mit Einführung der Schonzeit t_S ergibt sich $\gamma = \omega t_S$. Dieser Löschwinkel muß einen endlichen positiven Wert haben. Das bedeutet aber, daß die Grundschwingung von i_w der Grundschwingung von u_w voreilen muß. Dies ist aber für einen Parallelschwing-

5.1 WS/GS-I-Umrichter mit einschaltbaren Ventilen

kreis nur dann der Fall, wenn die Frequenz größer ist als die Resonanzfrequenz ω_0. Deshalb lautet die Frequenzbedingung des lastgeführten Schwingkreiswechselrichters mit Parallelkompensation für die richtige Kommutierung der Zweigströme mit einschaltbaren Ventilen:

$$\frac{\omega}{\omega_0} > 1 \,. \tag{5.33}$$

Wird der Stromübergang zwischen den Zweigen mit Berücksichtigung von Induktivitäten in den Ventilzweigen betrachtet, dann tritt eine Überlappung der Ströme auf. Im Bild 5.29a werden diese Induktivitäten als diskrete Bauelemente L_k angenommen. Für den Übergang des Stromes I_d von T2 nach T1 vergeht, wie im Bild 5.29b dargestellt, eine dem Winkel u entsprechende Zeit. Die treibende Spannung für diesen Stromübergang ist u_w. Es ist zu beachten, daß das Freiwerden des den Strom abgebenden Ventils T2 erst mit dem Nullwerden von i_{T2} bei ωt_2 beginnt. Somit ist der Löschwinkel in diesem Beispiel durch die Winkeldifferenz ($\omega t_3 - \omega t_2$) bestimmt. In dem Abschnitt ($\omega t_2 - \omega t_1$), der mit dem Ansteuern des Ventils T1 bei ωt_1 beginnt, findet der Stromübergang statt.

Bisher wurden die Zeitverläufe der Ströme und Spannungen in der Schaltung nach Bild 5.28a mit vernachlässigbarer Dämpfung ($R \approx 0$) betrachtet. Das Bild 5.30 zeigt sie jetzt im eingeschwungenen Zustand für den Fall einer endlichen Dämpfung jedoch ohne Überlappung. Die Güte der Magnetspule beträgt Q = 1,67, das Verhältnis ω/ω_0 = 1,1. Der Einfluß der Dämpfung auf die Spannung u_w ist an der Änderung des Tangentenwinkels im Zeitpunkt der Stromumschaltung zu erkennen.

Wegen des sicheren Stromüberganges ist der Löschwinkel eine entscheidende Betriebsgröße. Er ist eine Funktion der Wechselrichterfrequenz, ausgedrückt durch ω/ω_0 und der Güte Q der Magnetspule. Für seine Berechnung soll ein Grundschwingungsmodell verwendet werden. Von den Größen i_w und u_w werden in der Rechnung nur die Grundschwingungen berücksichtigt. Dann kann der Leitwert des Verbrauchers in komplexer Form geschrieben werden:

$$\underline{Y} = j\,\omega C + \frac{1}{R + j\,\omega L}, $$
$$\tan \varphi = \frac{\omega}{\omega_0} \left[\frac{1}{Q} + Q\left(\left(\frac{\omega}{\omega_0}\right)^2 - 1\right) \right]. \tag{5.34}$$

Unter den getroffenen Voraussetzungen ist der aus diesem Grundschwingungsmodell hervorgehende Phasenwinkel φ zwischen den Grundschwingungen von Strom und Spannung am Verbraucher die Näherungslösung für den Löschwinkel γ:

$$\gamma = \omega t_S \approx \varphi \,. \tag{5.35}$$

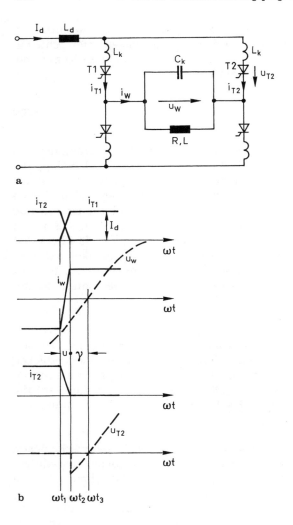

Bild 5.29 Schwingkreiswechselrichter mit Kommutierungsinduktivitäten
a) Schaltung b) Zeitverläufe mit Überlappung

Mit (5.35) kann der Mindestlöschwinkel für verschiedene Betriebsbedingungen bestimmt werden.

In der praktischen Anwendung wird die Leistung des Verbrauchers über den Wert des Gleichstromes I_d gesteuert. Wegen der Frequenzbedingung $\omega/\omega_0 > 1$ kann der Wechselrichter nicht von kleinen Frequenzen hochgefahren werden. Es ist eine Anschwinghilfe nötig. Das Anschwingen wird mit einer gesteuerten Fremdaufladung des Kondensators C_k ausgeführt.

5.1 WS/GS-I-Umrichter mit einschaltbaren Ventilen   147

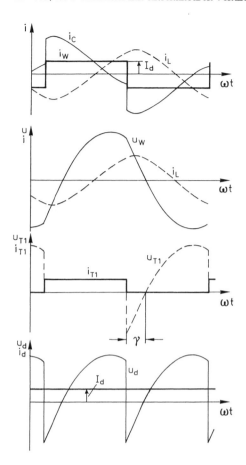

Bild 5.30   Zeitverläufe mit endlicher Dämpfung

5.1.2.2 Stromrichter-Synchronmotor

Die Anwendung eines lastgeführten Umrichters, der eine übererregte Synchronmaschine speist, zeigt das Bild 5.31. Der mit der Maschine verbundene Wechselrichter mit eingeprägtem Gleichstrom wird aus einem netzgeführten Stromrichter über die Glättungsinduktivität L_d gespeist. Diese Umrichterkombination wird **Stromrichter-Synchronmotor** genannt und wird im Leistungsbereich einiger Megawatt zum Antrieb von Kompressoren, Pumpen und Lüftern und zum Anfahren von Gasturbinengeneratoren angewendet.

Der Antrieb wird selbstgesteuert betrieben. Das bedeutet, daß die Frequenz des lastgeführten Umrichters II aus der Stellung des Läufers des Synchron-

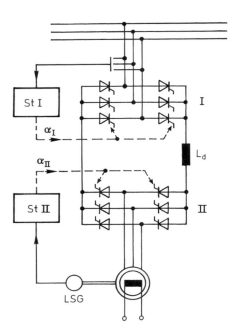

Bild 5.31 Stromrichter-Synchronmotor

motors abgeleitet wird. Hierzu ist an der Maschinenwelle ein Läuferstellungsgeber LSG erforderlich. Das Lastverhalten dieses Antriebes entspricht dem einer fremderregten Gleichstrommaschine. Wegen des eingeprägten Gleichstromes im Zwischenkreis sind allein Stromventile in den Teilschaltungen verwendet. Wie bei stromgespeisten Umrichtern üblich, wird auch hier eine Umkehr der Richtung des Energieflusses durch die Umkehr der Spannungsrichtung im Zwischenkreis ausgeführt.

Da die Synchronmaschine erst dann eine zum Kommutieren der Ventile des Umrichters II ausreichende Spannung liefern kann, wenn sie eine gewisse Drehzahl erreicht hat, kann der Stromrichter-Synchronmotor nicht ohne zusätzliche Hilfen anlaufen. Heute wird ein solcher Antrieb durch Takten des netzgeführten Umrichters I angefahren. Das bedeutet, daß zum Weiterschalten des Umrichters II der Strom im Zwischenkreis mit Hilfe des Umrichters I auf Null gebracht wird und der Umrichter II dann stromlos weiterschaltet. Nach diesem Umschalten wird der Strom im Zwischenkreis wieder auf den Nennwert gesteuert. Dieses Verfahren wird von der Einschaltfrequenz bis zu einer solchen Maschinenfrequenz benutzt, bei der die Synchronmaschine eine zum Kommutieren ausreichende Spannung liefert.

5.1.3 Selbstgeführte WS/GS-I-Umrichter

Als Beispiel eines selbstgeführten WS/GS-Umrichters mit eingeprägtem Gleichstrom und einschaltbaren Ventilen sei der dreiphasige, stromgespeiste Wechselrichter vorgestellt. Wegen der Stromeinspeisung enthält diese Wechselrichterschaltung sechs Stromventile (Thyristoren T1 bis T6 in Bild 5.32). Sie sind zu einer Sechspuls-Brückenschaltung angeordnet. Die zur Kommutierung notwendigen Kondensatoren (C1 bis C6) sind zwischen die Ventilzweige geschaltet. Der Stromübergang zwischen aufeinander folgenden Thyristoren (als Beispiel T1 und T3) erfolgt mit Hilfe der Spannung der Kommutierungskondensatoren (z.B. u_{C1}). Da der Stromübergang jeweils mit dem Ansteuern des folgenden Ventils beginnt, liegt eine **Phasenfolge-Kommutierung** oder Phasenfolge-Löschung vor. Die sechs Sperrdioden (D1 bis D6) haben die Aufgabe, die Kommutierungskondensatoren von der Last zu entkoppeln.

Als Belastung kann nur ein einzelner Asynchronmotor oder eine bestimmte Anzahl von parallelgeschalteten Motoren verwendet werden. Es müssen für den Entwurf des Wechselrichters die Induktivität L_s und die Spannung im Lastkreis e_u bekannt sein, da sie im Umladekreis der Kommutierungskondensatoren liegen. Beim Betrieb des selbstgeführten WS/GS-I-Umrichters stellt sich die Phasenlage zwischen Motorstrom und Motorspannung je nach der Belastung ein. Der Umrichter muß Energie in die GS-Seite zurückzuspeisen können. Das erfolgt auch beim selbstgeführten Umrichter so, daß sich das Vorzeichen der Spannung bei gleichbleibender Stromrichtung umkehrt.

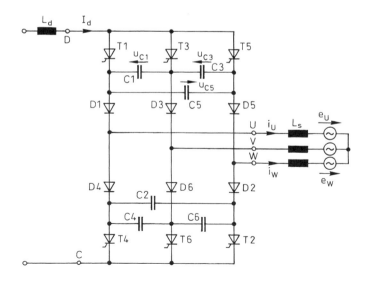

Bild 5.32 Selbstgeführter WS/GS-I-Umrichter

Der Gleichstrom I_d wird von den Thyristoren so auf die Stränge des Motors geschaltet, daß in jedem Strang 120° lange Stromblöcke eingeprägt werden. Das Umschalten des Gleichstromes wird von den Spannungen der Kommutierungskondensatoren erzwungen, die beim Zünden des Folgethyristors den Strom übernehmen und an den den Strom abgebenden Thyristor kurzzeitig eine negative Sperrspannung legen. Das Bild 5.33 zeigt die wichtigsten elektrischen Größen.

Ein vollständiger Kommutierungsvorgang zwischen zwei Ventilen soll mit dem Übergang des Stromes I_d von T5 nach T1 gezeigt werden. Induktivitäten in den Ventilzweigen werden dabei vernachlässigt.

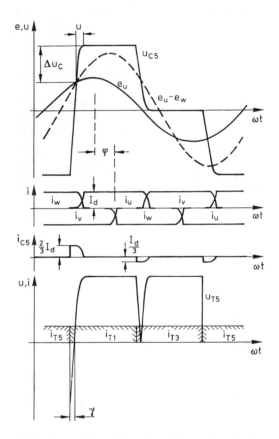

Bild 5.33 Zeitverläufe der elektrischen Größen in der Schaltung nach Bild 5.32

5.1 WS/GS-I-Umrichter mit einschaltbaren Ventilen   151

Ausgangszustand: I_d fließt D-T5-D5-W-V-D6-T6-C
                        Nebenbedingungen bei periodischem Betrieb
                        $u_{C1} \approx 0$; $u_{C3} > 0$; $u_{C5} < 0$.

Ansteuern T1:   Schneller Stromübergang T5 auf T1, verursacht
                        von u_{C5}.

Umladen C5, C3, C1: I_d fließt D-T1-C5 parallel
                        (C1 Reihe C3)-D5-W-V-D6-T6-C.
                        Dabei fließen 2/3 I_d über C5 und 1/3 I_d über die
                        Reihenschaltung C1-C3. D1 wird nicht leitend,
                        da $u_{D1} < 0$.
                        $u_{D1} = u_{C5} - (e_u - e_w)$.
                        Erst bei $u_{C5} > (e_u - e_w)$ wird D1 leitend.
                        Schonzeit für T5 so lange $u_{C5} < 0$.

Stromübergang W auf U: Mit dem Leitendwerden von D1 beginnt der
                        Stromübergang W auf U im Schwingkreis:
                        D1-U-W-D5-C5 parallel (C1 Reihe C3)
                        bis $i_w = 0$ und $i_u = I_d$.

Diese Zusammenstellung zeigt, daß, wie bei selbstgeführten Umrichtern üblich, der vollständige Kommutierungsvorgang (im Beispiel i_w nach i_u) in mehreren Schritten abläuft.

Bei diesem Kommutierungsvorgang wird C5 in Folge der Streuinduktivitäten L_s der Maschine auf eine höhere Spannung aufgeladen. Diese Überspannung über die induzierte Maschinenspannung hinaus beträgt:

$$\Delta u_C = I_d Z_0 \quad \text{mit} \quad Z_0 = \sqrt{\frac{2 L_s}{C\,3/2}}.$$

Die Kondensatorspannung (u_{C5} Bild 5.33) setzt sich aus einem der induzierten Maschinenspannung proportionalen Anteil ($e_U - e_W$) und dem stromabhängigen Anteil Δu_C zusammen.

Mit der zusätzlichen Spannung werden auch die Thyristoren beansprucht, da dieser Wert als positive Sperrspannung auftritt (u_{T5} in Bild 5.33). Die Überspannung Δu_C tritt auch als Spannungsspitze auf der Ausgangsspannung mehrfach innerhalb einer Periode auf. Daher ist die Lage der Spannungsspitzen vom Lastphasen-Winkel φ abhängig.

Bei der praktischen Auslegung dieser Schaltung erfolgt die Bemessung der Kommutierungskondensatoren nach der Spannungsbelastung der Thyristoren in Folge der Überspannung und nicht, wie sonst bei selbstgeführten Umrichtern üblich, nach der Schonzeit.

Auch bei kleinen Werten der Maschinenspannung laden sich die Kondensatoren noch auf einen für die Kommutierung ausreichend hohen Wert auf. Dafür sorgen die bei Asynchronmotoren immer ausreichend großen Streuinduktivitäten. So dimensionierte Kommutierungskondensatoren ergeben so große Schonzeiten, daß in den meisten Anwendungsfällen N-Thyristoren verwendet werden können. Wie das Bild 5.33 zeigt, sind die Überlappungsvorgänge nicht zu vernachlässigen. Dadurch wird auch die Taktfrequenz begrenzt. Mehrfach-Kommutierungen sind bei dieser Schaltung nicht zulässig.

Wie gezeigt wurde, geht in die Dimensionierung der Kommutierungskondensatoren die Streuinduktivität der Maschine ein. Diese Kenngröße der Belastung muß beim Entwurf des Umrichters berücksichtigt werden. Dem Vorteil der einfachen Umrichterschaltung steht als Nachteil gegenüber, daß Umrichter und Belastungsmaschine nur als Einheit dimensioniert werden können.

5.2 WS/GS-I-Umrichter mit abschaltbaren Ventilen

Die Weiterentwicklung des selbstgeführten WS/GS-I-Umrichters durch Anwenden abschaltbarer Ventile hat bisher nicht zu einer breiten Anwendung geführt. Wird als Last an einem stromgespeisten Wechselrichter mit abschaltbaren Ventilen eine Drehfeldmaschine eingesetzt, so sind entweder Kondensatoren parallel zur Maschine oder innerhalb des Wechselrichters mit zusätzlichen Ventilen notwendig. Diese Kondensatoren sind erforderlich, da in der Schaltung nur Stromventile vorhanden sind und damit zusätzliche Wege für den abgeschalteten Strom der Maschine geschaffen werden müssen. Das wird mit den genannten Kondensatoren ermöglicht. Diese Kondensatoren stellen nicht nur einen zusätzlichen Aufwand dar, sondern beschränken die Steuerfähigkeit, da sie zusammen mit der Maschine ein schwingungsfähiges System bilden. Die Vorteile dieser Schaltung, die in der niedrigen Ventilzahl und in einfachen Schutzmöglichkeiten zu sehen sind, konnten bisher die aus dem Prinzip kommmenden Nachteile für eine breite Anwendung nicht aufwiegen.

Aufgaben zum Abschnitt 5

Aufgabe 5.1

Wie groß ist der Steuerwinkel α einer idealisierten Sechspuls-Brückenschaltung bei direktem Netzanschluß an 230 V/400 V zu wählen, damit eine Batterie mit der Spannung 110 V in das Netz speisen kann?

Aufgabe 5.2

Eine Sechspuls-Brückenschaltung ist über Drosseln L_k an das 230 V/400 V - 50 Hz - Netz angeschlossen. Sie ist mit einem Strom I_d = 30 A auf der GS-Seite belastet. Für Steuerwinkel α = 0; 30°; 90°; 120° und 150° sind die Überlappungswinkel für die Fälle L_k = 0,3 mH und L_k = 2,2 mH zu berechnen.

Bis zu welchem Steuerwinkel kann der Stromrichter mit L_k = 2,2 mH und Thyristoren, die eine Freiwerdezeit von 80 µs besitzen, im Wechselrichterbetrieb maximal ausgesteuert werden, wenn die Schonzeit $t_S = 2\, t_q$ betragen soll?

Aufgabe 5.3

Halbgesteuert werden Schaltungen dann genannt, wenn die halbe Anzahl Ventile aus steuerbaren Ventilen und der Rest aus Dioden besteht. Für die Zweipuls-Brückenschaltung sind die beiden möglichen Schaltanordnungen zu zeichnen. Für beide Schaltungen sind idealisiert die Zeitverläufe der Spannung auf der GS-Seite und der Ventilströme und des Netzstromes zu bestimmen.

Aufgabe 5.4

Für die idealisierte Sechspuls-Brückenschaltung sind der Zeitverlauf der Gleichspannung u_d und der Spannung am Ventil T3 für α = 120° zu konstruieren.

Aufgabe 5.5

Für die idealisierte Sechspuls-Brückenschaltung sind der Zeitverlauf der Gleichspannung u_d und der Ventilspannung u_{T3} für $\alpha = 90°$ zu konstruieren, für den Fall, daß das Ventil T3 nicht einschaltet.

Aufgabe 5.6

Eine Sechspuls-Brückenschaltung mit Dioden ist mit einem konstanten Strom I_d belastet. Auf der WS-Seite werden sinusförmige Spannungen angenommen. An die GS-Seite wird ein Kondensator angeschlossen. Es sind die Zeitverläufe des Kondensatorstromes, der Spannung der GS-Seite und des Netzstromes zu berechnen. Es sind die Fälle

- Kondensatorstrom klein gegen I_d und
- Kondensatorstrom groß gegen I_d

zu unterscheiden. Wie groß ist jeweils die Stromflußdauer einer Diode?

Werte für ein Zahlenbeispiel:
Außenleiterspannung auf der WS-Seite U = 400 V, I_d = 10 A, C = 20 µF und C = 1 mF.

Aufgabe 5.7

Der in der Aufgabe 5.6 berechnete Netzstrom kann bei einer bestimmten Belastung den skizzierten Zeitverlauf haben. Von diesem Zeitverlauf ist mit Hilfe der Fourier-Koeffizienten das Spektrum zu berechnen.

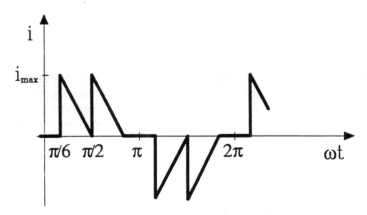

Am Ende des Buches sind Kurvenblätter vorhanden, die das Lösen der Aufgaben dieses Abschnittes erleichtern.

Lösungen der Aufgaben zum Abschnitt 5

Lösung Aufgabe 5.1

Die angenommenen Idealisierungen bedeuten, daß mit vollständig geglättetem Strom auf der GS-Seite zu rechnen ist und daß keine Verluste auftreten und die Überlappung zu vernachlässigen ist.

Dann gilt $U_{d\alpha} = U_{di} \cos \alpha$ mit $U_{di} = \dfrac{3}{\pi}\sqrt{2}\,U$.

Wegen des Wechselrichterbetriebes ist $U_{d\alpha} = -110$ V und $U_{di} = 540{,}2$ V. Damit ist $\alpha = 101{,}7°$ zu wählen.

Lösung Aufgabe 5.2

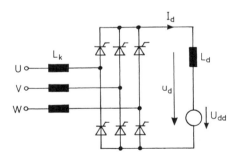

Mit der Spannungsquelle U_{dd} ist Wechselrichterbetrieb möglich. Die Überlappungswinkel sind nach der Gleichung (5.10) zu berechnen:

$$\cos(\alpha + u) = \cos \alpha - \frac{I_d\, 2\, \omega L_k}{\sqrt{2}\, U_k}.$$

Hierin sind $U_k = 400$ V, $I_d = 30$ A und $L_k = 0{,}3$ mH oder $L_k = 2{,}2$ mH. Die Überlappungswinkel betragen:

$\alpha =$	0°	30°	90°	120°	150°
$L_k = 0{,}3$ mH: $u =$	8,1°	1,13°	0,57°	0,66°	1,16°
$L_k = 2{,}2$ mH: $u =$	22,1°	7,56°	4,20°	4,99°	9,93°

Der größte Steuerwinkel ergibt sich zu:

$$\alpha_{max} = \pi - (\gamma + u).$$

Der Löschwinkel ist dabei aus der Freiwerdezeit der verwendeten Thyristoren zu berechnen:

$\gamma = \omega t_S = K_S t_q \qquad K_S$: Sicherheitszuschlag $K_S = 2$
$\gamma = 2{,}83° \approx 3° \qquad t_q = 80$ µs

Für α_{max} ergibt sich aus (5.10):

$$\cos(\alpha_{max} + u) = \cos \alpha_{max} - \frac{I_d\, 2\, \omega L_k}{\sqrt{2}\, U_k},$$

$$\alpha_{max} + u = \arccos\left[\cos \alpha_{max} - \frac{I_d\, 2\, \omega L_k}{\sqrt{2}\, U_k} \right].$$

Aus der Bedingung für den größten Steuerwinkel folgt:

$$\alpha_{max} + u = \pi - \gamma.$$

Aus beiden Gleichungen:

$$\alpha_{max} = \arccos\left[\cos(\pi - \gamma) + \frac{I_d\, 2\, \omega L_k}{\sqrt{2}\, U_k} \right].$$

Mit den gegebenen Zahlenwerten: $\alpha_{max} = 157{,}7°$.

Lösung Aufgabe 5.3

Die Idealisierung bedeutet sinusförmige Spannungen auf der WS-Seite, verlustfreie Ventile, Vernachlässigung der Überlappung und vollständig

Aufgaben zum Abschnitt 5   157

geglätteter Strom auf der GS-Seite. Die Zeitverläufe in den folgenden Bildern wurden unter diesen Annahmen gezeichnet.

Für die Zweipuls-Brückenschaltung lassen sich die zwei Thyristoren und zwei Dioden einmal so anordnen (a), daß die Thyristoren einen Brückenzweig und die Dioden den anderen Brückenzweig bilden, und zum anderen so (b), daß die Thyristoren an einer Klemme der GS-Seite angeschlossen sind. Erstere Schaltung wird zweigpaar- gesteuerte Zweipuls-Brückenschaltung und letztere einpolig gesteuerte Zweipuls-Brückenschaltung genannt.

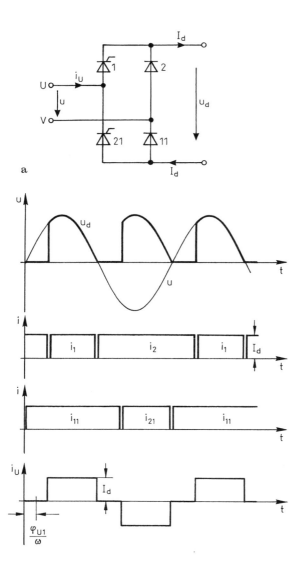

a

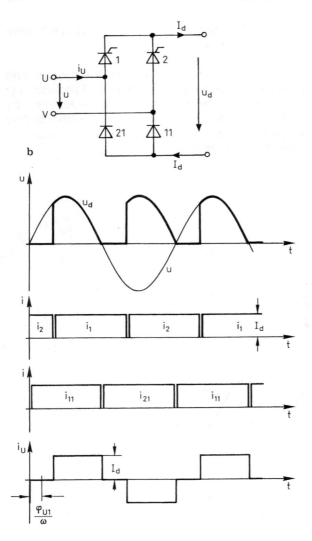

Die Zeitverläufe zeigen für die einpolig gesteuerte Zweipuls-Brückenschaltung eine symmetrische Aufteilung des Stromes I_d auf die Thyristoren und die Dioden. Bei der zweigpaar- gesteuerten Zweipuls-Brückenschaltung ist die Aufteilung unsymmetrisch. Der Grad der Unsymmetrie hängt vom Steuerwinkel ab.

Der Netzstrom ist für beide Schaltungen identisch. Bei beiden Schaltungen ist die Verschiebung der Grundschwingung des Netzstromes geringer als bei der vollgesteuerten Schaltung. Da negative Spannungen auf der GS-Seite wegen des Freilaufeffektes der Dioden nicht auftreten können, sind beide Schaltungen nicht für den Wechselrichterbetrieb geeignet.

Lösung Aufgabe 5.4

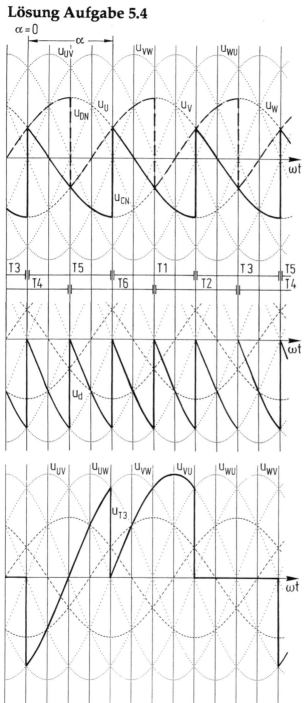

Für die idealisierte Sechspuls-Brückenschaltung werden zunächst die Stromführungswinkel für α = 120° eingezeichnet: T1, T3, T5 und T2, T4, T6. Danach können unter Verwendung des Bildes 5.1 die Spannungen u_{CN} und u_{DN} bestimmt werden:

Leitdauer T1: $u_{CN} = u_U$ Leitdauer T2: $u_{DN} = u_W$,
Leitdauer T3: $u_{CN} = u_V$ Leitdauer T4: $u_{DN} = u_U$,
Leitdauer T5: $u_{CN} = u_W$ Leitdauer T6: $u_{DN} = u_V$.

Die Gleichspannung u_d wird gebildet: $u_d = u_{CN} - u_{DN}$.

Für die Ventilspannung u_{T3} gilt:

Leitdauer T1: $u_{T3} = -u_{UV} = u_{VU}$,
Leitdauer T3: $u_{T3} = 0$,
Leitdauer T5: $u_{T3} = u_{VW}$.

Lösung Aufgabe 5.5

Die Lösung dieser Aufgabe erfolgt in denselben Schritten wie die Aufgabe 5.4. Weil T3 nicht eingeschaltet wird, führt T1 den Strom I_d weiter.

Wenn T5 eingeschaltet wird, kann der Strom von T1 auf T5 kommutieren, da die Kommutierungsspannung u_{WU} positiv ist. Bei Steuerwinkeln im Wechselrichterbereich ist das nicht mehr gegeben. Für diese Steuerwinkel führt das Nichteinschalten eines Ventiles zum "Kippen". Für den Winkelabschnitt, in dem T1 und T4 den Strom führen, fließt I_d im Freilauf und u_d ist Null.

Lösung Aufgabe 5.6

Das Bild zeigt die Schaltung mit den gewählten Zählpfeilen.

Es werde zunächst der Fall des gegenüber I_d kleinen Kondensatorstromes betrachtet. Dann liegt der Fall der im Abschnitt 5.1.1 beschriebenen Schaltung vor. Mit den angenommenen Idealisierungen führt der konstante Strom I_d zu einem Blockstrom auf der WS-Seite. Die Spannung u_d und das aufeinanderfolgende Leiten der Dioden entsprechen dem Bild 5.2.

Die Spannung u_d hat auch den Strom i_C zur Folge. Wird ωt = 0 wie skizziert gewählt, dann gilt im Intervall $\pi/6 < \omega t < \pi/2$:

$u_d = u_C = \sqrt{2}\, U \sin(\omega t + \pi/6)$,

$i_C = \omega C \sqrt{2}\, U \cos(\omega t + \pi/6)$.

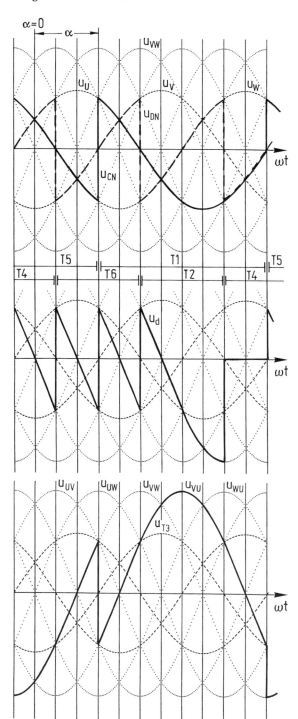

Zur Lösung
Aufgabe 5.5

5 WS/GS-Umrichter mit eingeprägtem Gleichstrom (WS/GS-I-Umrichter)

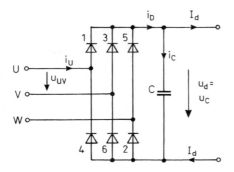

Der Strom i_C wird durch Wiederholungen des berechneten Intervalles gebildet.

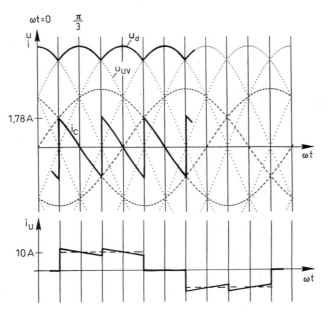

Zahlenbeispiel mit $C = 20\,\mu F$:

i_{Cmax} bei $\omega t = \pi/6$: $i_{Cmax} = 1{,}78$ A.

Dieser Strom i_C wird dem Blockstrom zum Netzstrom i_U überlagert. Im Bild wurden für i_C und i_U unterschiedliche Maßstäbe gewählt. Durch den Laststrom I_d sind die Dioden so vorgestromt, daß ihre Stromflußdauer, wie im Fall der idealisierten Sechspuls-Brückenschaltung, den Wert $\lambda = \pi/3$ hat.

Im Fall großer Werte des Kondensatorstromes gegenüber I_d werden die Dioden gesperrt, wenn $i_D = i_C + I_d = 0$. Für $i_D > 0$ wird C von der Netzspannung auf- und entladen. Für $i_D = 0$ (Dioden gesperrt) entlädt I_d den Kondensator.

Für $i_D > 0$ gelten die oben angegebenen Gleichungen für u_C und i_C. Das Ende der Leitdauer sei bei $\omega t = \omega t_2$ erreicht. Dieser Zeitpunkt ergibt sich aus:

$$i_C(\omega t_2) = -I_d,$$

$$\omega C \sqrt{2} U \cos(\omega t_2 + \pi/6) = -I_d,$$

$$\omega t_2 = \arccos\left(-\frac{I_d}{\omega C \sqrt{2} U}\right) - \frac{\pi}{6}.$$

Zahlenbeispiel mit $C = 1$ mF: $\omega t_2 = 63{,}23°$.

Für $\omega t > \omega t_2$ entlädt I_d den Kondensator:

$$u_C(\omega t^*) = \sqrt{2} U \sin(\omega t_2 + \pi/6) - \frac{I_d}{\omega C} \omega t^*, \qquad \omega t^* = \omega t - \omega t_2.$$

Dieses Intervall ist bei $\omega t = \omega t_3$ beendet, wenn die Spannung im folgenden Intervall $u_{UW} = \sqrt{2} U \sin(\omega t - \pi/6)$ größer ist als u_C. Das Ende der Entladung ist bei ωt_e^* erreicht:

$$\sqrt{2} U \sin(\omega t_2 + \pi/6) - \frac{I_d}{\omega C} \omega t_e^* - \sqrt{2} U \sin(\omega t_2 + \omega t_e^* - \pi/6) = 0.$$

Die numerische Lösung gibt: $\omega t_e^* = 40{,}27°$.

Auf $\omega t = 0$ bezogen gilt $\omega t_3 = 60° + 3{,}23° + 40{,}27° = 103{,}5°$.

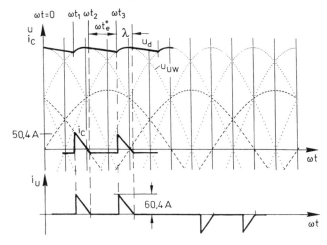

Damit ist auch $\omega t_1 = 43{,}5°$ festgelegt.
Die Stromflußdauer beträgt $\lambda = 60° - 40{,}27° = 19{,}73°$. Im Zeitmaßstab ist das $\Delta t = 1{,}1$ ms.

$i_{Cmax} = i_C(\omega t_1) = \omega C \sqrt{2}\, U \cos(\omega t_1 + \pi/6)$; $i_{Cmax} = 50{,}4$ A,

$i_{Cmin} = - I_d = - 10$ A.

Der Netzstrom ergibt sich abschnittsweise zu $i_U = i_C + I_d$ und $i_U = - i_C - I_d$:

$i_{Umax} = 60{,}4$ A.

Im letzten Bild ist der Strommaßstab gegenüber dem vorangehenden stark geändert. Es ist bei diesem Kondensator der große Wert von i_{Umax} gegenüber I_d zu beachten.

Bei der praktischen Anwendung sind zum Begrenzen der Stromspitzen Induktivitäten vorzusehen.

Lösung Aufgabe 5.7

Zunächst wird der Zeitverlauf $i(\omega t)$ definiert:

$0 \leq \omega t < \pi/6$ \qquad $i(\omega t) = 0$

$\pi/6 < \omega t < \pi/2$ \qquad $i(\omega t) = \dfrac{3}{2} i_{max} - \dfrac{3}{\pi} i_{max} \omega t = 3 i_{max}\left(\dfrac{1}{2} - \dfrac{\omega t}{\pi}\right)$

$\pi/2 < \omega t < 5\pi/6$ \qquad $i(\omega t) = \dfrac{5}{2} i_{max} - \dfrac{3}{\pi} i_{max} \omega t = 3 i_{max}\left(\dfrac{5}{6} - \dfrac{\omega t}{\pi}\right)$

$5\pi/6 < \omega t < \pi$ \qquad $i(\omega t) = 0$

Zur Symmetrie des Zeitverlaufs:

$i(\omega t)$ ist **halbschwingungssymmetrisch**: \qquad $a_{2n} = 0$ \qquad $b_{2n} = 0$

Die verbleibenden Fourier-Koeffizienten sind zu berechnen:

$$a_{2n+1} = \frac{2}{\pi} \int_0^{\pi} i(\omega t) \cos[(2n+1)\omega t] d\omega t$$

$$b_{2n+1} = \frac{2}{\pi} \int_0^{\pi} i(\omega t) \sin[(2n+1)\omega t] d\omega t$$

Aufgaben zum Abschnitt 5

Hierin sind: $n = 0, 1, 2, 3...$ $2n+1 = k$ $k = 1, 3, 5...$

Einsetzen des Zeitverlaufs ergibt:

$$a_{2n+1} = \frac{2}{\pi} 3i_{max} \int_{\pi/6}^{\pi/2} \left(\frac{1}{2} - \frac{\omega t}{\pi}\right) \cos(k\omega t) d\omega t$$

$$+ \frac{2}{\pi} 3i_{max} \int_{\pi/2}^{5\pi/6} \left(\frac{5}{6} - \frac{\omega t}{\pi}\right) \cos(k\omega t) d\omega t$$

$$a_{2n+1} = a_k = \frac{3i_{max}}{\pi} \int_{\pi/6}^{\pi/2} \cos(k\omega t) d\omega t + \frac{5i_{max}}{\pi} \int_{\pi/2}^{5\pi/6} \cos(k\omega t) d\omega t$$

$$- \frac{6i_{max}}{\pi^2} \int_{\pi/6}^{5\pi/6} \omega t \cos(k\omega t) d\omega t$$

Nach einigen Umrechnungen ergibt sich:

$$\frac{a_k}{i_{max}} = \frac{1}{k\pi}\left[2\sin\left(k\frac{\pi}{2}\right)\left(\frac{6}{k\pi}\sin\left(k\frac{\pi}{3}\right)-1\right) - 2\sin\left(k\frac{\pi}{6}\right)\right]$$

Hieraus der Zahlenwert für k=1:

$$\frac{a_1}{i_{max}} = \frac{1}{\pi}\left(-2 - 1 + \frac{6}{\pi}\sqrt{3}\right) = 0{,}098$$

Für die weiteren Glieder ergibt das Einsetzen des Zeitverlaufs:

$$b_{2n+1} = b_k = \frac{3i_{max}}{\pi} \int_{\pi/6}^{\pi/2} \sin(k\omega t) d\omega t + \frac{5i_{max}}{\pi} \int_{\pi/2}^{5\pi/6} \sin(k\omega t) d\omega t$$

$$- \frac{6i_{max}}{\pi^2} \int_{\pi/6}^{5\pi/6} \omega t \sin(k\omega t) d\omega t$$

Nach Umrechnung ergibt sich:

$$\frac{b_k}{i_{max}} = \frac{1}{k\pi}\left[2\cos k\frac{\pi}{6} - \frac{6}{k\pi}\left(\sin k\frac{5\pi}{6} - \sin k\frac{\pi}{6}\right)\right]$$

Hieraus der Zahlenwert für k=1 :

$$\frac{b_1}{i_{max}} = \frac{1}{\pi}\left[2\frac{\sqrt{3}}{2} - \frac{6}{\pi}\left(\frac{1}{2} - \frac{1}{2}\right)\right] = \frac{\sqrt{3}}{\pi} = 0{,}551$$

Es ergeben sich die weiteren Zahlenwerte :

k	$\frac{a_k}{i_{max}}$	$\frac{b_k}{i_{max}}$	$\frac{c_k}{i_{max}}$	φ_k
1	0,098	0,551	0,560	10,1
3	0	0	0	
5	- 0,233	- 0,110	0,258	-115,3
7	0,115	- 0,078	0,139	-55,6
9	0	0	0	
11	0,096	0,051	0,108	62,3
13	- 0,067	0,042	0,079	122,3
15	0	0	0	
17	- 0,060	- 0,032	0,068	-118,5
19	0,047	- 0,029	0,055	-58,5

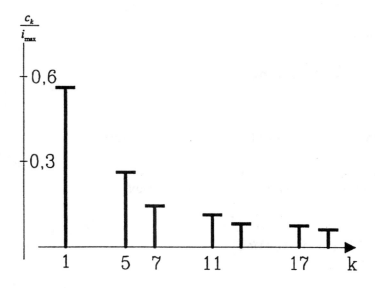

6 WS/GS-Umrichter mit eingeprägter Gleichspannung (WS/GS-U-Umrichter)

Diese Umrichter arbeiten auf der **GS-Seite** mit einer **Gleichspannungsquelle**. Sie setzen auf der **WS-Seite** im idealen Fall einen eingeprägten **Wechselstrom** voraus (vergl. Bild 4.1). Bei der Behandlung idealisierter Schaltungen werden **Wechselstromquellen** verwendet. In der praktischen Anwendung können schwach gedämpfte Schwingkreise oder Synchronmaschinen mit großer Streuung, das heißt Wechselspannungsquellen mit Innenwiderstand, als Wechselstromquellen angesehen werden. Ist der induktive Innenwiderstand der Wechselspannungsquelle jedoch nur klein, können erhebliche Abweichungen vom idealisierten Fall auftreten.

6.1 WS/GS-U-Umrichter mit einschaltbaren Ventilen

Bei der Anwendung einschaltbarer Ventile ist es für den einwandfreien Stromübergang notwendig, daß die Schonzeit t_S größer als die Freiwerdezeit t_q ist. Mit dem Löschwinkel ausgedrückt heißt das, daß $\gamma = \omega t_S > \omega t_q$ (vergl. hierzu (5.19)). Diese Bedingung ist nur zu erfüllen, wenn auf der WS-Seite der Strom gegenüber der Grundschwingung der Spannung voreilt. Dieser Phasenwinkel kann vom WS-seitigen Netz oder von der Last vorgegeben sein. Dementsprechend sind auch bei den WS/GS-U-Umrichtern mit einschaltbaren Ventilen **Netzführung** und **Lastführung** zu unterscheiden.

6.1.1 Netzgeführte WS/GS-U-Umrichter
6.1.1.1 Idealisierte Zweipuls-Brückenschaltung

Die wichtigsten Eigenschaften eines WS/GS-U-Umrichters mit einschaltbaren Ventilen sollen an der idealisierten Zweipuls-Brückenschaltung, zunächst unter Vernachlässigung der Überlappung, gezeigt werden. Im Bild 6.1 sind sowohl die Schaltung als auch das Bilden des Stromes auf der GS-Seite dargestellt. Die Spannungsventile bilden den Wechselstrom i_1 in den Strom auf der GS-Seite i_d ab. Ebenso wird durch sie die Gleichspannung U_d in die Spannung auf der WS-Seite u_{12} abgebildet. Aus dem Beispiel mit $\alpha=0$ (größtmöglicher Gleichstrom im Gleichrichterbetrieb) geht hervor, daß der

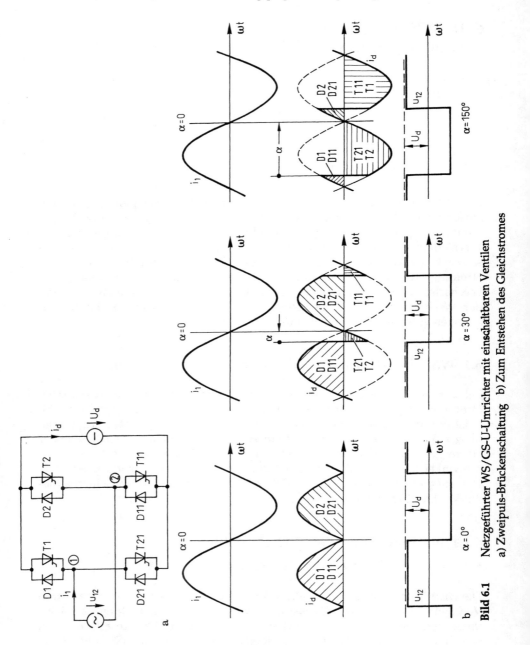

Bild 6.1 Netzgeführter WS/GS-U-Umrichter mit einschaltbaren Ventilen
a) Zweipuls-Brückenschaltung b) Zum Entstehen des Gleichstromes

6.1 WS/GS-U-Umrichter mit einschaltbaren Ventilen

Nulldurchgang des Stromes der Wechselstromquelle den natürlichen Zündzeitpunkt markiert. Die Ansteuerung erfolgt dann so, daß um den Steuerwinkel α vor dem natürlichen Zündzeitpunkt die Ventile angesteuert werden müssen. Die Beispiele mit $\alpha=30°$ und $\alpha=150°$ (Bild 6.1b) zeigen auch, wie sich mit der Änderung des Steuerwinkels die Aufteilung des Stromes i_d auf die beiden Teile des Spannungsventils ändert. Als Beispiel sei die Berechnung des Gleichstrommittelwertes $I_{d\alpha}$ unter Vernachlässigung der Überlappung gezeigt. Aus dem Ansatz

$$I_{d\alpha} = \frac{1}{\pi} \int_0^\pi i_d(\omega t)\, d\omega t$$

mit $i_d(\omega t) = \sqrt{2}\, I_1 \sin \omega t$ $0 \le \omega t \le \pi - \alpha$,
$i_d(\omega t) = -\sqrt{2}\, I_1 \sin \omega t$ $\pi - \alpha \le \omega t \le \pi$

folgt:

$$\frac{I_{d\alpha}}{I_{di}} = \cos\alpha \quad \text{mit} \quad I_{di} = \frac{2\sqrt{2}}{\pi} I_1 \,. \tag{6.1}$$

(6.1) zeigt, daß die Bildung der Gleichspannung bei einem WS/GS-I-Umrichter und die Bildung des Gleichstromes bei einem WS/GS-U-Umrichter bei Vernachlässigung der Überlappung äquivalent sind. Unter den getroffenen Voraussetzungen sind die Schaltungen zueinander dual.

6.1.1.2 Stromübergang

In den Zeitverläufen des Bildes 6.1 wurde eine Überlappung nicht berücksichtigt. Aus ihnen ist zu erkennen, daß für $\alpha \neq 0$ bei den Nulldurchgängen des Stromes i_1 ein Übergang des Stromes von einem Thyristor auf die antiparallele Diode stattfindet. Das führt auch bei Berücksichtigung von Induktivitäten im Kommutierungskreis zu keiner Überlappung.

Beim Ansteuerwinkel α erfolgt ein Übergang des Stromes i_1 von einer Diode auf einen Thyristor (D1 nach T21 und von D11 nach T2). Bei Induktivitäten im Kommutierungskreis gibt das eine Überlappung. Die treibende Spannung für die Kommutierung wird von der GS-Quelle geliefert. Aus diesem Grund wird diese Art des Stromüberganges **GS-seitige Kommutierung** genannt. Es ist zu erkennen, daß eine Kommutierung mit Hilfe der Spannung U_d nur bei Steuerwinkeln $\alpha < \pi$ möglich ist.

Zu einer Überlappung kommt es, wenn die Induktivitäten in den Ventilzweigen und in der Zuleitung zur GS-Quelle nicht vernachlässigt werden können.

170 6 WS/GS-Umrichter mit eingeprägter Gleichspannung (WS/GS-U-Umrichter)

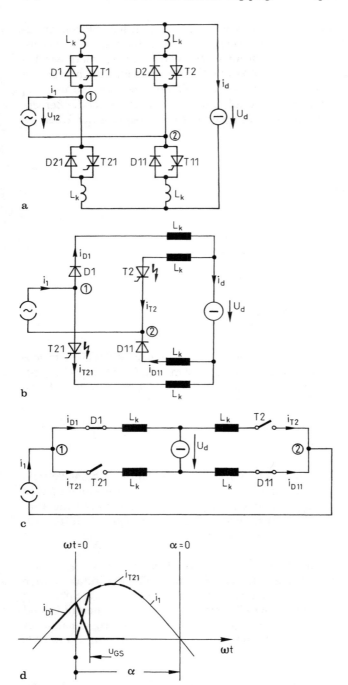

6.1 WS/GS-U-Umrichter mit einschaltbaren Ventilen

Werden diese als konzentrierte Elemente L_k angenommen, so ergibt sich die Schaltung des Bildes 6.2a. Für die beiden Kommutierungsvorgänge D1 nach T21 und D11 nach T2 gilt dann Bild 6.2b und daraus abgeleitet das Ersatzschaltbild 6.2c. Im Steuerzeitpunkt α werden die Ventile T21 und T2 angesteuert. Für einen Kommutierungsvorgang sind die Zeitverläufe der beteiligten Zweigströme im Bild 6.2d dargestellt. Sie sind wie folgt zu berechnen:

$$i_1 = i_{D1} + i_{T21} = i_{T2} + i_{D11}, \tag{6.2}$$

$$U_d + L_k \frac{di_{D11}}{dt} - L_k \frac{di_{T2}}{dt} = 0,$$

$$U_d - L_k \frac{di_{T21}}{dt} + L_k \frac{di_{D1}}{dt} = 0. \tag{6.3}$$

Werden (6.2) und (6.3) zusammengefaßt, so ergibt sich

$$\frac{di_{T21}}{d\omega t} = \frac{U_d}{2\omega L_k} + \frac{di_1}{2\, d\omega t}. \tag{6.4}$$

mit $i_1(\omega t) = \sqrt{2}\, I_1 \sin(\omega t + \pi - \alpha) = -\sqrt{2}\, I_1 \sin(\omega t - \alpha)$.

Die Lösung der Gleichung (6.4) lautet mit der Anfangsbedingung $i_{T21} = 0$ für $\omega t = 0$:

$$i_{T21}(\omega t) = \frac{U_d}{2\omega L_k} \omega t - \frac{I_1}{\sqrt{2}} (\sin(\omega t - \alpha) + \sin \alpha). \tag{6.5}$$

Für den Strom im abkommutierenden Zweig ergibt sich:

$$i_{D1}(\omega t) = -\frac{U_d}{2\omega L_k} \omega t - \frac{I_1}{\sqrt{2}} (\sin(\omega t - \alpha) - \sin \alpha). \tag{6.6}$$

Die Stromführung in beiden Kommutierungszweigen und damit die Überlappungszeit ist bei $\omega t = u_{GS}$ beendet. Zu dieser Zeit hat i_{T21} den Wert des Stromes i_1 erreicht und der Strom i_{D1} den Wert Null.

◀ **Bild 6.2** Stromübergang mit Überlappung
               a) Schaltung mit Kommutierungsinduktivitäten
               b) Schaltung der an der Kommutierung beteiligten Ventilzweige
               c) Ersatzschaltbild dieser Ventilzweige
               d) Zeitverlauf der an der Kommutierung beteiligten Ströme

Für den Überlappungswinkel u_{GS} bei GS-seitiger Kommutierung ergibt sich aus (6.6) mit $i_{D1}(u_{GS}) = 0$:

$$\sin(\alpha - u_{GS}) + \sin\alpha = \frac{U_d}{\sqrt{2}\,I_1} \frac{1}{\omega L_k} u_{GS}. \tag{6.7}$$

Die Kommutierungsinduktivität L_k soll auf Nenngrößen der Schaltung normiert und damit die relative Kommutierungsinduktivität u_k eingeführt werden:

$$u_k = \frac{\omega L_k}{U_N / I_N}. \tag{6.8}$$

Als Nenngröße des Stromes wird der Strom des Wechselstromsystems verwendet: $I_N = I_1$. Als Nenngröße der Spannung wird die Grundschwingung der auf die WS-Seite geschalteten Gleichspannung u_{12} eingesetzt:

$$\sqrt{2}\,U_N = \frac{4}{\pi} U_d.$$

Damit folgt aus (6.8) für die Zweipuls-Brückenschaltung:

$$u_k = \frac{\omega L_k}{(4/\pi)\,U_d / (\sqrt{2}\,I_1)} \tag{6.9}$$

und damit aus (6.7):

$$\sin(\alpha - u_{GS}) + \sin\alpha = \frac{\pi}{4} \frac{1}{u_k} u_{GS}. \tag{6.10}$$

Das Bild 6.3 zeigt in Auswertung von (6.10) den Überlappungswinkel u_{GS} in Abhängigkeit vom Steuerwinkel α mit der relativen Kommutierungsinduktivität u_k als Parameter für die Zweipuls-Brückenschaltung mit GS-seitiger Kommutierung.

Der Einfluß der Überlappung auf die Aussteuergrenze im Wechselrichterbetrieb soll mit dem Bild 6.4 erläutert werden. Im Zeitverlauf i_d ist der Überlappungswinkel u_{GS} zu erkennen. Während dieses Abschnitts ist die Spannung u_{12} angenähert Null, Thyristor T21 leitend. So lange die Diode Strom führt, hat die Thyristorspannung u_{T21} den Wert der Durchlaßspannung der Diode.

Aus den Abschnitten γ und u_{GS} (Bild 6.4b) geht hervor, daß im Gegensatz zu den Schaltungen mit WS-seitiger Kommutierung bei der GS-seitigen Kommutierung die Vorgänge des Freiwerdens des Ventils und der Überlappung nebeneinander und nicht nacheinander ablaufen. Das bedeutet aber, daß die

6.1 WS/GS-U-Umrichter mit einschaltbaren Ventilen 173

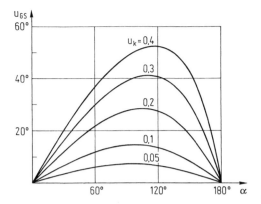

Bild 6.3 Überlappungswinkel u_{GS} in Abhängigkeit vom Steuerwinkel α mit dem Parameter relative Kommutierungsinduktivität u_k

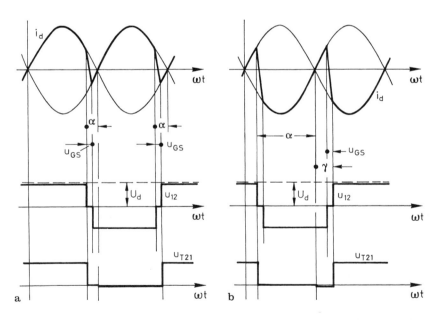

Bild 6.4 Zeitverlauf des Gleichstromes i_d, der Wechselspannung u_{12} und der Thyristorspannung u_{T21} bei Berücksichtigung der Überlappung
a) Gleichrichterbetrieb $\alpha = 30°$
b) Wechselrichterbetrieb $\alpha = 150°$

Überlappung keinen Einfluß auf den maximalen Steuerwinkel im Wechselrichterbetrieb hat, solange $u_{GS} < \gamma$ ist. Der Grenzwinkel bei Wechselrichteransteuerung beträgt:

$$\alpha_{max} = \pi - \gamma. \tag{6.11}$$

Für die WS-seitige Kommutierung war abgeleitet worden:

$$\alpha_{max} = \pi - (\gamma + u).$$

Die Beziehung $u_{GS} < \gamma$ läßt sich durch die Dimensionierung der Kommutierungsinduktivitäten leicht erfüllen, da in sie nur die Induktivitäten der Ventilzweige und der Zuleitung zur GS-Quelle eingehen.

Bei den Stromrichtern mit der WS-seitiger Kommutierung führt die Überlappung zu einer Absenkung des Mittelwertes der Gleichspannung (induktive Gleichspannungsänderung). Der Vorgang der Überlappung bringt in Analogie dazu bei den Schaltungen mit GS-seitiger Kommutierung eine Änderung des Mittelwertes des Gleichstromes hervor.

Während der Überlappung u_{GS} liegt die Kommutierungsspannung U_d (ideale Ventile angenommen) an den beiden Induktivitäten L_k eines Kommutierungskreises (Bild 6.2b). Für den Gleichstrom ergibt sich während der Überlappung:

$$i_d = i_{D1} - i_{T2}.$$

Aus Symmetriegründen ist $i_{T2} = i_{T21}$ und damit ergeben die Gleichungen (6.5) und (6.6):

$$i_d = -\frac{U_d}{\omega L_k} \omega t + \sqrt{2}\, I_1 \sin \alpha. \tag{6.12}$$

Gegenüber der sprungförmigen Stromänderung bei Vernachlässigung der Überlappung (siehe Bild 6.1b) führt die lineare Stromänderung während der Überlappung zu einer Änderung des Gleichstrommittelwertes $I_{d\alpha}$. Dieser muß neu berechnet werden:

$$I_{d\alpha} = \frac{1}{\pi} \int_0^\pi i_d(\omega t)\, d\omega t$$

mit $\quad i_d(\omega t) = \sqrt{2}\, I_1 \sin \omega t \qquad\qquad 0 \leq \omega t \leq \pi - \alpha,$

$\qquad i_d(\omega t) = -\dfrac{U_d}{\omega L_k}(\omega t - (\pi - \alpha)) + \sqrt{2}\, I_1 \sin \alpha \qquad \pi - \alpha \leq \omega t \leq \pi - (\alpha - u_{GS}),$

$\qquad i_d(\omega t) = -\sqrt{2}\, I_1 \sin \omega t \qquad\qquad \pi - (\alpha - u_{GS}) \leq \omega t \leq \pi.$

6.1 WS/GS-U-Umrichter mit einschaltbaren Ventilen

Dieser Ansatz liefert die Beziehung:

$$\frac{I_{d\alpha}}{I_{di}} = \frac{1}{2}(\cos\alpha + \cos(\alpha - u_{GS}) + u_{GS}\sin\alpha) - \frac{\pi}{16}\frac{u^2_{GS}}{u_k}. \tag{6.13}$$

Wird die Gleichung (6.10) berücksichtigt, so läßt sich (6.13) auch wie folgt schreiben:

$$\frac{I_{d\alpha}}{I_{di}} = \frac{1}{2}(\cos\alpha + \cos(\alpha - u_{GS})) + \frac{1}{4}u_{GS}(\sin\alpha - \sin(\alpha - u_{GS})).$$

Die sich aus Gleichung (6.13) ergebenden Steuerkennlinien $I_{d\alpha}/I_{di} = f(\alpha)$ sind für verschiedene Werte der relativen Kommutierungsinduktivität u_k im Bild 6.5 aufgezeichnet. Sie zeigen, daß die Induktivitäten im Kommutierungskreis den arithmetischen Mittelwert des Gleichstromes erhöhen. Da sich die Kommutierungsvorgänge bei den Schaltungen mit GS-seitiger Kommutierung und mit WS-seitiger Kommutierung unterscheiden, gelten für sie die Dualitätsbeziehungen nicht.

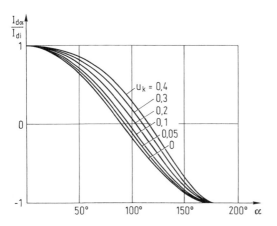

Bild 6.5 Steuerkennlinie $I_{d\alpha}/I_{di} = f(\alpha)$ der Zweipuls-Brückenschaltung mit GS-seitiger Kommutierung

6.1.2 Lastgeführte WS/GS-U-Umrichter

Als Beispiel eines lastgeführten WS/GS-Umrichters mit eingeprägter Gleichspannung wird in diesem Abschnitt der **Schwingkreiswechselrichter** behandelt. Die Lastführung ermöglicht das Anwenden einschaltbarer Ventile. Die Schaltung des Schwingkreiswechselrichters zeigt das Bild 6.6a. Wegen der

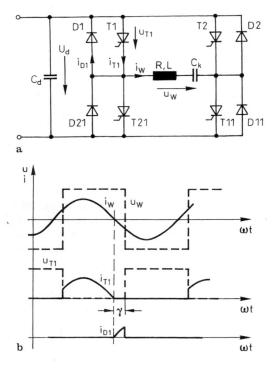

Bild 6.6 Schwingkreiswechselrichter mit Reihenkompensation
a) Schaltung   b) Idealisierte Zeitverläufe

eingeprägten Spannung sind Spannungsventile verwendet. Es soll auch hier die Brückenschaltung mit einphasigem Ausgang betrachtet werden. Ihre Ventile - Thyristoren mit antiparallelen Dioden - schalten die eingeprägte Gleichspannung U_d im Takt der Wechselrichterfrequenz als Rechteckspannung auf den Verbraucher. Das ist im Bild 6.6b als Spannung u_w dargestellt. Die idealisiert angenommene sprunghafte Änderung der Spannung verlangt eine Reihenschaltung der Spule L des Verbrauchers und des Kompensationskondensators C_k. Der Widerstand R ist ein Maß für die Verluste der Spule und der ausgekoppelten Leistung.

Mit der Spannung u_w wird der Reihenschwingkreis periodisch angestoßen. Der Zeitverlauf des Stromes i_w ist deshalb eine gedämpfte harmonische Schwingung. Für den eingeschwungenen Zustand bei sehr geringer Dämpfung sind die Spannung am Verbraucher u_w und sein Strom i_w im Bild 6.6b dargestellt.

Aus den Größen u_w und i_w lassen sich die Spannung am Thyristor T1 (u_{T1}) und sein Strom i_{T1} ermitteln. Da letzterer vor dem Umschalten der Spannung

6.1 WS/GS-U-Umrichter mit einschaltbaren Ventilen

sein Vorzeichen wechselt, übernimmt die Diode D1 für den letzten Teil der Halbperiode den Strom. Es ist wieder leicht zu erkennen, daß der im Bild 6.6b mit γ bezeichnete Abschnitt der Löschwinkel der Schaltung ist. Mit Einführung der Schonzeit t_S ergibt sich $\gamma = \omega t_S$. Dieser Löschwinkel muß einen endlichen positiven Wert haben. Das bedeutet aber wiederum, daß zwischen der Grundschwingung von i_w und der Grundschwingung von u_w eine kapazitive Phasenverschiebung vorhanden sein muß. Die Last gibt den für den Betrieb mit einschaltbaren Ventilen notwendigen Löschwinkel vor: **Lastführung**. Die kapazitive Phasenverschiebung liegt aber beim Reihenschwingkreis nur dann vor, wenn die Frequenz kleiner ist als die Resonanzfrequenz ω_0. Die Frequenzbedingung für die richtige Kommutierung der Zweigströme des lastgeführten Schwingkreiswechselrichters mit Reihenkompensation lautet also:

$$\frac{\omega}{\omega_0} < 1 . \tag{6.14}$$

Für die Berechnung der Abhängigkeit des Löschwinkels vom Frequenzverhältnis ω/ω_0 und der Güte Q der Spule soll wiederum ein Grundschwingungsmodell verwendet werden. Aus der Impedanz des Verbrauchers in komplexer Form ergibt sich:

$$\underline{Z} = R + j\omega L + \frac{1}{j\omega C},$$

$$\frac{\underline{Z}}{R} = 1 + j Q (\frac{\omega}{\omega_0} - \frac{\omega_0}{\omega}) , \tag{6.15}$$

$$\tan \varphi = Q (\frac{\omega}{\omega_0} - \frac{\omega_0}{\omega}).$$

Hieraus kann angenähert der Löschwinkel berechnet werden:

$$\gamma = \omega t_S \approx \varphi . \tag{6.16}$$

In der praktischen Anwendung kann die Leistung des Verbrauchers über den Löschwinkel γ verstellt werden. Damit ist es möglich, die Speisespannung U_d des Wechselrichters aus einem ungesteuerten Gleichrichter zu entnehmen. Wegen der Frequenzbedingung $\omega/\omega_0 < 1$ ist ein Anschwingen mit sehr niedriger Frequenz ohne zusätzliche Hilfsmittel möglich.

Es soll jetzt noch der Stromübergang betrachtet werden, wenn Induktivitäten in den Ventilzweigen vorhanden sind. Sie seien konzentriert in den Induktivitäten L_k (Bild 6.7a) angenommen. Wie aus den idealisierten Zeitverläufen des Bildes 6.6b hervorgeht, erfolgt der Stromübergang von einem Thyristor

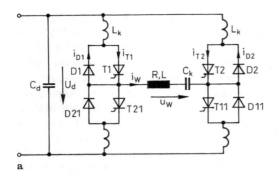

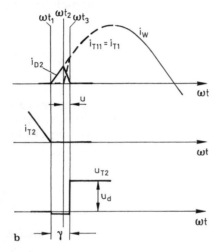

Bild 6.7 Schwingkreiswechselrichter mit Kommutierungsinduktivitäten
a) Schaltung   b) Zeitverläufe mit Überlappung

zum nächsten so, daß für einen zwischenliegenden Zeitabschnitt die Diode des Spannungsventils den Strom leitet. Das wird im Bild 6.7b für den Stromübergang von T2 nach T1 dargestellt. Zum Zeitpunkt t_1 wechselt der Laststrom i_w das Vorzeichen. Er geht vom Thyristor T2 auf die Diode D2 ohne Überlappung über. Zum Zeitpunkt t_2 werden T11 und T1 angesteuert. Der Strom i_w geht von D2 auf T11 und gleichzeitig von D21 auf T1 über. Wegen der Induktivitäten L_k ergibt sich eine endliche Überlappungszeit. Im Winkelmaß ausgedrückt: $u = \omega(t_3 - t_2)$. Treibende Spannung für die Kommutierung ist U_d (GS-seitige Kommutierung).

Erst wenn der Strom i_{D2} Null geworden ist, übernimmt der den Strom abgebende Thyristor T2 die Spannung U_d (Annahme $u \ll \pi$). In der Zeit, in der D2 leitet, liegt die Durchlaßspannung dieser Diode an T2. Die Winkeldifferenz

6.1 WS/GS-U-Umrichter mit einschaltbaren Ventilen 179

($\omega t_3 - \omega t_1$) ist der Löschwinkel γ. Solange u < γ wird letzterer allein durch den Voreilwinkel des Stromes i_w gegenüber der Grundschwingung der Spannung u_w bestimmt. Bei üblicher Dimensionierung des Umrichters ist diese Voraussetzung erfüllt. Der Löschwinkel ist zugleich die Dauer des vollständigen Stromüberganges von T2 nach T1. Innerhalb dieses Abschnittes finden gleichzeitig die Kommutierungen D2 nach T11 und D21 nach T1 statt. Sie haben die Dauer u = $\omega(t_3 - t_2)$.

6.1.3 Selbstgeführte WS/GS-U-Umrichter

Die prinzipielle Funktion von WS/GS-U-Umrichtern - Grundschaltung, Spannungsbildung, Steuerverfahren - wird im Abschnitt 6.2 an solchen mit abschaltbaren Ventilen behandelt. Das liegt daran, daß in WS/GS-U-Umrichtern heute überwiegend abschaltbare Ventile verwendet werden. Selbstgeführte WS/GS-U-Umrichter können auch mit einschaltbaren Ventilen (Thyristoren) aufgebaut werden. Für den Stromübergang werden dann Kondensatoren verwendet. Der selbstgeführte Stromübergang ist im Kapitel 4.4 behandelt. Die Kondensatoren werden entweder von den einschaltbaren Ventilen der Grundschaltung (Hauptthyristoren) oder von zusätzlichen Hilfsthyristoren für den Stromübergang zugeschaltet. Je nach Anordnung der Kondensatoren und der Hilfsthyristoren werden verschiedene Löschschaltungen unterschieden. Zwei dieser Schaltungen sollen hier als Beispiele gezeigt werden.

6.1.3.1 Selbstgeführter WS/GS-U-Umrichter mit Phasenfolgelöschung

Als erstes Beispiel wird eine Schaltung mit dreiphasiger WS-Seite verwendet. Die Grundschaltung entspricht einer Sechspuls-Brückenschaltung mit den Ventilen T1 bis T6. Wie das Bild 6.8 zeigt, sind die Löschkondensatoren zwischen die Ventile geschaltet (C13, C35, C51 für die eine Brückenhälfte). Ein Thyristor wird durch das Einschalten des zeitlich folgenden abgeschaltet. Hieraus leitet sich auch der Name **Phasenfolgelöschung** ab. Die Dioden D1 bis D6 sind die bei Schaltungen mit eingeprägter Spannung auf der GS-Seite notwendigen Rückspeisedioden. Die Dioden D10 bis D60 entkoppeln die Löschkondensatoren von der Lastseite. Dies ist notwendig, um im Falle eines Überstromes in der Last die Ladung auf dem Löschkondensator zu erhalten.

Das Abschalten eines Ventiles sei mit dem Löschen des Thyristors T1 beschrieben. Entsprechend dem Grundprinzip des WS/GS-U-Umrichters sind auf der WS-Seite Induktivitäten angeschlossen. In der praktischen Anwendung ist dies meist erfüllt, da diese Umrichter zum Speisen von Motoren eingesetzt werden. Während des Löschvorganges von T1 bleibt somit der Strom i_U erhalten und muß von T1 auf D4 übergehen.

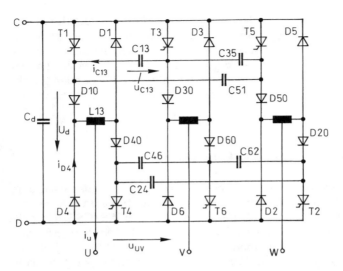

Bild 6.8 Selbstgeführter WS/GS-U-Umrichter mit Phasenfolgelöschung

Das erfolgt in einzelnen Schritten:

Ausgangszustand:	i_U fließt C - T1 - D10 - L13 - U von dort über die Last und T2 zurück nach D.
Ansteuern T3:	Bei vernachlässigbaren Induktivitäten im Aufbau der Ventilschaltung geht i_U schlagartig von T1 auf T3 über, vorausgesetzt u_{C13} ist positiv.
Umladung C13:	i_U fließt C - T3 - C13 - D10 - L13 - U.
Kommutieren T3 - D4:	Bei einem bestimmten Wert von u_{C13} kann D4 leitend werden und es erfolgt ein überlappender Stromübergang mit abnehmendem i_{C13} und zunehmendem i_{D4} bis i_{C13} Null wird.
Endzustand:	i_U fließt D - D4 - L13 - U und von dort über die Last und T2 nach D.

Für eine endliche Schonzeit für T1 muß C13 langsam umgeladen werden. Hierfür ist die Induktivität L13 vorgesehen. Die Kommutierungsmittel C13 und L13 zusammen mit dem Wert der Spannung u_{C13}, der beim Ansteuern von T3 vorhanden ist, sichern den richtigen Stromübergang T1 nach D4.

Am Ende dieses Stromüberganges ist u_{C13} negativ. Bei den weiteren Stromübergängen in der dreiphasigen Schaltung wird u_{C13} umgeladen, daß es am

6.1 WS/GS-U-Umrichter mit einschaltbaren Ventilen 181

Ende des Abschnittes, in dem T1 den Strom führt, wieder positiv ist (siehe hierzu Abschnitt 4.4).

6.1.3.2 Selbstgeführter WS/GS-U-Umrichter mit Phasenlöschung

Das Kennzeichen der Schaltung mit Phasenfolgelöschung ist, daß ein Ventil nur durch das Einschalten des zeitlich folgenden Ventiles abgeschaltet werden kann. Für viele Anwendungsfälle ist es wünschenswert, die Ventile innerhalb einer Halbperiode der Wechselspannung mehrfach ein- und abschalten zu können. Dazu ist es notwendig, die Kommutierungsmittel über Hilfsthyristoren an die Hauptthyristoren zu schalten. Das Bild 6.9 zeigt ein Schaltungsbeispiel. Da für jeden WS-Ausgang eine Löscheinrichtung mit C_k und L_k und zwei Hilfsthyristoren vorgesehen ist, liegt eine Schaltung mit Phasenlöschung vor. Sie wurde von McMurray angegeben und wird deshalb auch mit seinem Namen gekennzeichnet.

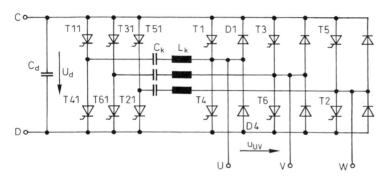

Bild 6.9 Selbstgeführter WS/GS-U-Umrichter mit Phasenlöschung

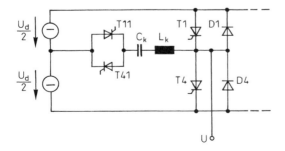

Bild 6.10 Phasenlöscheinrichtung mit Zweigpaar

Durch Ansteuern von T11 kann T1 abgeschaltet und C_k umgeladen werden. Die Ansteuerung erfolgt dann so, daß T1 und T4 abwechselnd angesteuert und gelöscht werden. Damit kann jede Polarität der Spannung von C_k zum Löschen verwendet werden.

Im Bild 6.10 ist eine weitere Möglichkeit gezeigt, wie mit zwei Hilfsthyristoren die Kommutierungsmittel C_k und L_k an einen Brückenzweig angeschaltet werden können.

6.2 WS/GS-U-Umrichter mit abschaltbaren Ventilen

Die überwiegende Betriebsweise dieser Umrichter ist die des Wechselrichtens. Sie werden deshalb auch als Wechselrichter mit eingeprägter Gleichspannung bezeichnet. Um die Wirkungsweise der verschiedenen Schaltungen zu erklären, werden die abschaltbaren Ventile durch ideale Schalter ersetzt. Heute verfügbare Ventile stellen, besonders bei kleiner Leistung, schon eine sehr gute Näherung dar.

6.2.1 Einphasige Wechselrichterschaltungen

Bei einphasigen Wechselrichtern mit eingeprägter Gleichspannung gibt es zwei Mittelpunkt-Schaltungen. Das Bild 6.11 zeigt die Schaltung mit einem Mittelpunkt auf der GS-Seite. Wegen der eingeprägten Gleichspannung sind für diese Schaltung zwei Spannungsventile notwendig. Für die idealisierte Betrachtung ist das abschaltbare Spannungsventil durch einen idealen Schalter und eine ideale Diode dargestellt. Wegen der Reihen-Anordnung der Ventile wird diese Schaltung auch mit dem Begriff Serien-Wechselrichter bezeichnet.

Im unteren Teil des Bildes 6.11 ist dargestellt, wie die Schalter S_1 und S_2 zeitlich aufeinander folgen. Unter der Annahme idealer Spannungsquellen, idealer Ventile und eines idealen Schaltungsaufbaues, ergibt sich dann der dargestellte Zeitverlauf der Spannung u_{UM}.

Wird eine ideale Drossel als Belastung angenommen, so ergibt sich der Strom i_U aus der abschnittsweisen Integration der Spannung u_{UM}. Für einen Abschnitt gilt jeweils

$$i_u = \frac{1}{L} \int u_{UM}\, dt + I_{U0}. \tag{6.17}$$

Dabei ist für den eingeschwungenen Zustand I_{U0} so zu bestimmen, daß sich ein reiner Wechselstrom ergibt. Gegebenenfalls kann dieser Zustand durch

6.2 WS/GS-U-Umrichter mit abschaltbaren Ventilen

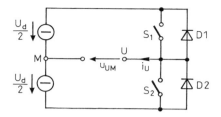

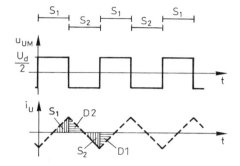

Bild 6.11 Einphasiger Wechselrichter mit GS-seitigem Mittelpunkt

die Wahl des Einschaltpunktes des Wechselrichters ohne Einschwingvorgang erreicht werden.

Der Strom i_U fließt für den angenommenen idealen Belastungsfall je zur Hälfte über den Schalter und über die zugehörige Diode. Das ist im Zeitverlauf des Stromes i_U durch die verschieden schraffierten Flächen im Bild 6.11 gekennzeichnet.

Im Bild 6.12 ist die einphasige Wechselrichterschaltung aufgezeichnet, die einen Mittelpunkt auf der WS-Seite besitzt. Wegen der Anordnung der Ventile wird diese Schaltung auch Parallel-Wechselrichter genannt. Unter der Annahme eines idealen Übertragers mit einem Übersetzungsverhältnis 1 : 1 zwischen der Primär- und der Sekundärwicklung ergibt sich der in diesem Bild ebenfalls dargestellte Zeitverlauf der Spannung u_{UV}.

Das Bild 6.13 zeigt die Brückenschaltung eines Wechselrichters mit eingeprägter Gleichspannung und einphasigem Ausgang. Aus der zeitlichen Aufeinanderfolge der Ventile S_1 bis S_4 ergibt sich der Zeitverlauf der Spannung u_{UV}. Wie bei Brückenschaltungen üblich, sind jeweils zwei Ventile im gleichen Zeitabschnitt leitend.

184 6 WS/GS-Umrichter mit eingeprägter Gleichspannung (WS/GS-U-Umrichter)

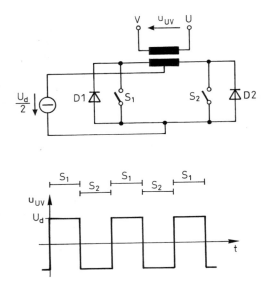

Bild 6.12 Einphasiger Wechselrichter mit WS-seitigem Mittelpunkt

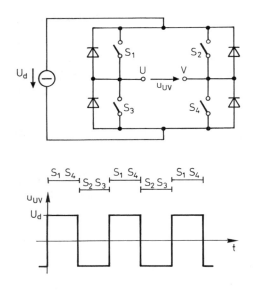

Bild 6.13 Einphasiger Wechselrichter in Brückenschaltung

6.2.2 Dreiphasige Wechselrichterschaltungen

Von den Wechselrichterschaltungen mit dreiphasigem Ausgang besitzt die Brückenschaltung die größte praktische Bedeutung. Sie ist im Bild 6.14a dargestellt. Auch hier soll die Spannungsbildung mit Hilfe idealer Spannungsventile betrachtet werden. Im Bild 6.14b ist ein Ersatzschaltbild gezeichnet, bei dem die Spannungsventile durch Wechselschalter ersetzt sind.

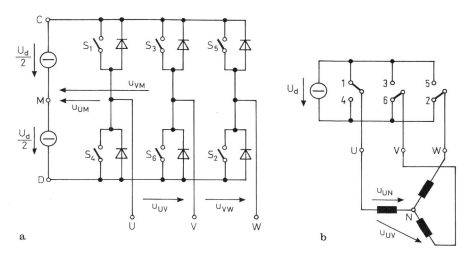

Bild 6.14 Dreiphasiger Wechselrichter in Brückenschaltung
a) Schaltung   b) Ersatzschaltbild

Für einen symmetrischen Betrieb dieser Brückenschaltung sind die Ventile S_1 bis S_6 zeitlich aufeinander folgend so zu schalten, wie es im Bild 6.15 oben und in der Tabelle 6.1 dargestellt ist. Es ergeben sich sechs verschiedene Intervalle von jeweils T/6 Länge.

In der Tabelle 6.1 beschreiben die mittleren Spalten die jeweils geschlossenen Schalter. Die Ventile sind dabei im Bild 6.14a wieder so beziffert, wie sie zeitlich aufeinanderfolgend leitend sind. Mit dem Ersatzschaltbild 6.14b kann der Schaltzustand auch durch die rechten Spalten der Tabelle 6.1 beschrieben werden. In der oberen Stellung wird der Schalter mit 10 und in der unteren mit 01 bezeichnet. Der Schaltzustand im Bild 6.14b wird dann durch die Zeile 10 01 01 beschrieben.

Mit den bisherigen Annahmen kann der Zeitverlauf der Spannungen u_{UM} und u_{VM}, der Spannungen zwischen den WS-seitigen Anschlüssen und dem Mittelpunkt M der Gleichspannungsquelle, konstruiert werden. Sie sind im Bild 6.15 dargestellt. Im praktischen Betrieb haben diese Spannungen, wie

6 WS/GS-Umrichter mit eingeprägter Gleichspannung (WS/GS-U-Umrichter)

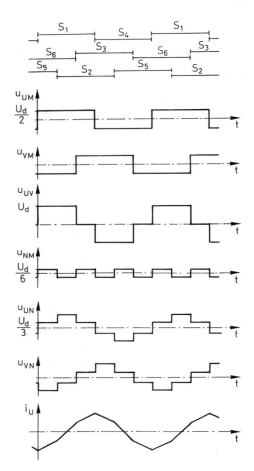

Bild 6.15 Konstruktion der Zeitverläufe von Spannungen der Schaltung nach Bild 6.14

Tabelle 6.1: Zeitliche Aufeinanderfolge der Schließzeiten der Schalter S_1 bis S_6 (Vergleiche Bild 6.14)

1	$0 < t < T/6$	S_1	S_6	S_5	10	01	10
2	$T/6 < t < T/3$	S_1	S_6	S_2	10	01	01
3	$T/3 < t < T/2$	S_1	S_3	S_2	10	10	01
4	$T/2 < t < 2T/3$	S_4	S_3	S_2	01	10	01
5	$2T/3 < t < 5T/6$	S_4	S_3	S_5	01	10	10
6	$5T/6 < t < T$	S_4	S_6	S_5	01	01	10

6.2 WS/GS-U-Umrichter mit abschaltbaren Ventilen   187

auch der Mittelpunkt M, keine Bedeutung. Sie sind für die Ableitung der Spannungsverläufe hilfreich. Der Mittelpunkt M kann fiktiv sein. Die verketteten Spannungen an den WS-Klemmen ergeben sich dann zu:

$$u_{UV} = u_{UM} - u_{VM},$$
$$u_{VW} = u_{VM} - u_{WM}.$$
(6.18)

Im Bild 6.15 wurden die Zeitverläufe u_{UM}, u_{VM} und u_{UV} konstruiert. Sie können auch schematisiert durch Fortsetzen der Tabelle 6.1 gewonnen werden. Dabei werden natürlich die Gleichungen (6.18) ausgewertet.

Tabelle 6.1: Fortsetzung zur Berechnung der Spannungen u_{UM}, u_{VM}, u_{WM}, u_{UV}, u_{VW}, u_{WU}, jeweils bezogen auf U_d.

				$\frac{u_{UM}}{U_d}$	$\frac{u_{VM}}{U_d}$	$\frac{u_{WM}}{U_d}$	$\frac{u_{UV}}{U_d}$	$\frac{u_{VW}}{U_d}$	$\frac{u_{WU}}{U_d}$
1	10	01	10	1/2	-1/2	1/2	1	-1	0
2	10	01	01	1/2	-1/2	-1/2	1	0	-1
3	10	10	01	1/2	1/2	-1/2	0	1	-1
4	01	10	01	-1/2	1/2	-1/2	-1	1	0
5	01	10	10	-1/2	1/2	1/2	-1	0	1
6	01	01	10	-1/2	-1/2	1/2	0	-1	1

Zur Ableitung der Spannungen zwischen den WS-Klemmen und dem Sternpunkt N des auf dieser Seite angeschlossenen Verbrauchers (Strangspannungen) soll zunächst die Spannung u_{NM}, die Spannung zwischen dem Sternpunkt N und dem Mittelpunkt M auf der GS-Seite ermittelt werden. Der Sternpunkt N selbst ist nicht angeschlossen. Dabei ist zu erkennen, daß der Sternpunkt N unterschiedliches Potential annehmen kann, je nachdem wie die Klemmen U, V, W an die Klemmen C und D geschaltet sind. Die Stränge des Verbrauchers sind immer wieder verschieden zusammengeschaltet, wie es mit den Ersatzschaltbildern im Bild 6.16 für die ersten beiden Zeitabschnitte der Periode T dargestellt ist. Daraus geht die Aufteilung der Spannung U_d auf die verschieden zusammengeschalteten Stränge des induktiven Verbrauchers hervor.

$0 < t < T/6$ $\quad u_{NM} - U_d/2 + U_d/3 = 0 \quad u_{NM} = U_d/6,$
$T/6 < t < T/3$ $\quad\quad\quad\quad\quad\quad\quad\quad\quad\quad\quad\quad u_{NM} = -U_d/6.$

Der Zeitverlauf der Spannung u_{NM} ist im Bild 6.15 dargestellt. Dann ergeben sich die Spannungen u_{UN} und u_{VN} zu:

$$u_{UN} = u_{UM} - u_{NM},$$
$$u_{VN} = u_{VM} - u_{NM}.$$
(6.19)

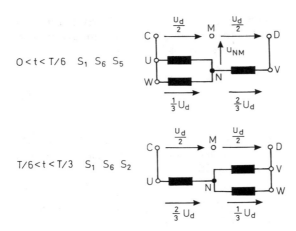

Bild 6.16   Zur Ermittlung der Spannung u_{NM}

Unter der Annahme idealer Drosseln als Verbraucher ergibt sich mit Gleichung (6.17) der im Bild 6.15 dargestellte Strom i_U in einem Strang. Er setzt sich, entsprechend den unterschiedlich großen Spannungen in den Teilen der Periode, aus geraden Strecken zusammen, die unterschiedliche Steigungen haben. Es wird wiederum der eingeschwungene Zustand angenommen.

Da in der Schaltung nach Bild 6.14b die WS-seitigen Klemmen zwei Potentiale annehmen können, wird ein Wechselrichter mit der Schaltung nach Bild 6.14a mit **Zweistufen-Wechselrichter** bezeichnet.

Eine Weiterentwicklung zeigt das Bild 6.17. Im Gegensatz zu den bisherigen Annahmen ist jetzt der Mittelpunkt M auf der GS-Seite über jeweils einen Zweirichtungsschalter (S_{UM}, S_{VM}, S_{WM}) mit den Klemmen U, V, W verbunden. Er muß im Gegensatz zur Schaltung im Bild 6.14 belastbar sein. Diese Schaltung kann mit Hilfe eines Ersatzbildes, wie in Bild 6.17b dargestellt, beschrieben werden. Die WS-seitigen Klemmen können jetzt drei Potentiale annehmen. Ein Wechselrichter mit der Schaltung nach Bild 6.17 wird **Dreistufen-Wechselrichter** genannt. Eine Ventilschaltung, die das in Bild 6.17 abgeleitete Prinzip verwirklicht, ist im Bild 6.18 dargestellt. Wegen der Zahl der in Reihe geschalteten Ventile, wird sie sich wirtschaftlich nur im Bereich großer Leistungen anwenden lassen.

Die Ventile des ersten Brückenzweiges dieser Schaltung verbinden die Punkte C, M, D auf der GS-Seite mit dem Punkt U der WS-Seite wie der in der Ersatzschaltung des Bildes 6.17b dargestellte Dreistufenschalter. Die obere Stellung dieses Schalters soll mit 10, die untere mit 01 und die mittlere mit 00 bezeichnet werden. Damit ergibt sich für diesen Brückenzweig:

6.2 WS/GS-U-Umrichter mit abschaltbaren Ventilen

	S_{11}	S_{12}	S_{42}	S_{41}
10	Ein	Ein	Aus	Aus
00	Aus	Ein	Ein	Aus
01	Aus	Aus	Ein	Ein .

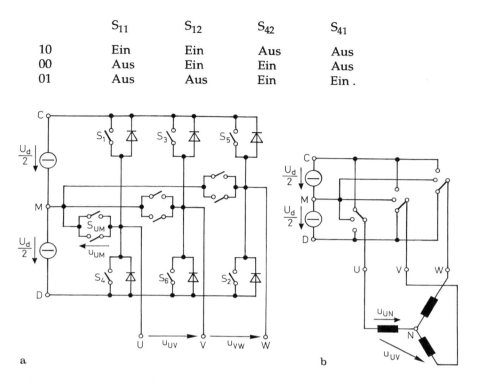

Bild 6.17 Dreistufen-Wechselrichter
a) Schaltung b) Ersatzschaltbild

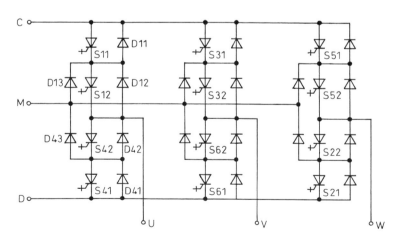

Bild 6.18 Ventilschaltung für einen Dreistufen-Wechselrichter

Die Verbindung zum Mittelpunkt M erfolgt unterschiedlich je nach dem Vorzeichen des Stromes i_U:

$i_U > 0$ Stromfluß M - D13 - S_{12} - U ,
$i_U < 0$ Stromfluß U - S_{42} - D43 - M .

Eine Möglichkeit der Steuerung und die Bildung der verketteten Ausgangsspannung ist im Bild 6.19 gezeigt. Es wird dabei symmetrisch so gesteuert, daß die drei Schalter des dreiphasigen Wechselrichters (Bild 6.17b) innerhalb eines Zeitabschnittes eine unterschiedliche Stellung haben. Das ist möglich, da die Schalter drei verschiedene Stellungen besitzen. Jede Klemme der WS-Seite ist abwechselnd je für einen Abschnitt von der Länge T/3 mit dem Punkt C und dem Punkt D und dazwischen jeweils für einen Abschnitt T/6 mit dem Punkt M der GS-Seite verbunden. Im oberen Teil von Bild 6.19 ist

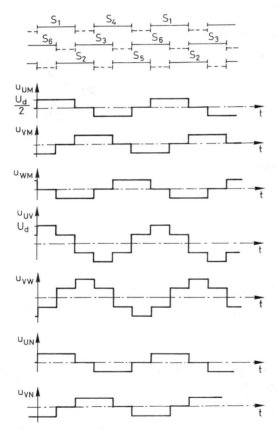

Bild 6.19 Konstruktion der Zeitverläufe von Spannungen beim Dreistufen-Wechselrichter, Schaltfolge nach Tab. 6.2

6.2 WS/GS-U-Umrichter mit abschaltbaren Ventilen

diese zeitliche Aufeinanderfolge der Schalter S_1 bis S_6 gezeigt. Unterbrochen gezeichnet ist jeweils die Schließzeit der Schalter zum Punkt M (S_{UM}, S_{VM}, S_{WM}). Begonnen wird die Darstellung mit der Schließzeit des Schalters S_1. Wird weiter die Bezifferung 10, 00, 01 zum Kennzeichnen der Schalterstellung verwendet, dann ergibt sich die Schaltfolge, wie sie in der Tabelle 6.2 verzeichnet ist. Die erste Spalte gibt eine Numerierung der Schaltstufen an.

Tabelle 6.2: Eine Schaltfolge der Schalter für einen Dreistufen Wechselrichter

			$\frac{u_{UM}}{U_d}$	$\frac{u_{VM}}{U_d}$	$\frac{u_{WM}}{U_d}$	$\frac{u_{UV}}{U_d}$	$\frac{u_{VW}}{U_d}$
9	$0 < t < T/6$	10 01 00	1/2	-1/2	0	1	-1/2
10	$T/6 < t < T/3$	10 00 01	1/2	0	-1/2	1/2	1/2
11	$T/3 < t < T/2$	00 10 01	0	1/2	-1/2	-1/2	1
12	$T/2 < t < 2T/3$	01 10 00	-1/2	1/2	0	-1	1/2
13	$2T/3 < t < 5T/6$	01 00 10	-1/2	0	1/2	-1/2	-1/2
14	$5T/6 < t < T$	00 01 10	0	-1/2	1/2	1/2	-1

Mit Hilfe dieser Schaltfolge können abschnittsweise über die Zwischenschritte u_{UM}, u_{VM}, u_{WM} die verketteten Spannungen u_{UV}, u_{VW} berechnet (Tabelle 6.2) oder gezeichnet werden (Bild 6.19).

Eine Weiterentwicklung in Richtung einer Vergrößerung der Stufenzahl ist möglich durch eine weitere Unterteilung der Gleichspannungsquelle und durch Einführen weiterer Ventile zu den Teilungspunkten. Auf diese Weise entstehen Schaltungen von Mehrstufen-Wechselrichtern.

Für die Zeitverläufe in Bild 6.19 wurde von einer Länge des Einschaltintervalles $t_s = T/3$ ausgegangen. Wird das Einschaltintervall bei der Steuerung des Dreistufen-Wechselrichters variiert, so ergeben sich unterschiedliche Zeitverläufe der Spannungen auf der WS-Seite. Dabei wird die Annahme aufgegeben, daß die drei Schalter in einem Zeitabschnitt in unterschiedlichen Stellungen sind. Im Bild 6.20 sind die verketteten Spannungen u_{UV} für verschiedene Werte t_s dargestellt. Es zeigt sich, daß über die Änderung des Einschaltintervalles der Effektivwert der verketteten Ausgangsspannung verändert werden kann - Blocksteuerung. Über diese Blocksteuerung hinaus gibt es weitere Möglichkeiten der Ausssteuerung, wie mit der Schaltfolge der Tabelle 6.3 gezeigt wird.

Bei dieser Schaltfolge werden die Wechselschalter nur in der oberen oder mittleren Stellung mit einer Länge des Einschaltintervalles $t_s = T/2$ verwendet. Eine weitere Schaltfolge mit den Schaltstufen 21 bis 26 kann bei Verwenden der mittleren und unteren Schaltstellung der Wechselschalter abgeleitet werden.

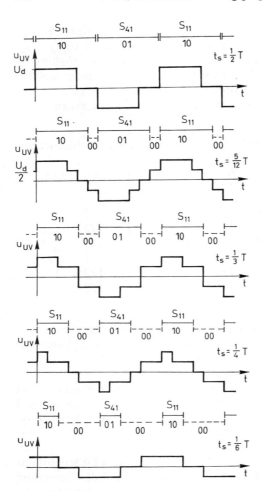

Bild 6.20 Spannung u_{UV} bei verschiedener Länge des Einschaltintervalles t_s

Tabelle 6.3: Weitere Schaltfolge für einen Dreistufen-Wechselrichter

					$\frac{u_{UM}}{U_d}$	$\frac{u_{VM}}{U_d}$	$\frac{u_{WM}}{U_d}$	$\frac{u_{UV}}{U_d}$	$\frac{u_{VW}}{U_d}$
15	$0 < t < T/6$	10	00	10	1/2	0	1/2	1/2	-1/2
16	$T/6 < t < T/3$	10	00	00	1/2	0	0	1/2	0
17	$T/3 < t < T/2$	10	10	00	1/2	1/2	0	0	1/2
18	$T/2 < t < 2T/3$	00	10	00	0	1/2	0	-1/2	1/2
19	$2T/3 < t < 5T/6$	00	10	10	0	1/2	1/2	-1/2	0
20	$5T/6 < t < T$	00	00	10	0	0	1/2	0	-1/2

6.2 WS/GS-U-Umrichter mit abschaltbaren Ventilen 193

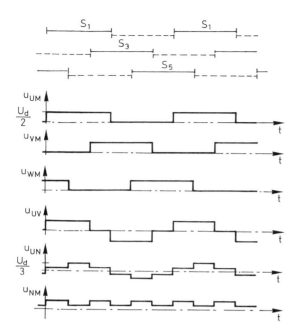

Bild 6.21 Spannungen beim Dreistufen-Wechselrichter, Schaltfolge nach Tab. 6.3

Das Bild 6.21 zeigt den Zeitverlauf der Spannungen u_{UV} und u_{UN}, wenn die Schaltfolge der Tabelle 6.3 verwendet wird. Sie entsprechen den Zeitverläufen der Spannungen bei einem Zweistufen-Wechselrichter mit der Speisespannung $U_d/2$.

Raumzeiger-Darstellung

Bisher wurden die Zeitverläufe der Spannungen des Zweistufen- und verschiedener Schaltfolgen des Dreistufen-Wechselrichters abgeleitet (Bilder 6.15, 6.19, 6.21). Ein weiterer Einblick in die Funktionsweise dieser Schaltungen ist zu gewinnen, wenn die Spannungen durch Raumzeiger dargestellt werden. Mit diesen Raumzeigern wurden zunächst die Vorgänge in elektrischen Maschinen beschrieben.

Unter der Annahme eines symmetrischen, linearen, in Stern ohne angeschlossenen Nulleiter oder in Dreieck geschalteten Verbrauchers läßt sich das dreiphasige Spannungssystem in ein zweiphasiges Spannungssystem transformieren.

Hier soll ein ruhendes Orthogonalsystem mit den Achsbezeichnungen α, β als Bezugssystem verwendet werden. Das vom Umrichter gelieferte Spannungssystem u_{UV}, u_{VW}, u_{WU} wird dann durch den Raumzeiger $\underline{u}$ beschrieben.

$$\underline{u} = \begin{bmatrix} u_\alpha \\ u_\beta \end{bmatrix} = \begin{pmatrix} 2/3 & 1/3 \\ 0 & \sqrt{3}/3 \end{pmatrix} \begin{bmatrix} u_{UV} \\ u_{VW} \end{bmatrix}$$

(6.20)

$$\underline{u} = \begin{bmatrix} u_\alpha \\ u_\beta \end{bmatrix} = \begin{pmatrix} 2/3 & -1/3 & -1/3 \\ 0 & \sqrt{3}/3 & -\sqrt{3}/3 \end{pmatrix} \begin{bmatrix} u_{UM} \\ u_{VM} \\ u_{WM} \end{bmatrix}$$

Bei dieser Transformation bleiben Widerstände und Reaktanzen unverändert (Bezugsgrößen-Invarianz). Bei der Berechnung von Leistungen ist bei dieser Transformation der Faktor 3/2 zu berücksichtigen ($P_{UVW} = 3/2\ P_{\alpha,\beta}$) /4.20/.

Im Bild 6.22 ist ein dreiphasiger Verbraucher dargestellt. Wird als speisendes System an den Klemmen U, V, W ein betrags- und winkelsymmetrisches System aus drei sinusförmigen Spannungen angenommen, so ist die Ortskurve des Spannungsraumzeigers im α-β-Koordinatensystem ein mit der Zeit gleichmäßig durchlaufener Kreis. Ist das speisende System jedoch ein symmetrisches System aus abschnittsweise konstanten Spannungen, wie es bei den betrachteten Wechselrichterschaltungen der Fall ist, so gibt es eine endliche Anzahl Spannungsraumzeiger. Ihre Anzahl entspricht der Anzahl der Schaltzustände des Wechselrichters. Diese Spannungsraumzeiger sind für die Dauer einer Schaltstufe von konstantem Betrag und konstantem Winkel. Bei Änderung der Schaltstufe gehen sie unmittelbar in den Betrag und den Winkel der neuen Schaltstufe über.

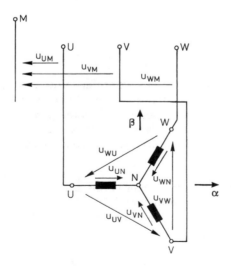

Bild 6.22 Zur Ableitung der $\alpha\beta$-Raumzeiger

6.2 WS/GS-U-Umrichter mit abschaltbaren Ventilen

Üblicherweise wird das α-β-Koordinatensystem so orientiert, daß die α-Achse mit der Richtung der Spannung u_{UN} übereinstimmt. Für den symmetrisch gesteuerten Zweistufen-Wechselrichter ergeben sich dann die im Bild 6.23a dargestellten sechs Spannungsraumzeiger. Dabei wurden die in Tabelle 6.1 zusammengestellten Schaltstufen von 1 bis 6 numeriert und damit die einzelnen Spannungsraumzeiger gekennzeichnet. Über diese sechs Schaltstufen der symmetrischen Steuerung hinaus gibt es zwei weitere Schaltstufen 7 und 8

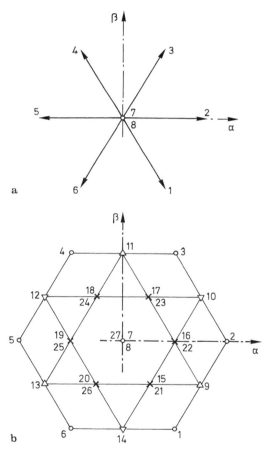

Bild 6.23   a) Spannungs-Raumzeiger des Zweistufen-Wechselrichters
               b) Spannungs-Raumzeiger des Zweistufen- und Dreistufen-
                  Wechselrichters
               o Zweistufen-Wechselrichter
               Δ Dreistufen-Wechselrichter, Schaltfolge nach Tab. 6.2
               x Dreistufen-Wechselrichter, Schaltfolge nach Tab. 6.3

Tabelle 6.4: Zeitverlauf und Raumzeiger der Ausgangsspannung sämtlicher Schaltstufen der Zwei- und Dreistufen- Wechselrichter

Schaltstufen		Spannung verkettet		Spannungs-Raumzeiger			
				αβ-Komponenten		Betrag	Winkel
		$\dfrac{u_{UV}}{U_d}$	$\dfrac{u_{VW}}{U_d}$	$\dfrac{u_\alpha}{U_d}$	$\dfrac{u_\beta}{U_d}$	$\dfrac{|\underline{u}|}{U_d}$	$\sphericalangle(\underline{u})$
Zweistufen-Wechselrichter							
1	10 01 10	1	-1	1/3	-√3/3	2/3	-60°
2	10 01 01	1	0	2/3	0	2/3	0°
3	10 10 01	0	1	1/3	√3/3	2/3	60°
4	01 10 01	-1	1	-1/3	√3/3	2/3	120°
5	01 10 10	-1	0	-2/3	0	2/3	180°
6	01 01 10	0	-1	-1/3	-√3/3	2/3	-120°
7	10 10 10	0	0	0	0	0	-
8	01 01 01	0	0	0	0	0	-
Dreistufen-Wechselrichter							
9	10 01 00	1	-1/2	1/2	-√3/6	√3/3	-30°
10	10 00 01	1/2	1/2	1/2	√3/6	√3/3	30°
11	00 10 01	-1/2	1	0	√3/3	√3/3	90°
12	01 10 00	-1	1/2	-1/2	√3/6	√3/3	150°
13	01 00 10	-1/2	-1/2	-1/2	-√3/6	√3/3	-150°
14	00 01 10	1/2	-1	0	-√3/3	√3/3	-90°
15	10 00 10	1/2	-1/2	1/6	-√3/6	1/3	-60°
16	10 00 00	1/2	0	1/3	0	1/3	0°
17	10 10 00	0	1/2	1/6	√3/6	1/3	60°
18	00 10 00	-1/2	1/2	-1/6	√3/6	1/3	120°
19	00 10 10	-1/2	0	-1/3	0	1/3	180°
20	00 00 10	0	-1/2	-1/6	-√3/6	1/3	-120°
21	00 01 00	1/2	-1/2	1/6	-√3/6	1/3	-60°
22	00 01 01	1/2	0	1/3	0	1/3	0°
23	00 00 01	0	1/2	1/6	√3/6	1/3	60°
24	01 00 01	-1/2	1/2	-1/6	√3/6	1/3	120°
25	01 00 00	-1/2	0	-1/3	0	1/3	180°
26	01 01 00	0	-1/2	-1/6	-√3/6	1/3	-120°
27	00 00 00	0	0	0	0	0	-

mit der Ausgangsspannung Null:

7   10   10   10
8   01   01   01.

Mit diesen Schaltstufen sind die 2^3 = 8 Möglichkeiten ausgeschöpft, die das Ersatzschaltbild 6.14b zuläßt.

Die Ortskurve des Spannungsraumzeigers des Zweistufen-Wechselrichters ist zu den sechs Punkten, die als regelmäßiges Sechseck angeordnet sind und dem Doppelpunkt im Ursprung degeneriert (Bild 6.23a).

Beim Dreistufen-Wechselrichter ergeben sich 3^3 = 27 Schaltstufen. Sie sind im Bild 6.23b zusammen mit denen des Zweistufen-Wechselrichters dargestellt. Dabei sind die Endpunkte des Spannungsraumzeigers jeweils mit der Schaltstufennummer gekennzeichnet, die in den Tabellen 6.2 und 6.3 verzeichnet sind. Die Schaltstufe 27 ergibt sich dabei zu:

27   00   00   00.

In der Tabelle 6.4 sind für alle Schaltstufen des Zweistufen und des Dreistufen-Wechselrichters die Ausgangsspannungen, wie sie in den Bildern 6.15, 6.19 und 6.21 als Zeitverläufe dargestellt sind und die zugehörigen Spannungsraumzeiger des Bildes 6.23b zusammengestellt.

6.3 Steuerverfahren zur Änderung der Ausgangsspannung

Werden die Ventile bei WS/GS-U-Umrichtern so gesteuert, wie im Abschnitt 6.2.2 (Bilder 6.15 und 6.19) für die Bildung der Ausgangsspannung u_{UV} bei den Zweistufen- und Dreistufen-Wechselrichtern angenommen, dann ergibt sich ein festes Zahlenverhältnis zwischen der Ausgangsspannung u_{UV} und der eingeprägten Gleichspannung U_d. Für diese Schaltungen mit dreiphasigem Ausgang sind die Zahlenwerte in der Tabelle 6.5 zusammengestellt.

Mit WS/GS-U-Umrichtern mit abschaltbaren Ventilen werden oft Wechselspannungen mit veränderbarer Frequenz erzeugt. Wird an eine solche Wechselspannung ein induktiver Verbraucher angeschlossen, dessen Magnetfluß konstant sein soll, dann muß bei einer Frequenzänderung aufgrund des Induktionsgesetzes die Spannung proportional zur Frequenz verändert werden.

Ein konstanter Magnetfluß wird für Transformatoren und Maschinen im allgemeinen angestrebt. Da bei einem induktiven Verbraucher die induzierte Spannung gegenüber der Spannung am Widerstand der Wicklung überwiegt, soll nur die induzierte Spannung berücksichtigt werden. Für eine Spule mit N

Tabelle 6.5: Ausgangsspannungen bei Zweistufen- und Dreistufen-Wechselrichtern (Schaltfolge nach Tab. 6.2)

	Zweistufen-Wechselrichter $t_s = T/2$	Dreistufen-Wechselrichter $t_s = T/3$
Außenleiterspannung u_{UV}:		
Effektivwert U_{UV}/U_d	$\sqrt{2}/\sqrt{3} = 0{,}817$	$1/\sqrt{2} = 0{,}707$
Amplitude Grundschwingung $\hat{u}_{UV1}/U_d$	$2\sqrt{3}/\pi = 1{,}103$	$3/\pi = 0{,}955$
Leiter-Mittelpunktspannung u_{UN}:		
Effektivwert U_{UN}/U_d	$\sqrt{2}/3 = 0{,}471$	$1/\sqrt{6} = 0{,}408$
Amplitude Grundschwingung $\hat{u}_{UN1}/U_d$	$2/\pi = 0{,}637$	$\sqrt{3}/\pi = 0{,}551$

Windungen und bei Annahme einer periodischen, halbschwingungssymmetrischen Spannung lautet das Induktionsgesetz:

$$\overline{U}_{T/2} = 4\,f\,N\,\hat{\Phi}\,. \tag{6.21}$$

In dieser Gleichung ist der arithmetische Mittelwert einer Halbperiode mit $\overline{U}_{T/2}$ gekennzeichnet. (6.21) zeigt, daß für einen konstanten Magnetfluß die Spannung proportional zur Frequenz verändert werden muß.

Eine weitere Notwendigkeit für eine Spannungssteuerung ergibt sich, wenn ein Verbraucher mit konstanter Spannung und konstanter Frequenz aus einer Spannungsquelle gespeist werden soll, deren Spannungswert sich ändert. Das ist bei einer Batterie der Fall, deren Spannung sich zwischen dem vollgeladenen Zustand und dem entladenen Zustand ändern kann. Für eine konstante Ausgangsspannung muß dieser Spannungshub durch die Spannungssteuerung des Wechselrichters ausgeglichen werden.

6.3.1 Steuerverfahren

Wie aus den Werten der Tab. 6.5 hervorgeht, kann die Ausgangsspannung eines Wechselrichters über die eingeprägte Gleichspannung verändert werden. Ein solches Steuerverfahren wird **Amplitudensteuerung** genannt. Seine Funktionsweise ist mit dem Bild 6.24a erläutert. Ein weiteres Steuerver-

6.3 Steuerverfahren zur Änderung der Ausgangsspannung 199

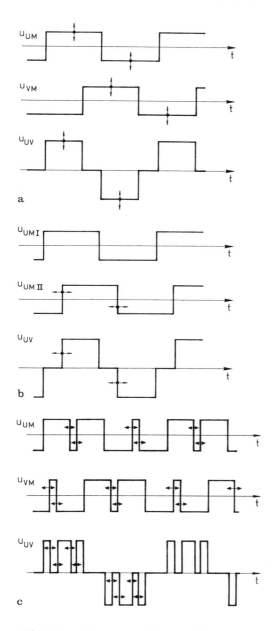

Bild 6.24 Spannungs-Steuerverfahren
a) Amplitudensteuerung b) Schwenksteuerung
c) Pulssteuerverfahren

fahren ergibt sich, wenn getrennt steuerbare Teilwechselrichter für eine Ausgangsspannung verwendet werden. Das kann so ausgeführt sein, daß ein Wechselrichter aus zwei unabhängig von einander steuerbaren Teilwechselrichtern mit je der halben Leistung aufgebaut wird. Dann kann die Ausgangsspannung dadurch eingestellt werden, daß ein Teilwechselrichter gegenüber dem anderen zeitversetzt getaktet wird.

Das ist im Bild 6.24b durch die beiden Spannungen der Teilwechselrichter u_{UMI} und u_{UMII} dargestellt. Die verkettete Ausgangsspannung u_{UV} ist dann stellbar. Wegen des zeitversetzten Taktens wird dieses Steuerverfahren **Schwenksteuerung** genannt.

Da bei der Amplituden- und der Schwenksteuerung außer den Taktumschaltungen keine weiteren Schaltvorgänge innerhalb der Periode der Ausgangsspannung vorkommen, werden sie **Verfahren der Grundfrequenztaktung** genannt.

Ein ganz anderes Prinzip des Steuerns der Ausgangsspannung läßt sich anwenden, wenn zusätzlich zu den Taktumschaltungen weitere Schaltvorgänge innerhalb der Periode der Ausgangsspannung möglich sind. Ein solches Prinzip ist im Bild 6.24c beschrieben. Beim hier gewählten Beispiel können in jeder Halbperiode der idealisierten Wechselrichterspannungen u_{UM}, u_{VM} und u_{WM} die Schalter des Ersatzschaltbildes (Bild 6.14) zweimal umgeschaltet werden. Das ergibt dann für die Spannung u_{UM} den im Bild 6.24c dargestellten Zeitverlauf. Sowohl der Zeitpunkt der Umschaltung auf den Wert $-U_d/2$ als auch die Umschaltung zurück zum Wert $+U_d/2$ innerhalb der Halbperiode mit der positiven Ausgangsspannung, können von der Steuerung beeinflußt werden. Wenn die Umschaltzeitpunkte in der Halbperiode symmetrisch sind und auf die einzelnen Brückenzweige ebenfalls symmetrisch verteilt werden, ergibt sich die Ausgangsspannung u_{UV} wie im Bild 6.24c dargestellt. Bei ihr sind die Umschaltzeitpunkte ebenfalls symmetrisch angeordnet. Es ist zu sehen, daß in ihr dann doppelt so viele Umschaltzeitpunkte wie in den Spannungen u_{UM} und u_{VM} auftreten.

Es ist ersichtlich, daß durch die Wahl der Umschaltzeitpunkte innerhalb der Halbperiode der Effektivwert, die Grundschwingung und die Oberschwingungen der Ausgangsspannung verändert werden können. Verfahren zum Steuern der Ausgangsspannung, bei denen dieses Prinzip angewendet wird, werden **Pulssteuerverfahren** genannt. Die Art und Weise, in der die Umschaltzeitpunkte in der Halbperiode angeordnet sind, wird mit Pulsmuster bezeichnet.

Bei den Pulssteuerverfahren können zwei Prinzipien unterschieden werden:

- Die Umschaltzeitpunkte in der Halbperiode werden durch einen Algorithmus festgelegt. Die idealisierte Zeitfunktion für die Spannung ist dann vorgegeben und der Strom stellt sich entsprechend den Parametern der Last ein.

- Werte für Strom oder Spannung werden gemessen und aus den Meßwerten werden die Schaltzeitpunkte abgeleitet.

Die Verfahren der ersten Gruppe sind Steuerverfahren und werden allgemein als Verfahren der **Pulsbreitenmodulation** bezeichnet. Die Verfahren der letzteren Gruppe können mit dem Begriff **Pulssteuerverfahren mit Rückkopplung** gekennzeichnet werden. Es sind Regelverfahren.

6.3.2 Pulsbreitenmodulation

Bei den Steuerverfahren der Pulsbreitenmodulation werden nach einem Algorithmus die Schaltzeitpunkte oder im Winkelmaß die Schaltwinkel berechnet. Im Bild 6.25 ist ein Beispiel für ein solches Pulsmuster aufgezeichnet. Für das Berechnen der Schaltwinkel α_1, α_2, α_3 ... sind verschiedene Verfahren bekannt.

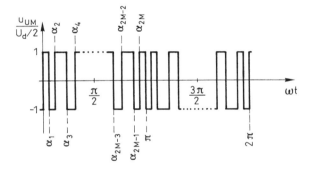

Bild 6.25 Schaltwinkel bei Pulssteuerverfahren

Eine einfache Methode, die Schaltwinkel abzuleiten, ergibt sich aus dem Vergleich einer einstellbaren sinusförmigen Sollwertspannung u_a mit einer Hilfsspannung u_H mit dreieckförmigem Zeitverlauf. Sie wird **Verfahren mit Sinus-Dreieck-Vergleich** bezeichnet. Die Hilfsspannung u_H hat eine konstante Amplitude und eine konstante Frequenz f_H, die ein ganzzahliges Vielfaches der Frequenz der Sollwertspannung ist. Sie ist im allgemeinen auf die Sollwertspannung synchronisiert. Bei großem Frequenzverhältnis f_H/f_a (etwa ab $f_H/f_a > 15$) kann die Hilfsspannung auch asynchron zur Sollwertspannung sein, ohne daß unzulässig große Schwankungen im Betrag und Phasenwinkel der Grundschwingung der Ausgangsspannung auftreten. Mit dem Bild 6.26 wird das Verfahren des Sinus-Dreieck-Vergleiches

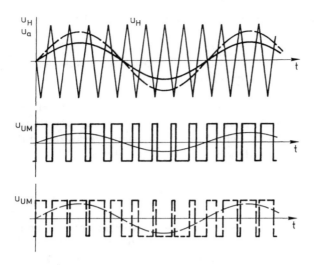

Bild 6.26 Grundprinzip Sinus-Dreieck-Vergleich

erläutert. Im oberen Teil sind die Zeitverläufe der Hilfsspannung u_H und zwei verschiedene Sollwertspannungen u_a aufgezeichnet. Das Frequenzverhältnis f_H/f_a beträgt für dieses Beispiel 9. Im zweiten Kurvenzug ist das Ergebnis des Vergleiches der durchgezogen gezeichneten Sollwertkurve und der Hilfsspannung wiedergegeben. Als Ergebnis ist die idealisierte Ausgangsspannung u_{UM} aufgezeichnet. Sie wird in dieser Form mit idealen Ventilen und vollständig geglätteter Eingangsspannung U_d erreicht.

Die Schaltwinkel werden so bestimmt, daß - die positive Halbperiode der Grundfrequenz sei betrachtet - immer dann, wenn u_H kleiner ist als u_a, der positive Pol der Spannung U_d auf den Ausgang U geschaltet wird. In der negativen Halbperiode wird entsprechend geschaltet. Das Ergebnis ist die gepulste Spannung u_{UM}. Ein entscheidender Vorteil dieses Steuerverfahrens ist, daß der gleitende Mittelwert von u_{UM} einen sinusförmigen Zeitverlauf hat. Dieser ist im mittleren Kurvenzug des Bildes 6.26 eingezeichnet. Aus diesem Grund wird das Verfahren, das mit dem Vergleich einer sinusförmigen Sollwertspannung und einer dreieckförmigen Hilfsspannung arbeitet, Unterschwingungsverfahren genannt.

Das nach diesem Verfahren erzeugte Pulsmuster wird stark vom Frequenzverhältnis f_H/f_a beeinflußt. Das Bild 6.27 zeigt verschiedene Beispiele mit unterschiedlichen Werten für f_H/f_a. Es sind Pulsmuster mit einer Dreifach- und einer Siebenfach-Taktung gezeigt. In allen diesen Beispielen mit einem kleinen Frequenzverhältnis f_H/f_a ist die Abtastspannung u_H auf die Sollwertspannung u_a synchronisiert.

6.3 Steuerverfahren zur Änderung der Ausgangsspannung 203

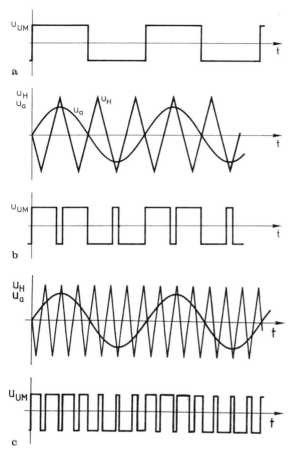

Bild 6.27 Beispiele Sinus-Dreieck-Vergleich mit verschiedenen Frequenzverhältnissen f_H/f_a
a) Grundfrequenztaktung b) Dreifach-Taktung
c) Siebenfach-Taktung

Ist das Frequenzverhältnis f_H/f_a geradzahlig, dann ist das Ergebnis eine nicht halbschwingungssymmetrische Spannung. Zum Erzeugen eines symmetrischen, dreiphasigen Spannungssystems müssen jeweils nach T/3 dieselben Vergleichsbedingungen vorliegen. Das Frequenzverhältnis f_H/f_a sollte deshalb durch drei teilbar sein. Für Halbschwingungssymmetrie und Symmetrie der drei Ausgangsspannungen ist zu wählen:

$$f_H/f_a = (2n+1)3 \quad \text{mit} \quad n = 0, 1, 2, 3 \dots . \tag{6.22}$$

Werden als Abtastspannungen andere als die symmetrische Dreieckspannung verwendet, so kann auf die Lage der Zwischentakte in der Halbperiode Einfluß genommen werden. Das Bild 6.28 zeigt noch einmal die schon beschriebene Dreifach-Taktung. Der Zwischentakt liegt in der Mitte der Halbperiode (Dreifach-Mitten-Taktung). Wird die Dreieckspannung wie im Bild 6.28b modifiziert, so läßt sich eine Dreifach-Taktung ableiten, bei der der Zwischentakt an den Seiten der Halbperiode liegt (Dreifach-Seiten-Taktung). Ein weiterer Unterschied der Pulsmuster der Bilder 28a und b besteht darin, daß bei dem Muster mit dem Mitten-Takt die Halbperiode mit einem positiven Spannungswert und die Halbperiode beim Seiten-Takt mit einem negativen Spannungswert beginnt. Die Lage des Zwischentaktes innerhalb der Halbperiode macht sich auf die Größe und den Phasenwinkel der Oberschwingungen bemerkbar.

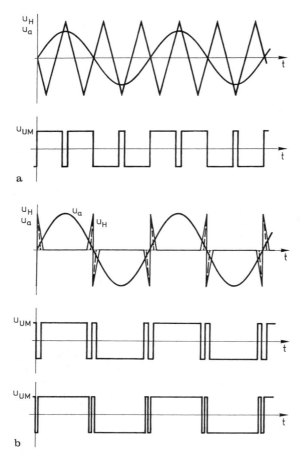

Bild 6.28 Verschiedene Methoden der Dreifach-Taktung
a) Dreifach-Mitten-Taktung
b) Dreifach-Seiten-Taktung mit verschiedener Aussteuerung

6.3 Steuerverfahren zur Änderung der Ausgangsspannung 205

Das Verhältnis der Amplituden von u_a und u_H wird Modulationsgrad m genannt. Dieser beträgt für das erste im Bild 6.26 betrachtete Beispiel m = 0,5. Für den unterbrochen gezeichneten Sollwert u_a im oberen Kurvenzug dieses Bildes ist das Ergebnis des Vergleiches in Form der Schaltwinkel im unteren Kurvenzug dargestellt. Dabei ist m = 0,8 und es ist zu erkennen, daß der gleitende Mittelwert der Ausgangsspannung größere Augenblickswerte hat als bei m = 0,5. Mit dem Modulationsgrad m wird das Pulsmuster und die Aussteuerung des Wechselrichters verändert.

Solange m < 1 wird die Anzahl der Umschaltungen innerhalb einer Halbperiode der Grundfrequenz nicht geändert, das Verhältnis f_H/f_a bleibt in seinem Wert erhalten. Erst bei Übermodulation mit m > 1 fallen Schnittpunkte der Kurven u_H und u_a und damit Umschaltungen weg. Damit wird die der Grundfrequenz überlagerte Pulsfrequenz vermindert.

Bei den bisherigen Beispielen zur Pulsbreitenmodulation wurden analoge Spannungen sowohl für den Sollwert als auch für die Hilfsspannung verwendet. Es handelt sich um analoge Modulationsverfahren. Sollen für eine digitale Steuerung die Spannungen u_a und u_H durch digitale Signale ersetzt und die Schaltwinkel damit berechnet werden, so ist die sich beim Sinus-Dreieck-Vergleich ergebende transzendente Gleichung nur numerisch zu lösen (s. auch Aufgabe 6.7). Für eine digitale Steuerung kann das Signal für die Sollwertspannung u_a mit Hilfe der Abtastspannung u_H in eine Funktion mit abschnittsweise konstanten Werten verwandelt werden. Zu den Abtastzeitpunkten wird der u_a-Wert gespeichert und beim nächsten Abtastwert auf

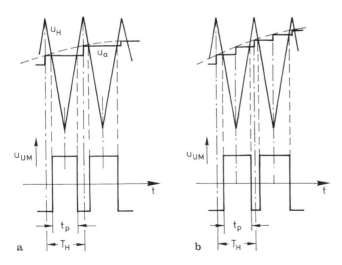

Bild 6.29 Sinus-Dreieck-Vergleich mit digitalisiertem Sollwert
Regular Sampling a) symmetrisch b) unsymmetrisch

den neuen u_a-Wert geschaltet. Aus den Schnittpunkten dieser Funktion mit der des u_H-Signals werden die Schaltzeitpunkte gewonnen. Dieses Verfahren wird Regular Sampling Pulsbreitenmodulation genannt. Der Sinus-Dreieck-Vergleich mit analogen Größen wird auch Natural Sampling Pulsbreitenmodulation genannt.

Das Bild 6.29 gibt zwei Beispiele für das Verfahren Regular Sampling. Im Bild 6.29a wird der u_a-Wert für die volle Periodendauer T_H gehalten. Die sich aus den Schnittpunkten ergebenden Schaltzeitpunkte führen zu einem Impuls in der Spannung u_{UM}, der symmetrisch in der Periodendauer T_H liegt. Im Bild 6.29b wird der u_a-Wert nur für die halbe Periodendauer T_H gehalten. Es ergeben sich zwei Schnittpunkte in einer Periode und der entstehende Impuls in der Spannung u_{UM} liegt unsymmetrisch zur Periodendauer T_H. Ersteres Verfahren wird symmetrisches und letzteres wird unsymmetrisches Regular Sampling Verfahren genannt. Wenn aus Zeitgründen möglich, sollte das unsymmetrische Verfahren angewendet werden.

6.3.3 Bestimmen der Schaltwinkel über die Berechnung der Harmonischen

In den beschriebenen Beispielen der Pulsbreitenmodulation wurden die Schaltwinkel durch Vergleichen der Sollwertspannung mit einer abtastenden Hilfsspannung bestimmt. Ein anderer Ansatz, die Schaltwinkel festzulegen, ergibt sich, wenn die Harmonischen der Spannung u_{UM} über die Entwicklung der Fourier-Reihe berechnet werden.

Das Bild 6.25 zeigt ein Pulsmuster mit M zusätzlich zu den Taktumschaltungen innerhalb einer Viertelperiode vorhandenen Schaltwinkeln $\alpha_1, \alpha_2 \ldots \alpha_M$. Die einzelnen Schaltwinkel bestimmen den Zeitverlauf der idealisierten Ausgangsspannung des Wechselrichters. Damit sind auch die Grundschwingung und die Oberschwingungen dieser Spannung bestimmt. Umgekehrt können von Festlegungen über die Grundschwingungsamplitude und die Oberschwingungsamplituden die Schaltwinkel des Pulsmusters berechnet werden.

Wird die Halbschwingungssymmetrie berücksichtigt und die Bezugsachse wie in Bild 6.25 gewählt, dann ergeben sich die Glieder der Fourier-Reihe zu:

$$\frac{\hat{u}_{UMn}}{\hat{u}_{UM1max}} = \pm \frac{1}{n} \left[1 + 2 \sum_{i=1}^{M} (-1)^i \cos(n\alpha_i) \right]. \tag{6.23}$$

Hierin sind:

$\hat{u}_{UMn}$: Amplitude der n-ten Harmonischen,
$\hat{u}_{UM1max}$: Amplitude der Grundschwingung bei maximaler Aussteuerung (Grundfrequenztaktung) $\hat{u}_{UM1max} = 4\, U_d / 2\pi$,

6.3 Steuerverfahren zur Änderung der Ausgangsspannung

n: Ordnungszahl; da Halbschwingungssymmetrie angenommen wird, gilt n = 1, 3, 5 ... ,

M: Anzahl der zusätzlich zu den Grundfrequenz-Umschaltungen, vorhandenen Umschaltungen innerhalb einer Viertelperiode,

α_i: Schaltwinkel.

Das positive Vorzeichen in (6.23) ist dann zu verwenden, wenn im ersten Abschnitt die Spannung u_{UM} positiv ist, d.h.

$$u_{UM}(\omega t) > 0 \quad \text{in} \quad 0 < \omega t < \alpha_1.$$

Das negative Vorzeichen ist zu verwenden, wenn

$$u_{UM}(\omega t) < 0 \quad \text{in} \quad 0 < \omega t < \alpha_1.$$

Die Gleichung (6.23) gilt für Pulsmuster mit unterschiedlichen Taktzahlen. Deshalb wurde als Normierungswert die Amplitude der Grundschwingung bei Grundfrequenztaktung gewählt.

Von den n Gleichungen in (6.23) können M zur Berechnung der M Schaltwinkel benutzt werden. Eine der Gleichungen wird dazu verwendet, den Aussteuergrad und damit die Höhe der Ausgangsspannung festzulegen. Dazu können verschiedene Werte der Ausgangsspannung verwendet werden. Im allgemeinen wird die Amplitude der Grundschwingung benutzt.

Über die Festlegung der Grundschwingung hinaus sind dann noch (M - 1) Freiheitsgrade für die Bestimmung der Schaltwinkel vorhanden. Diese können dazu benutzt werden, den Pulsmustern bestimmte Eigenschaften zu geben. Das kann nach verschiedenen Gesichtspunkten erfolgen:

a) Die Schaltwinkel werden so gewählt, daß bestimmte Oberschwingungen verschwinden. Das erfolgt durch Nullsetzen der betreffenden Oberschwingungsamplitude in (6.23). Dieses Verfahren wird **Eliminationsmethode** genannt.

b) Es wird eine Kenngröße definiert, die ein Maß für störende Wirkungen der Oberschwingungen ist. Hierzu rechnen die Stromwärmeverluste in einer Maschine, Pendelmomente einer Maschine und die Netzrückwirkungen. Diese Kenngröße wird durch geeignete Wahl der Schaltwinkel optimiert - **optimiertes Pulsmuster**.

Optimieren nach dem Effektivwert des Oberschwingungsstromes

Im folgenden soll als Belastung für den Wechselrichter eine symmetrische Drehstrom-Asynchronmaschine angenommen werden, deren Wicklungssternpunkt nicht angeschlossen ist. Dann heben sich außer den wegen der

Symmetriebedingungen wegfallenden Oberschwingungen noch die Oberschwingungen im Strom heraus, deren Ordnungszahlen durch 3 teilbar sind. Damit verbleiben als wirksame Oberschwingungen im Strom noch die mit den Ordnungszahlen

$$n = 6\,l \pm 1 \quad l = 1, 2, 3\ldots\,.$$

Für die Optimierung soll weiter angenommen werden, daß die Oberschwingungsströme nur durch die Streureaktanzen der Maschine bestimmt werden. Jeder einzelne Oberschwingungsstrom kann dann berechnet werden:

$$\hat{i}_n = \frac{\hat{u}_n}{n\,\omega_1\,L_\sigma} \quad , \quad I_n = \frac{\hat{u}_n}{\sqrt{2}\,n\,\omega_1\,L_\sigma}\,. \tag{6.24}$$

Hierbei wurden gegenüber (6.23) die Indizes UM weggelassen. Der Effektivwert des Oberschwingungsstromes ergibt sich dann wie folgt:

$$J_{OS} = \sqrt{\sum J_n^2} = \frac{1}{\sqrt{2}\,\omega_1\,L_\sigma}\sqrt{\sum\left(\frac{\hat{u}_n}{n}\right)^2}, \tag{6.25}$$

L_σ Streuinduktivität der Maschine,
ω_1 Kreisfrequenz der Grundschwingung,
n   Ordnungszahl der vorhandenen Oberschwingungen
    mit $n = 6\,l \pm 1 \quad l = 1, 2, 3\ldots\,.$

Als Bezugsgröße wird weiter die Amplitude der Grundschwingung bei Grundfrequenztaktung $\hat{u}_{1max}$ verwendet:

$$J_{OS} = \frac{\hat{u}_{1max}}{\sqrt{2}\,\omega_1\,L_\sigma}\,\frac{1}{\hat{u}_{1max}}\sqrt{\sum\left(\frac{\hat{u}_n}{n}\right)^2} \quad ; \quad \hat{u}_{1max} = \frac{4}{\pi}\frac{U_d}{2}\,.$$

Es soll $I_{1max} = \hat{u}_{1max}/(\sqrt{2}\,\omega_1\,L_\sigma)$ als Bezugsgröße verwendet werden:

$$k_i = \frac{J_{OS}}{J_{1max}} = \frac{1}{\hat{u}_{1max}}\sqrt{\sum\left(\frac{\hat{u}_n}{n}\right)^2}. \tag{6.26}$$

Der so definierte Faktor k_i ist der auf den Effektivwert der Grundschwingung bei Grundfrequenztaktung bezogene Effektivwert des Oberschwingungsstromes. Mit dem Begriff **Oberschwingungsgehalt** wird üblicherweise der auf den Effektivwert des Stromes bezogene Effektivwert des Oberschwingungsstromes I_{OS}/I bezeichnet. Der Unterschied zum hier verwendeten Faktor k_i, der rechnerische Vorteile hat, ist zu beachten.

Der Faktor k_i ist nur von den Werten der Umschaltwinkel $\alpha_1, \alpha_2 \ldots$ bis α_M abhängig. Werden diese Umschaltwinkel unter der Bedingung, daß k_i ein

6.3 Steuerverfahren zur Änderung der Ausgangsspannung 209

Minimum wird, berechnet, so ergeben sich die gesuchten, nach diesem Gesichtspunkt **optimierten Pulsmuster**.

Als Beispiel sei das optimierte Pulsmuster mit Fünffach-Takt gezeigt. Bei ihm ist M = 2. Das Bild 6.30 zeigt die Möglichkeiten der unterschiedlichen Lage der Schaltwinkel innerhalb der Viertelperiode. Sie führen zu unterschiedlichen Ergebnissen. Im oberen Kurvenzug sind α_1 und α_2 in der Nähe der Umschaltpunkte bei Grundfrequenztaktung, an der Seite der Viertelperiode gelegen: Fünffach Seite-Seite Takt SS5. Entsprechend ist der mittlere Kurvenzug ein Mitte-Seite Takt MS5 und der untere Kurvenzug ein Mitte-Mitte Takt MM5.

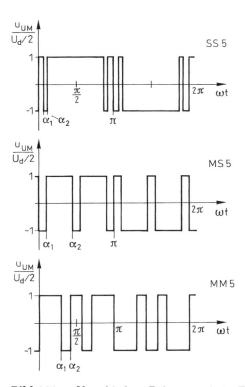

Bild 6.30 Verschiedene Pulsmuster beim Fünffach-Takt

Die Bilder 6.31 und 6.32 zeigen als Ergebnis die optimierten Schaltwinkel. In 6.31 sind sie für die beiden Pulsmuster MM5 und SS5 für den gesamten Aussteuerbereich gezeichnet. Dabei wurde als Maß der Aussteuerung das Verhältnis $\hat{u}_1/\hat{u}_{1max}$ gewählt. In 6.32 ist der Faktor k_i für alle drei Pulsmuster in Abhängigkeit von der Aussteuerung aufgezeichnet. Aus ihm kann das absolute Minimum gewonnen werden. Es zeigt sich, daß bis zu $\hat{u}_1/\hat{u}_{1max} = 0.8$ der MM5-Takt das beste Ergebnis liefert.

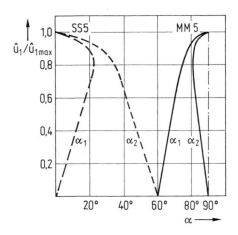

Bild 6.31 Schaltwinkel bei zwei Pulsmustern des Fünffach-Taktes

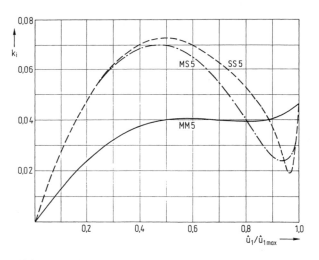

Bild 6.32 Relativer Effektivwert des Oberschwingungsstromes bei den Pulsmustern des Fünffach-Taktes

Bei größerer Aussteuerung lösen sich MS5 und SS5 mit minimalen Werten für k_i ab. Das Bild 6.33 faßt das Ergebnis des minimalen Faktors k_i im gesamten Aussteuerbereich zusammen. Im linken Diagramm sind die optimalen Schaltwinkel dargestellt. Im rechten Diagramm sind für bestimmte Werte der Aussteuerung schematisch die Pulsmuster gezeichnet.

6.3 Steuerverfahren zur Änderung der Ausgangsspannung   211

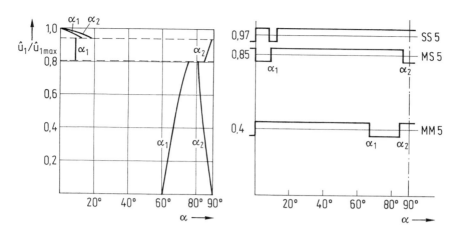

Bild 6.33 Optimierte Schaltwinkel des Fünffach-Taktes

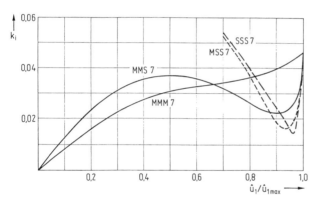

Bild 6.34 Relativer Effektivwert des Oberschwingungsstromes bei den Pulsmustern des Siebenfach-Taktes

Die Bilder 6.34 und 6.35 zeigen schließlich das Ergebnis der Optimierung des Pulsmusters mit Siebenfach-Takt, $M = 3$.

Im Bild 6.36 ist der Faktor k_i für Pulsmuster nach verschiedenen Steuerverfahren über der Aussteuerung dargestellt. Es werden die Werte des Sinus-Dreieck-Verfahrens mit den Ergebnissen der optimierten Schaltwinkel verglichen. In diesem Bild sind die Kurven des Sinus-Dreieck-Verfahrens mit D gekennzeichnet. Die zusätzliche Ziffer gibt das verwendete Frequenzverhältnis f_H/f_a an.

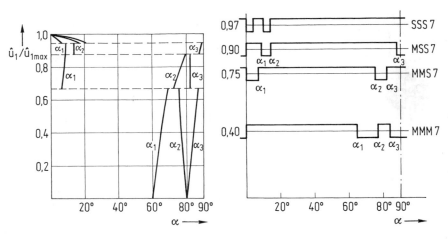

Bild 6.35 Optimierte Schaltwinkel des Siebenfach-Taktes

Einfluß veränderbarer Grundschwingungsfrequenz

Der Faktor k_i ermöglicht den in Bild 6.36 gezeigten Vergleich verschiedener Pulsmuster bei gleicher Grundschwingungsfrequenz. Ein Vergleich bei unterschiedlichen Grundschwingungsfrequenzen ist mit dem Faktor k_i nicht möglich. Da bei sehr vielen Anwendungen eine frequenzproportionale Spannungsaussteuerung angewendet wird, soll aus dem Faktor k_i für diesen Fall der Faktor k_{if} abgeleitet werden. Dieser gilt dann bei frequenzproportionaler Aussteuerung im gesamten Aussteuerungsbereich:

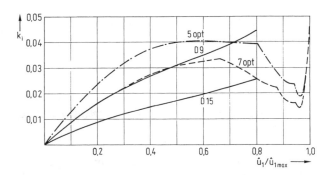

Bild 6.36 Relativer Effektivwert des Oberschwingungsstromes verschiedener Pulsmuster
D9 Sinus-Dreieck-Vergleich $f_H/f_a = 9$
D15 Sinus-Dreieck-Vergleich $f_H/f_a = 15$

6.3 Steuerverfahren zur Änderung der Ausgangsspannung 213

$$k_{if} = k_i \frac{1}{U_1/U_{1N}} = k_i \frac{1}{\omega_1/\omega_{1N}}, \quad (6.27)$$

ω_{1N} Nennwert der Grundschwingungsfrequenz,
U_{1N} Grundschwingung der Nennspannung.

Der Faktor k_{if} ist also ein Maß für die Größe des Oberschwingungsstromes im gesamten Frequenzbereich bei frequenzproportionaler Spannungsaussteuerung.

Im Bild 6.37 ist der Faktor k_{if} für die verschiedenen schon in Bild 6.36 gezeigten Pulsmuster dargestellt.

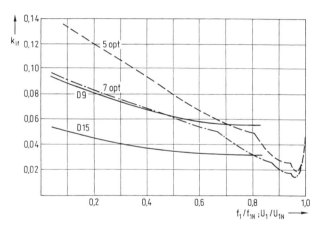

Bild 6.37 Relativer Effektivwert des Oberschwingungsstromes verschiedener Pulsmuster bei frequenzproportionaler Aussteuerung der Spannung

Einfluß einer begrenzten Pulsfrequenz

Im allgemeinen hat ein spannungsgespeister Wechselrichter eine obere Grenze der Pulsfrequenz. Diese wird durch die Ventileigenschaften, dabei besonders durch die Schaltverluste in den Ventilen und den Beschaltungselementen, bestimmt. Wird die maximal zulässige Pulsfrequenz bei einem bestimmten Pulsmuster erreicht, muß auf ein anderes, mit niedrigerer Pulsfrequenz übergegangen werden, auch wenn der relative Effektivwert des Oberschwingungsstromes zunimmt. Das soll mit dem Bild 6.38 anschaulich gemacht werden. Wird bei kleiner Aussteuerung ein Pulsmuster aus dem Sinus-Dreieck-Vergleich mit dem Frequenzverhältnis $f_H/f_a = 15$ (Bezeichnung D15) gewählt, dann wird bei A die maximale Pulsfrequenz erreicht und es

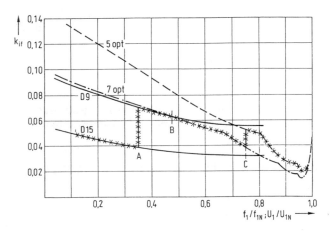

Bild 6.38 Übergang zwischen Pulsmustern wegen begrenzter Pulsfrequenz

muß auf das Pulsmuster D9 umgeschaltet werden. Es verwendet den Sinus-Dreieck-Vergleich mit $f_H/f_a = 9$. Bei weiter steigender Aussteuerung wird bei B wegen des kleineren Wertes für den relativen Effektivwert des Oberschwingungsstromes auf das optimierte Pulsmuster mit dem Siebenfach-Takt übergegangen. Beim Punkt C muß mit Erreichen der maximalen Pulsfrequenz auf den optimierten Fünffach-Takt umgeschaltet werden.

6.3.4 Raumzeiger-Modulation

Im Bild 6.23a sind die Spannungsraumzeiger des Zweistufen-Wechselrichters bei Grundfrequenztaktung aufgezeichnet. Eine Pulssteuerung, wie sie bisher mit verschiedenen Pulsmustern beschrieben wurde, bedeutet in Raumzeigerdarstellung, daß zwischen den Schaltzuständen 1 bis 8 gewechselt wird. Bei Grundfrequenztaktung durchläuft der Spannungsraumzeiger die Schaltstufen 1 bis 6 gleichmäßig und verbleibt in jeder Stufe die gleiche Zeit.

Innerhalb der von den Punkten 1 bis 6 im Bild 6.23a aufgespannten sechseckigen Fläche kann im Mittel jeder Spannungsraumzeiger eingestellt werden, wenn nur jeweils die drei Schaltstufen für einen bestimmten Zeitabschnitt eingeschaltet werden, die den Sektor begrenzen, in dem der gewünschte Spannungsraumzeiger liegt. So wird im Beispiel des Bildes 6.39 der Spannungsraumzeiger $\underline{u}$ durch das abwechselnde Einschalten der Schaltstufen 1, 2 und 7 oder 8 eingestellt.

Für die Raumzeiger-Modulation werden die Zeiten für jede Schaltstufe so berechnet, daß sie proportional zu den Spannungsanteilen sind.

Mit T_{ab} sei das vollständige Intervall bezeichnet, in dem die Schaltstufen 1, 2 und 7 oder 8 durchlaufen werden. T_{ab} kann maximal der sechste Teil der

6.3 Steuerverfahren zur Änderung der Ausgangsspannung

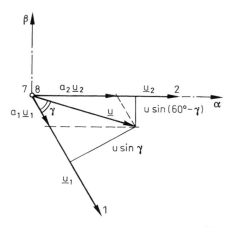

Bild 6.39 Zur Raumzeiger-Modulation

Grundfrequenzperiode sein. T_1 und T_2 bezeichnen die Einschaltzeiten der Schaltstufen 1 und 2. Nach Bild 6.39 setzt sich der Spannungsraumzeiger $\underline{u}$ aus den Anteilen $a_1 \underline{u}_1$ und $a_2 \underline{u}_2$ zusammen:

$$\underline{u} = a_1 \underline{u}_1 + a_2 \underline{u}_2 = \frac{T_1}{T_{ab}} \underline{u}_1 + \frac{T_2}{T_{ab}} \underline{u}_2 . \tag{6.28}$$

Mit $u_1 = u_2 = 2U_d/3$ und den geometrischen Beziehungen des Dreiecks mit dem Winkel γ ergeben sich:

$$a_1 u_1 = \frac{2}{\sqrt{3}} u \sin(60° - \gamma) \quad ; \quad a_2 u_2 = \frac{2}{\sqrt{3}} u \sin \gamma ,$$

$$\frac{T_1}{T_{ab}} = \frac{a_1 u_1}{u} = \sqrt{3} \frac{u}{U_d} \sin(60° - \gamma) ,$$

$$\frac{T_2}{T_{ab}} = \frac{a_2 u_2}{u} = \sqrt{3} \frac{u}{U_d} \sin \gamma . \tag{6.29}$$

Die Zeiten für die Schaltstufen 7 oder 8 ergeben sich zu:

$$T_7 = T_8 = T_{ab} - (T_1 + T_2) . \tag{6.30}$$

Damit können die Zeiten für die Schaltstufen 1, 2 und 7 oder 8 aus dem Spannungsraumzeiger $\underline{u}$ berechnet werden.

Die Einschaltreihenfolge der jeweiligen drei Schaltstufen soll so gewählt werden, daß insgesamt sich eine minimale Pulsfrequenz für den dreiphasigen

Wechselrichter ergibt. Das kann erreicht werden, wenn die Schaltstufen 7 und 8 abwechselnd verwendet und die anderen beiden Schaltstufen so geschaltet werden, daß jede neue Schaltstufe mit nur einer Umschaltung in einem Wechselrichterzweig erzielt wird. Für das Beispiel im Bild 6.39 ergibt sich die Reihenfolge ...8 1 2 7 2 1 8 1 2 7 2... .

6.3.5 Zweipunktregelung

Bisher wurden Beispiele für Steuerverfahren behandelt. Bei induktiven Verbrauchern kann der Laststrom und bei kapazitiven Verbrauchern die Lastspannung als Regelgröße einer Zweipunktregelung verwendet werden. Ersteres ist bei der Anwendung mit Motoren und leztetes bei der Anwendung mit Filterkondensatoren möglich.

Bei einer Zweipunktregelung werden die Umschaltzeitpunkte im Pulsmuster durch einen Soll-Ist-Vergleich gewonnen. Es wird ein Sollwert und ein Wert für die Abweichung davon vorgegeben. Diese Abweichung wird Schwankungsbreite oder Toleranz genannt. Der Augenblickswert der Regelgröße ändert sich innerhalb der Schwankungsbreite. Erreicht er die maximale Abweichung wird so geschaltet, daß die Regelgröße kleiner wird. Das wird im allgemeinen bei der Zweipunktregelung eines Stromes dadurch erreicht, daß die Ventile des Wechselrichters so geschaltet werden, daß die induktive Last im Freilauf oder auf eine Gegenspannung entladen wird. Erreicht er die minimale Abweichung wird so geschaltet, daß der Augenblickswert größer wird. Die Ventile des Wechselrichters sind so geschaltet, daß eine treibende Spannung den Laststrom vergrößert. Es ergibt sich ein Toleranzband um den Sollwert.

Das Bild 6.40 zeigt ein Beispiel für eine Zweipunktregelung des Stromes. Der Sollwert i_{soll} ist als Sinusgröße vorgegeben. Die Schwankungsbreite ist mit ΔI angegeben. Der Augenblickswert des Stromes i_{ist} hängt von der Zeitkonstanten der Last ab. Aus den jeweiligen Schnittpunkten von i_{ist} mit den Kurven $i_{soll} + \Delta I/2$ und $i_{soll} - \Delta I/2$ ergeben sich die Umschaltzeitpunkte. In der unteren Kurve vom Bild 6.40 ist das erzeugte Pulsmuster gezeichnet. Darin ist der gleitende Mittelwert der Ausgangsspannung mit u_{UM1} bezeichnet. Der Zeitverlauf für den Sollwert der Regelgröße kann frei vorgegeben werden. Ebenso kann zur Ableitung bestimmter Pulsmuster eine zeitabhängige Schwankungsbreite vorgegeben werden.

Bei der beschriebenen Zweipunktregelung von Strom oder Spannung stellt sich die Pulsfrequenz frei ein. Sie ist in erster Näherung der Schwankungsbreite ΔI und der Zeitkonstanten τ der Last umgekehrt proportional.

$$f_P \approx \frac{1}{\Delta I} \frac{1}{\tau}.$$

6.3 Steuerverfahren zur Änderung der Ausgangsspannung   217

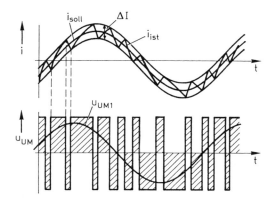

Bild 6.40   Zweipunktregelung mit sinusförmigem Strom-Sollwert

Es ist ersichtlich, daß bei wenigen Umschaltungen innerhalb der Periode der Grundfrequenz, also bei kleinen Pulsfrequenzen, sehr große Abweichungen des Istwertes vom Sollwert auftreten können.

6.3.6 Abweichungen von den ermittelten Pulsmustern

Bisher wurde angenommen, daß die nach den verschiedenen Methoden abgeleiteten Pulsmuster auch in der Ausgangsspannung des Umrichters auftreten. Das kann nur für ideale Schalter im Wechselrichter und eine vollständig geglättete Gleichspannung gelten. Die in den Wechselrichtern verwendeten abschaltbaren Ventile weichen von idealen Schaltern dadurch ab, daß sie Schaltverzugszeiten, Durchschaltzeiten und Mindestzeiten für den Ein- und den Auszustand haben. Diese Zeiten haben für die verschiedenen Arten von abschaltbaren Ventilen unterschiedliche Werte. Durch diese Zeiten kann es zum Wegfall von Impulsen innerhalb des Pulsmusters beim Sinus-Dreieck-Vergleich, zu Oberschwingungen, die größer sind als aus der Optimierung berechnet und zu zusätzlichen Abweichungen vom sinusförmigen Sollwert der Grundfrequenz bei einer Zweipunktregelung kommen. Die Schalteigenschaften der abschaltbaren Ventile und ihre Auswirkungen auf die Ausgangsspannung des Umrichters müssen deshalb bei der Auswahl des Steuerverfahrens berücksichtigt werden.

6.4 WS/GS-U-Umrichter am starren Netz

Als ein Anwendungsbeispiel soll der WS/GS-U-Umrichter betrachtet werden, der auf der WS-Seite an ein starres Netz angeschlossen ist. Dieses Netz kann das einer Energieversorgung sein und über den Umrichter soll Energie aus Solar-Generatoren oder aus mit Windkraft angetriebenen Generatoren eingespeist werden. Wird die Gleichspannung über einen weiteren Umrichter aus einem Energieversorgungsnetz gewonnen, kann diese Schaltung zur Kupplung von Netzen verwendet werden.

Das Bild 6.41a zeigt die Schaltung des WS/GS-U-Umrichters. Wegen der eingeprägten Spannung auf der GS-Seite ist das Dreiphasennetz über Induktivitäten L_K anzuschließen. Die im Umrichter verwendeten Spannungsventile ermöglichen mit der Umkehr der Stromrichtung auf der GS-Seite eine Umkehr der Richtung des Energieflusses. Damit sind auch beide Richtungen der Leistungsübertragung auf der WS-Seite möglich. Im folgenden soll untersucht werden, wie durch den WS/GS-U-Umrichter der Leistungsaustausch mit dem Netz gesteuert werden kann. Um unerwünschte Leistungspulsationen zu vermeiden, muß der Umrichter synchron zur Frequenz des Netzes gesteuert werden.

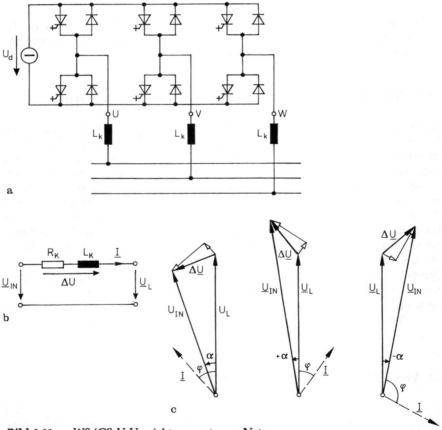

Bild 6.41 WS/GS-U-Umrichter am starren Netz
a) Schaltbild b) einphasiges Ersatzschaltbild
c) Zeigerdiagramme für verschiedene Winkel φ

6.4 WS/GS-U-Umrichter am starren Netz

Sind die Spannungen des Netzes symmetrisch zueinander und der Umrichter symmetrisch aufgebaut und gesteuert, dann kann die Schaltung durch ein einphasiges Ersatzschaltbild beschrieben werden (Bild 6.41b). Wird die Netzspannung U_L sinusförmig angenommen und von der Umrichterspannung U_{IN} und vom Strom I nur die Grundschwingung betrachtet (Grundschwingungsmodell), dann kann mit komplexen Größen gerechnet und ein Zeigerdiagramm in der komplexen Ebene gezeichnet werden. Mit R_K werden die Verluste in der Kupplungsinduktivität berücksichtigt, φ_K sei ihr Phasenwinkel:

$$\underline{Z}_K = Z_K \exp(j\,\varphi_K)\,.$$

Für das starr angenommene Netz ist $\underline{U}_L$ konstant in Betrag und Winkel. $\underline{U}_L$ wird reell gewählt und als Normierungsgröße verwendet. Die Steuermöglichkeit durch den Umrichter besteht darin, daß einmal der Betrag der Spannung U_{IN} gegenüber U_L verändert werden kann ($U_{IN} = \lambda\, U_L$) und daß U_{IN} gegenüber U_L um den Winkel α gedreht werden kann:

$$\underline{U}_{IN} = \lambda\, U_L \exp(j\,\alpha)\,.$$

U_{IN} ist die Spannung des Umrichters auf der WS-Seite, die aus der Spannung der GS-Seite U_d hervorgeht. Für die Änderung ihres Betrages kann eines der beschriebenen Steuerverfahren (Amplituden-, Schwenk-, Pulssteuerverfahren) verwendet werden.

Aus dem Ersatzschaltbild wird gewonnen:

$$\Delta\underline{U} = \underline{U}_{IN} - \underline{U}_L = \lambda\, U_L \exp(j\,\alpha) - U_L\,, \tag{6.29}$$

$$\underline{I} = \frac{\Delta\underline{U}}{\underline{Z}_K} = \lambda\,\frac{U_L}{Z_K}\exp(j(\alpha - \varphi_K)) - \frac{U_L}{Z_K}\exp(-j\,\varphi_K)\,. \tag{6.30}$$

Diese Zeigergrößen sind im Bild 6.41c anschaulich gemacht. Dort sind die Zeigerdiagramme einmal für voreilenden Strom und in zwei Beispielen für nacheilenden Strom gegenüber der Netzspannung gezeichnet. Mit dem Winkel φ ist der Phasenwinkel zwischen dem Strom $\underline{I}$ und der Netzspannung $\underline{U}_L$ bezeichnet. Es ist zu erkennen, daß für einen konstant angenommenen Betrag des Stromes, aber unterschiedliche Phasenwinkel φ, unterschiedliche Werte für den Steuerwinkel α und unterschiedliche Werte für das Betragsverhältnis vorliegen müssen. Wird der Phasenwinkel φ um 360° verändert, dann dreht sich der Zeiger $\Delta\underline{U}$ ebenfalls um 360° um die Spitze des Zeigers $\underline{U}_L$. Dabei wird deutlich, daß bei kleinen Werten für $\Delta\underline{U}$, also bei kleinen Werten der Kupplungsinduktivität, die Steuergrößen nur in kleinen Bereichen verändert werden. Für die Auflösung des Steuerwinkels α ist das von Nachteil, für die Wahl des Spannungsverhältnisses λ ist es ein Vorteil. Bei großen Werten der Kupplungsinduktivität ist das Spannungsverhältnis λ groß und die Spannung U_d, die U_{IN} bestimmt, ist entsprechend zu dimensionieren.

6 WS/GS-Umrichter mit eingeprägter Gleichspannung (WS/GS-U-Umrichter)

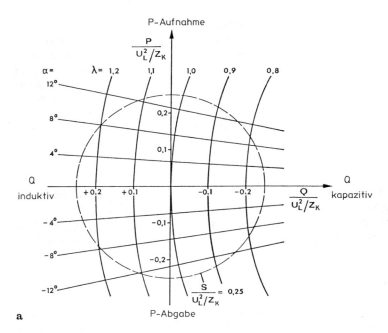

a

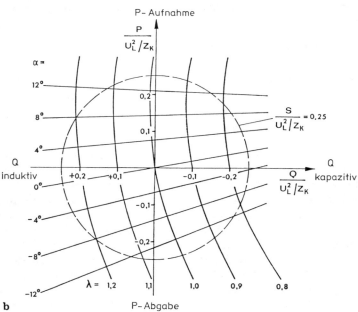

b

Bild 6.42 P-Q-Diagramm mit den Parametern α und λ
a) mit $\varphi_K = 90°$ b) mit $\varphi_K = 80°$

6.4 WS/GS-U-Umrichter am starren Netz

Unter Verwendung des konjugiert-komplexen Zeigers des Stromes, hier gekennzeichnet mit $\underline{I}^*$, können Wirk- und Blindleistung aus (6.30) abgeleitet werden.

$$P = \text{Re}(\underline{U}_L \underline{I}^*) \quad ; \quad Q = \text{Im}(\underline{U}_L \underline{I}^*),$$

$$\frac{P}{U_L^2/Z_K} = \lambda \cos(\alpha - \varphi_K) - \cos \varphi_K,$$

$$\frac{Q}{U_L^2/Z_K} = -\lambda \sin(\alpha - \varphi_K) - \sin \varphi_K.$$
(6.31)

Wird eine verlustfreie Kupplungsinduktivität angenommen ($R_K = 0$, $\varphi_K = 90°$), dann vereinfachen sich (6.31) zu:

$$\frac{P}{U_L^2/Z_K} = \lambda \sin \alpha,$$

$$\frac{Q}{U_L^2/Z_K} = \lambda \cos \alpha - 1.$$
(6.32)

Als Normierungsgröße wurde für die Wirk- und die Blindleistung die Kurzschlußscheinleistung an der Kuppelstelle verwendet. Mit U_L^2/Z_K ist zugleich eine Größe für die Kupplungsinduktivität gegeben.

Im Bild 6.42 sind im P-Q-Diagramm die Abhängigkeit der Wirk- und der Blindleistung von den Steuergrößen α und λ aufgezeichnet. Das Bild 6.42a zeigt den Fall der verlustfreien Kupplungsinduktivität ($R_K = 0$; $\varphi_K = 90°$) und das Bild 6.42b den Fall mit $\varphi_K = 80°$. Natürlich sind sowohl Wirk- als auch Blindleistung von beiden Steuergrößen abhängig. Es ist jedoch ersichtlich, daß auf die Wirkleistung überwiegend der Winkel α und auf die Blindleistung überwiegend das Spannungsverhältnis λ Einfluß haben. Der eingezeichnete Kreis beschreibt die Grenzen der Steuergrößen für eine bestimmte Größe der Kupplungsinduktivitäten, die $S = 0,25\ U_L^2/Z_K$ entspricht.

Vorzeichenwahl und Beschriftung sind auf die Anschlußklemmen des Netzes bezogen. P-Aufnahme bedeutet, daß das Netz Wirkleistung aufnimmt und der Umrichter als Generator arbeitet. Q induktiv bezeichnet induktives Verhalten des Netzes und damit eine Abgabe von Blindleistung durch den Umrichter (für ihn kapazitives Verhalten).

In der Ausführung der Schaltung nach Bild 6.41 dient der Umrichter dem Austausch von Wirkleistung zwischen der GS-Seite und dem WS-seitigen Netz, sowie dem Einspeisen von Blindleistung in das Netz. Wird nun auf der GS-Seite statt der GS-Quelle nur ein Kondensator angeschlossen, dann ist ein Austausch von Wirkleistung nicht mehr möglich. Das Netz deckt dann die Verluste im Umrichter. In das WS-seitige Netz kann Blindleistung eingespeist werden. Betrag und Vorzeichen der Blindleistung sind einstellbar. Das geschieht in diesem Fall nur mit dem Winkel α. Die Kondensatorspannung stellt sich je nach der Größe der ins Netz eingespeisten Blindleistung frei ein.

Diese Art eines Umrichters ist unter dem Namen Blindleistungsstromrichter bekannt. In dem hier besprochenen Beispiel liegt ein Blindleistungsstromrichter mit kapazitivem Speicher vor.

Aufgaben zum Abschnitt 6

Aufgabe 6.1

Für die Außenleiterspannungen u_{UV} des Zweistufen- (Bild 6.15) und des Dreistufen-Wechselrichters mit $t_s = T/3$ (Bild 6.19) sind die Glieder der Fourier-Reihe zu berechnen.

Aufgabe 6.2

Mit einem Dreistufen-Wechselrichter sind bei unterschiedlicher Länge des Einschaltintervalles t_s für spannungsgespeiste Wechselrichter typische Spannungskurven zu erhalten. Das Bild 6.20 zeigt verschiedene Beispiele.

Jeweils für die Bereiche $T/2 \geq t_s \geq T/3$ und $T/3 \geq t_s \geq T/6$ sind die Effektivwerte der Spannung u_{UV} zu berechnen.

Aufgabe 6.3

Für die in der Aufgabe 6.2 bezeichneten Spannungen sind die Glieder der Fourier-Reihe zu bestimmen. Der Grundschwingungsgehalt ist für verschiedene Werte des Einschaltintervalles zu berechnen.

Aufgabe 6.4

Für eine Länge des Einschaltintervalles $t_s = 5\,T/12$ sind beim Dreistufen-Wechselrichter für alle Schaltstufen die Spannungen u_{UM}, u_{VM}, u_{WM}, sowie daraus u_{UV}, u_{VW} und die α,β-Raumzeiger zu berechnen.

Aufgabe 6.5

Für ein Pulsmuster nach dem Sinus-Dreieck-Vergleich mit $f_H/f_a = 9$ sind die Schaltwinkel α_i zu berechnen. Für den Modulationsgrad $m = 0{,}75$ sind $u_{UM}(\omega t)$, $u_{VM}(\omega t)$ und $u_{UV}(\omega t)$ zu bestimmen.

Aufgabe 6.6

Für die in Aufgabe 6.5 gegebenen Werte sind für $u_{UM}(\omega t)$ und für $u_{UV}(\omega t)$ die Glieder der Fourier-Reihe bis n = 33 zu berechnen.

Aufgabe 6.7

Für den Dreifach-Takt (f_H/f_a = 3) ist der Schaltwinkel beim Sinus-Dreieck-Verfahren für verschiedene Werte der Aussteuerung zu berechnen. Neben dem Modulationsgrad m soll die normierte Grundschwingung der Spannung als Maß für die Aussteuerung verwendet werden. Das Pulsmuster mit dem seitlichen Takt soll ebenfalls betrachtet werden.

Aufgabe 6.8

Ein Zweistufen-Wechselrichter (Schaltung nach Bild 6.14) wird mit einem passiven, symmetrischen Verbraucher in Sternschaltung betrieben. Der ohmsch-induktive Verbraucher wird durch seinen $\cos \varphi$ gekennzeichnet.
Für den periodischen Betrieb ist der Ausgangsstrom i_U zu berechnen. Dieser Strom sowie die Ströme in den Ventilen S_1, S_4, D_1, D_4 sind zu zeichnen für φ =15°. Der Strom i_d in der Zuleitung zur Klemme C ist zu bestimmen.

Aufgabe 6.9

Ausgehend von der Aufgabe 6.8 ist der Zeitverlauf des Stromes i_U für einen symmetrischen, rein induktiven Verbraucher zu konstruieren. Es ist zu überlegen, wie sich in diesem Fall der Strom auf das steuerbare Ventil und auf die Diode aufteilt.
Der Strom i_d ist zu bestimmen. Wie groß ist sein arithmetischer Mittelwert?
Vom Strom i_U ist die Grundschwingung zu berechnen.

Lösungen der Aufgaben zum Abschnitt 6

Lösung Aufgabe 6.1

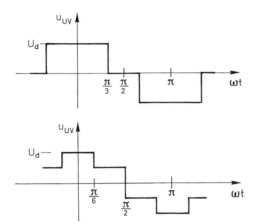

Beide Spannungen sind reine Wechselgrößen. Dann lautet die Reihenentwicklung:

$$u(\omega t) = \sum_{n=1}^{\infty} a_n \cos(n\,\omega t) + \sum_{n=1}^{\infty} b_n \sin(n\,\omega t) \qquad n = 1, 2, 3 \ldots.$$

Die Spannungen sind außerdem halbschwingungssymmetrisch:

$$u(\omega t) = -u(\omega t + \pi).$$

Wenn, wie skizziert, die Bezugsachse so gewählt wird, daß eine gerade Funktion $u(\omega t) = u(-\omega t)$ vorliegt, dann gilt:

$$b_n = 0, \quad a_{2n} = 0,$$

$$a_{2n+1} = \frac{4}{\pi} \int_0^{\pi/2} u(\omega t) \cos\bigl((2n+1)\,\omega t\bigr)\,d\omega t \qquad n = 0, 1, 2, 3 \ldots.$$

Zweistufen-Wechselrichter

Die Definition der Spannung

$u(\omega t) = U_d \qquad 0 < \omega t < \pi/3$,

$u(\omega t) = 0 \qquad \pi/3 < \omega t < \pi/2$

liefert den Ansatz

$$a_{2n+1} = \frac{4}{\pi} \int_0^{\pi/3} U_d \cos((2n+1)\omega t)\, d\omega t$$

und die Lösung

$$a_{2n+1} = \frac{4}{\pi} \frac{U_d}{2n+1} \sin((2n+1)\pi/3).$$

Mit Normierung auf U_d:

$\hat{u}_1/U_d = 2\sqrt{3}/\pi \qquad \hat{u}_3/U_d = 0 \qquad \hat{u}_5/U_d = -2\sqrt{3}/5\pi$,

$\hat{u}_7/U_d = 2\sqrt{3}/7\pi \qquad \hat{u}_9/U_d = 0 \qquad \hat{u}_{11}/U_d = -2\sqrt{3}/11\pi$.

Das positive Vorzeichen besagt, daß die Oberschwingungen in Phase zur Grundschwingung sind. Das negative bezeichnet den Phasenwinkel π.

Dreistufen-Wechselrichter

$u(\omega t) = U_d \qquad 0 < \omega t < \pi/6$,

$u(\omega t) = U_d/2 \qquad \pi/6 < \omega t < \pi/2$.

Mit dieser Definition der Spannung ergibt sich über

$$a_{2n+1} = \frac{4}{\pi} \int_0^{\pi/6} U_d \cos((2n+1)\omega t)\, d\omega t + \frac{4}{\pi} \int_{\pi/6}^{\pi/2} \frac{U_d}{2} \cos((2n+1)\omega t)\, d\omega t$$

die Lösung:

$$a_{2n+1} = \frac{2}{\pi} \frac{U_d}{2n+1} \left(\sin((2n+1)\pi/2) + \sin((2n+1)\pi/6)\right).$$

Aufgaben zum Abschnitt 6   227

Mit Normierung auf U_d:

$\hat{u}_1/U_d = 3/\pi$ $\hat{u}_3/U_d = 0$ $\hat{u}_5/U_d = 3/5\pi$,

$\hat{u}_7/U_d = -3/7\pi$ $\hat{u}_9/U_d = 0$ $\hat{u}_{11}/U_d = -3/11\pi$.

Lösung Aufgabe 6.2

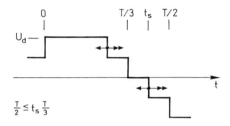

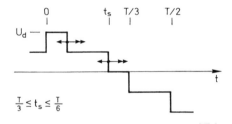

Es wird in Anlehnung an das Bild 6.20 die Darstellung in Abhängigkeit von der Zeit und der Nullpunkt wie gezeichnet gewählt. Die Flanken der Spannung u_{UV}, die sich mit t_s verschieben, sind besonders gekennzeichnet.

Damit wird der Zeitverlauf der Spannung u_{UV} im Bereich $T/2 \geq t_s \geq T/3$ wie folgt beschrieben:

$0 < t < t_s - T/6$ $u_{UV}(t) = U_d$
$t_s - T/6 < t < T/3$ $u_{UV}(t) = U_d/2$
$T/3 < t < t_s$ $u_{UV}(t) = 0$
$t_s < t < T/2$ $u_{UV}(t) = -U_d/2$.

Die Definition des Effektivwertes

$$U_{UV} = \sqrt{\frac{1}{T} \int u^2_{UV}(t)\, dt}$$

und die Berücksichtigung der Halbschwingungssymmetrie führen zum Ansatz:

$$U^2_{UV} \frac{T}{2} = (t_s - \frac{T}{6}) U_d^2 + \frac{2}{4}(\frac{T}{2} - t_s) U_d^2,$$

$$\frac{U_{UV}}{U_d} = \sqrt{\frac{2 t_s}{T} + \frac{1}{6}}.$$

Einige ausgezeichnete Werte:

t_s	U_{UV}/U_d
T/2	0,8165
5T/12	0,7638
T/3	0,7071

Für den Bereich $T/3 \geq t_s \geq T/6$ gilt:

$0 < t < t_s - T/6$	$u_{UV}(t) = U_d$
$t_s - T/6 < t < t_s$	$u_{UV}(t) = U_d/2$
$t_s < t < T/3$	$u_{UV}(t) = 0$
$T/3 < t < T/2$	$u_{UV}(t) = - U_d/2$.

$$U^2_{UV} \frac{T}{2} = (t_s - \frac{T}{6}) U_d^2 + \frac{2}{4} \frac{T}{6},$$

$$\frac{U_{UV}}{U_d} = \sqrt{\frac{t_s}{T} - \frac{1}{6}}.$$

Einige ausgezeichnete Werte:

t_s	U_{UV}/U_d
T/3	0,7071
T/4	0,5774
T/6	0,4082.

Aufgaben zum Abschnitt 6

Lösung Aufgabe 6.3

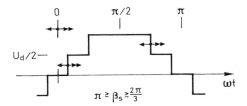

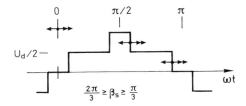

Für das Berechnen der Fourier Reihe wird die Darstellung u_{UV} abhängig von ωt gewählt. Die Länge des Einschaltintervalles wird mit β_s bezeichnet. Der Nullpunkt wird so gewählt, daß eine ungerade Funktion entsteht. Sie ist eine Wechselgröße und halbschwingungssymmetrisch. Der Index UV wird der Einfachheit halber weggelassen. Damit ist der Ansatz:

$$\hat{u}_{2k+1} = \frac{4}{\pi} \int\limits^{\pi/2} u(\omega t) \sin\bigl((2k+1)\,\omega t\bigr)\, d\omega t \qquad k = 0, 1, 2, 3 \ldots .$$

Die Ordnungszahlen sind dann n = 1, 3, 5, 7 ... .

Die Spannung $u(\omega t)$ ist im Bereich $\pi \geq \beta_s \geq 2\pi/3$ zu beschreiben:

$$\begin{aligned}
0 \leq \omega t < \beta_s/2 - \pi/3 \qquad & u(\omega t) = 0 \\
\beta_s/2 - \pi/3 < \omega t < 2\pi/3 - \beta_s/2 \qquad & u(\omega t) = U_d/2 \\
2\pi/3 - \beta_s/2 < \omega t \leq \pi/2 \qquad & u(\omega t) = U_d .
\end{aligned}$$

Die Auflösung des Integrals liefert im Bereich $\pi \geq \beta_s \geq 2\pi/3$ für die einzelnen Glieder der Reihe mit einer Normierung auf U_d:

$$\frac{\hat{u}_n}{U_d} = \frac{2\sqrt{3}}{\pi}\,\frac{1}{n}\,\sin\frac{n\,\beta_s}{2} \quad \text{mit } n = 12k \pm 1 \;;\; n > 0 \qquad k = 0, 1, 2, 3 \ldots ,$$

$$\frac{\hat{u}_n}{U_d} = -\frac{2\sqrt{3}}{\pi}\,\frac{1}{n}\,\sin\frac{n\,\beta_s}{2} \quad \text{mit } n = 6(2k+1) \pm 1 \qquad k = 0, 1, 2, 3 \ldots .$$

Die Glieder der Reihe mit einer durch 3 teilbaren Ordnungszahl sind verschwunden, da die untersuchte Spannung aus der Differenz zweier um 120° versetzten Spannungen hervorgegangen ist.

Im Bereich $2\pi/3 \geq \beta_s \geq \pi/3$ ist $u(\omega t)$ zu beschreiben:

$$0 \leq t < \pi/3 - \beta_s/2 \qquad u(\omega t) = 0$$
$$\pi/3 - \beta_s/2 < t < 2\pi/3 - \beta_s/2 \qquad u(\omega t) = U_d/2$$
$$2\pi/3 - \beta_s/2 < t \leq \pi/2 \qquad u(\omega t) = U_d$$

Die Auflösung des Integrals führt hier auf dieselbe Lösung wie für den Bereich $\pi \geq \beta_s \geq 2\pi/3$.

Als Zahlenbeispiel sei die Auswertung für $\beta_s = 2\pi/3$ angegeben:

n =	1	5	7	11	13	17	19
$\dfrac{\hat{u}_n}{U_d} =$	$\dfrac{3}{\pi}$	$\dfrac{3}{\pi}\dfrac{1}{5}$	$-\dfrac{3}{\pi}\dfrac{1}{7}$	$-\dfrac{3}{\pi}\dfrac{1}{11}$	$\dfrac{3}{\pi}\dfrac{1}{13}$	$\dfrac{3}{\pi}\dfrac{1}{17}$	$-\dfrac{3}{\pi}\dfrac{1}{19}$

Mit den in Aufgabe 6.2 berechneten Effektivwerten kann der Grundschwingungsgehalt g_u berechnet werden: $g_u = U_1/U$.

$\beta_s =$	π	$5\pi/6$	$2\pi/3$	$\pi/2$	$\pi/3$
$\dfrac{U_1}{U_d} =$	0,7797	0,7531	0,6752	0,5513	0,3898
$g_u =$	0,9549	0,9860	0,9549	0,9549	0,9549

Der entsprechende Wert beim Zweistufen-Wechselrichter beträgt $g_u = 0{,}827$.

Lösung Aufgabe 6.4

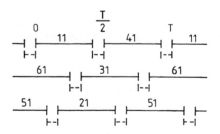

Aufgaben zum Abschnitt 6   231

Für eine Länge des Einschaltintervalles 5T/12 ergeben sich die skizzierten Schließzeiten der Schalter. Mit den Symbolen 10, 00, 01 wird das in die folgende Tabelle übernommen. Mit SU ist der Schalter der WS-seitigen Klemme U bezeichnet. Daraus werden die Spannungen u_{UM}, u_{VM}, u_{WM} jeweils auf U_d normiert gewonnen. Die verketteten Spannungen ergeben sich aus den jeweiligen Differenzen.

Die Umrechnung in die α,β-Raumzeiger erfolgt mit Gleichungen (6.20). Die so berechneten Ergebnisse sollten mit dem Bild 6.23 verglichen werden.

	SU	SV	SW	$\dfrac{u_{UM}}{U_d}$	$\dfrac{u_{VM}}{U_d}$	$\dfrac{u_{WM}}{U_d}$	$\dfrac{u_{UV}}{U_d}$
0 < t < T/12	10	01	10	1/2	-1/2	1/2	1
T/12 < t < T/6	10	01	00	1/2	-1/2	0	1
T/6 < t < T/4	10	01	01	1/2	-1/2	-1/2	1
T/4 < t < T/3	10	00	01	1/2	0	-1/2	1/2
T/3 < t < 5T/12	10	10	01	1/2	1/2	-1/2	0
5T/12 < t < T/2	00	10	01	0	1/2	-1/2	-1/2
T/2 < t < 7T/12	01	10	01	-1/2	1/2	-1/2	-1
7T/12 < t < 2T/3	01	10	00	-1/2	1/2	0	-1
2T/3 < t < 3T/4	01	10	10	-1/2	1/2	1/2	-1
3T/4 < t < 5T/6	01	00	10	-1/2	0	1/2	-1/2
5T/6 < t <11T/12	01	01	10	-1/12	-1/2	1/2	0
11T/12< t < T	00	01	10	0	-1/2	1/2	1/2

	$\dfrac{u_{VW}}{U_d}$	$\dfrac{u_{WU}}{U_d}$	$\dfrac{u_\alpha}{U_d}$	$\dfrac{u_\beta}{U_d}$	$\dfrac{|\underline{u}|}{U_d}$	$\sphericalangle(\underline{u})$	Schaltstufen
0 < t < T/12	-1	0	1/3	$-\sqrt{3}/3$	2/3	-60°	(1)
T/12 < t < T/6	-1/2	-1/2	1/2	$-\sqrt{3}/6$	$\sqrt{3}/3$	-30°	(9)
T/6 < t < T/4	0	-1	2/3	0	2/3	0°	(2)
T/4 < t < T/3	1/2	-1	1/2	$\sqrt{3}/6$	$\sqrt{3}/3$	+30°	(10)
T/3 < t < 5T/12	1	-1	1/3	$\sqrt{3}/3$	2/3	+60°	(3)
5T/12 < t < T/2	1	-1/2	0	$\sqrt{3}/3$	$\sqrt{3}/3$	+90°	(11)
T/2 < t < 7T/12	1	0	-1/3	$\sqrt{3}/3$	2/3	+120°	(4)
7T/12 < t < 2T/3	1/2	1/2	-1/2	$\sqrt{3}/6$	$\sqrt{3}/3$	+150°	(12)
2T/3 < t < 3T/4	0	1	-2/3	0	2/3	+180°	(5)
3T/4 < t < 5T/6	-1/2	1	-1/2	$-\sqrt{3}/6$	$\sqrt{3}/3$	-150°	(13)
5T/6 < t <11T/12	-1	1	-1/3	$-\sqrt{3}/3$	2/3	-120°	(6)
11T/12< t < T	-1	1/2	0	$-\sqrt{3}/3$	$\sqrt{3}/3$	-90°	(14)

Lösung Aufgabe 6.5

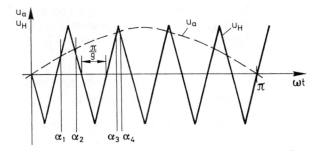

Die Spannung u_a wird mit dem Modulationsgrad m geschrieben:

$$u_a(\omega t) = m \, \hat{u}_H \sin \omega t .$$

Ohne Übermodulation ist $1 \geq m \geq 0$.
In dem Abschnitt, in dem α_1 liegt, ist u_H durch eine Gerade g_1 definiert:

$$g_1(\omega t) = \frac{2 \, \hat{u}_H}{\pi/9} \omega t - 2 \, \hat{u}_H .$$

Der Schaltwinkel α_1 ist zu gewinnen aus

$$m \, \hat{u}_H \sin \alpha_1 = \frac{2 \, \hat{u}_H}{\pi/9} \alpha_1 - 2 \, \hat{u}_H$$

über die numerische Lösung von:

$$m \sin \alpha_1 - \frac{18}{\pi} \alpha_1 + 2 = 0 .$$

Für α_2 ergibt sich die entsprechende Gerade g_2 zu:

$$g_2(\omega t) = - \frac{2 \, \hat{u}_H}{\pi/9} \omega t + 4 \, \hat{u}_H .$$

α_2 aus der numerischen Lösung von:

$$m \sin \alpha_2 + \frac{18}{\pi} \alpha_2 - 4 = 0 .$$

α_3 aus: $m \sin \alpha_3 - \frac{18}{\pi} \alpha_3 + 6 = 0$, α_4 aus: $m \sin \alpha_4 + \frac{18}{\pi} \alpha_4 - 8 = 0$.

Für m = 0,75: $\alpha_1 = 22{,}92°$ $\alpha_2 = 35{,}63°$
                         $\alpha_3 = 66{,}90°$ $\alpha_4 = 72{,}83°$

Aufgaben zum Abschnitt 6

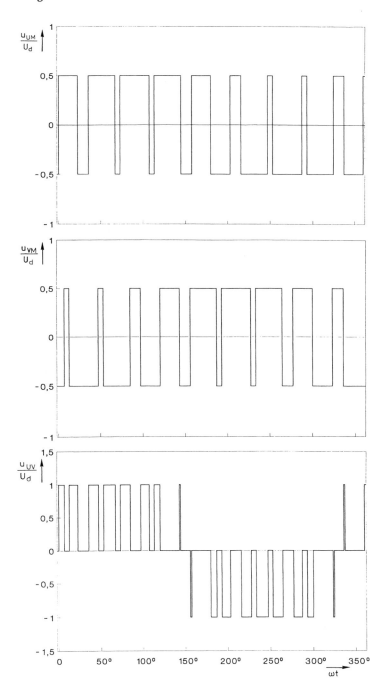

Lösung Aufgabe 6.6

Wird der Nullpunkt wie in Aufgabe 6.5 gewählt, ist $u_{UM}(\omega t)$ eine ungerade, halbschwingungssymmetrische Funktion. Es gilt:

$$\hat{u}_{UMn} = \frac{4}{\pi} \int_0^{\pi/2} u_{UM}(\omega t) \sin \omega t \, d\omega t.$$

Mit den in Aufgabe 6.5 berechneten Schaltwinkeln ist $u_{UM}(\omega t)$ abschnittsweise definiert (s. Bild zu Aufgabe 6.5). Damit ergibt sich:

$$\hat{u}_{UMn} = \frac{4}{\pi} \frac{U_d}{2} \frac{1}{n} \left[-\cos(n\omega t) \Big|_0^{\alpha_1} + \cos(n\omega t) \Big|_{\alpha_1}^{\alpha_2} - \cos(n\omega t) \Big|_{\alpha_2}^{\alpha_3} + \cos(n\omega t) \Big|_{\alpha_3}^{\alpha_4} - \cos(n\omega t) \Big|_{\alpha_4}^{\pi/2} \right].$$

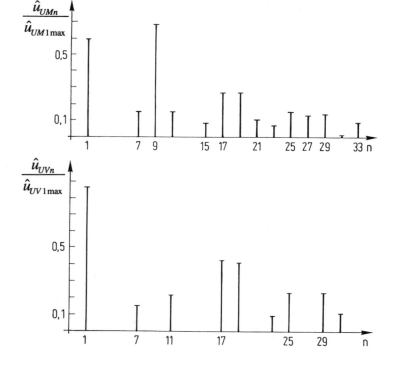

Aufgaben zum Abschnitt 6   235

Als Bezugsgröße soll $\hat{u}_{UM1max} = \dfrac{4}{\pi}\dfrac{U_d}{2}$ gewählt werden.

$$\dfrac{\hat{u}_{UMn}}{\hat{u}_{UM1max}} = \dfrac{1}{n}\left[\,1 - 2\cos(n\,\alpha_1) + 2\cos(n\,\alpha_2) - 2\cos(n\,\alpha_3) + 2\cos(n\,\alpha_4)\,\right].$$

Die Auswertung ergibt das dargestellte Spektrum. In entsprechender Weise wird mit $u_{UV}(\omega t)$ verfahren.

Lösung Aufgabe 6.7

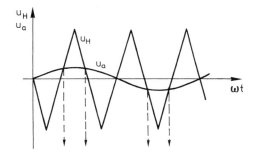

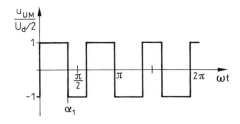

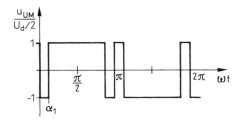

Der obere Kurvenzug zeigt den Vergleich der Sollwertspannung u_a mit der Hilfsspannung u_H und den für eine Viertelperiode gewonnenen Schaltwinkel α_1. Beim Dreifach-Takt $f_H/f_a = 3$ gibt es eine zur Grundfrequenz-Taktung zusätzliche Taktumschaltung, M = 1. Der mittlere Kurvenzug zeigt das entstandene Pulsmuster in Form der idealisierten Ausgangsspannung:

$u_{UM}(\omega t) = U_d/2$ für $0 < \omega t < \alpha_1$

$u_{UM}(\omega t) = -U_d/2$ für $\alpha_1 < \omega t < \pi/2$.

Es liegt ein Mitten-Takt M3 vor.
Der Modulationsgrad m wird wie folgt eingeführt:

$u_a(\omega t) = m\, \hat{u}_a \sin \omega t$ mit $\hat{u}_H = \hat{u}_a$.

Dann läßt sich der Schaltwinkel aus dem Schnittpunkt der Spannungen u_a und u_H berechnen:

$u_a(\alpha_1) = u_H(\alpha_1)$.

Der Schnittpunkt liegt im Abschnitt $\pi/3 \leq \omega t \leq \pi/2$. Darin gilt:

$$u_H(\omega t) = \frac{\hat{u}_a}{\pi/6} \omega t - 2\, \hat{u}_a.$$

Somit $m\, \hat{u}_a \sin \alpha_1 = \hat{u}_a (\frac{\alpha_1}{\pi/6} - 2)$

α_1 ist aus der Lösung der Gleichung $\sin \alpha_1 = \frac{2}{m}(\frac{\alpha_1}{\pi/3} - 1)$ zu gewinnen.

Die Lösung ist nur numerisch möglich.

Die Aussteuerung kann anstelle des Modulationsgrades m auch mit dem jeweiligen Scheitelwert der Grundschwingung $\hat{u}_{UM1}$ beschrieben werden. Er wird auf den maximalen Wert $\hat{u}_{UM1max}$ bezogen. Dieser wird bei Grundfrequenztaktung erreicht. Der Einfachheit halber wird $\hat{u}_1$ und $\hat{u}_{1max}$ geschrieben.

Die Fourier-Reihe der reinen Wechselspannung mit der gewählten Bezugsachse lautet:

$$u(\omega t) = \sum_{n=1}^{\infty} a_n \cos(n\, \omega t) + \sum_{n=1}^{\infty} b_n \sin(n\, \omega t) \quad n = 1, 2, 3 \ldots$$

mit $a_n = 0$, $b_{2n} = 0$.
Der Scheitelwert der Grundschwingung ist zu bestimmen aus:

$$\hat{u}_{UM1} = \hat{u}_1 = b_1 = \frac{4}{\pi} \int_0^{\pi/2} u_{UM}(\omega t) \sin \omega t\, d\omega t.$$

Aufgaben zum Abschnitt 6

Werden die oben angegebenen Werte für $u_{UM}(\omega t)$ eingesetzt, ergibt sich:

$$\hat{u}_1 = \frac{2}{\pi} U_d (1 - 2 \cos \alpha_1).$$

Der Bezugswert ist $\hat{u}_{1max} = \frac{4}{\pi} \frac{U_d}{2} = \frac{2}{\pi} U_d$:

$$\frac{\hat{u}_1}{\hat{u}_{1max}} = 1 - 2 \cos \alpha_1$$

Im oberen Bild ist im unteren Kurvenzug auch der Seiten-Dreifach-Takt S3 dargestellt. Die Viertelperiode beginnt mit dem Wert $-U_d/2$. Es gilt:

$u_{UM}(\omega t) = -U_d/2$ für $0 < \omega t < \alpha_1$

$u_{UM}(\omega t) = U_d/2$ für $\alpha_1 < \omega t < \pi/2$.

Die Grundschwingung ist jetzt zu berechnen:

$$\frac{\hat{u}_1}{\hat{u}_{1max}} = 2 \cos \alpha_1 - 1.$$

Im folgenden Bild ist der Zusammenhang Aussteuerung - Schaltwinkel für beide Pulsmuster M3 und S3 dargestellt. Dabei wurde als Maß der Aussteuerung die Amplitude der Grundschwingung verwendet.

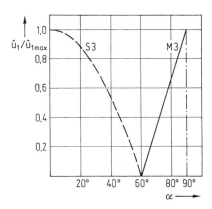

Lösung Aufgabe 6.8

Es wird von der im Bild 6.19 konstruierten Spannung u_{UN} ausgegangen. Sie liegt an einem Strang des Verbrauchers und mit ihrer Hilfe kann der Strom i_U berechnet werden.

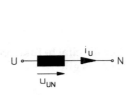
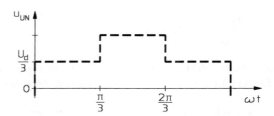

Abschnitt $0 < \omega t < \dfrac{\pi}{3}$:

Mit $u_{UN} = \dfrac{1}{3} U_d$ ergibt sich: $\omega L \dfrac{d i_U}{d \omega t} + R i_U - \dfrac{1}{3} U_d = 0$

Daraus $\dfrac{d i_U}{d \omega t} + \dfrac{R}{\omega L} i_U - \dfrac{1}{3} \dfrac{U_d}{\omega L} = 0$ mit $i_U(0) = -I_0$

I_0 ist zunächst unbekannt und wird aus der Bedingung für den periodischen Betrieb berechnet werden.

Lösung: $i_U(\omega t) = \dfrac{1}{3} I_d - \left(I_0 + \dfrac{1}{3} I_d\right) e^{-\frac{R}{\omega L} \omega t}$ mit $I_d = \dfrac{U_d}{R}$

Am Ende des Abschnittes:

$i_U\left(\dfrac{\pi}{3}\right) = \dfrac{1}{3} I_d - \left(I_0 + \dfrac{1}{3} I_d\right) k$ mit $k = e^{-\frac{R}{\omega L} \frac{\pi}{3}}$ und $\dfrac{\omega L}{R} = \tan\varphi$

Aufgaben zum Abschnitt 6

Abschnitt $\frac{\pi}{3} < \omega t < \frac{2\pi}{3}$:

Mit $u_{UN} = \frac{2}{3}U_d$ ergibt sich die Lösung :

$$i_U(\omega t) = \frac{2}{3}I_d + \left(i_U\left(\frac{\pi}{3}\right) - \frac{2}{3}I_d\right) e^{-\frac{R}{\omega L}\left(\omega t - \frac{\pi}{3}\right)}$$

$$i_U\left(\frac{2\pi}{3}\right) = \frac{2}{3}I_d + \left(i_U\left(\frac{\pi}{3}\right) - \frac{2}{3}I_d\right)k = \frac{2}{3}I_d - \frac{k}{3}I_d - k^2\left(I_0 + \frac{1}{3}I_d\right)$$

Abschnitt $\frac{2\pi}{3} < \omega t < \pi$:

$$i_U(\omega t) = \frac{1}{3}I_d + \left(i_U\left(\frac{2\pi}{3}\right) - \frac{1}{3}I_d\right) e^{-\frac{R}{\omega L}\left(\omega t - \frac{2\pi}{3}\right)}$$

$$i_U(\pi) = \frac{1}{3}I_d + \left(i_U\left(\frac{2\pi}{3}\right) - \frac{1}{3}I_d\right)k = \frac{1}{3}I_d + \frac{k}{3}I_d - \frac{k^2}{3}I_d - k^3\left(I_0 + \frac{1}{3}I_d\right)$$

Für den periodischen Betrieb und die angenommene Halbschwingungssymmetrie muß gelten :

$i_U(\pi) = I_0$.

Daraus kann I_0 bestimmt werden :

$$I_0 = I_d \frac{1 + k - k^2 - k^3}{3(1 + k^3)}$$

Damit ist $i_U(\omega t)$ in den drei Abschnitten berechnet und kann dargestellt werden.

Beispiel $\varphi = 15°$:

$k = 0{,}0201$; $\quad \dfrac{I_0}{I_d} = 0{,}34$; $\quad \dfrac{i_U}{I_d}\left(\dfrac{\pi}{3}\right) = 0{,}32$; $\quad \dfrac{i_U}{I_d}\left(\dfrac{2\pi}{3}\right) = 0{,}66$;

$\dfrac{i_U}{I_d}(\pi) = 0{,}34$

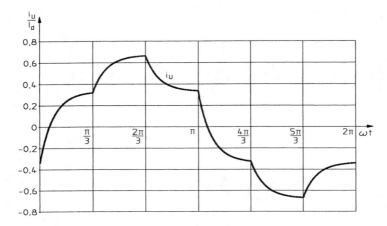

Werden die Ströme jeweils in Flußrichtung der Ventile positiv gezählt, dann ergeben sich die folgenden Zeitverläufe für i_{T1}, i_{T4}, i_{D1}, i_{D4}.

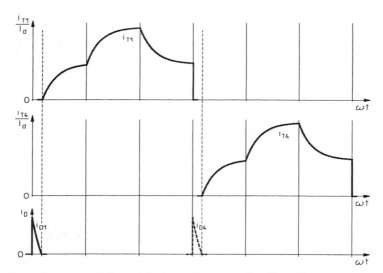

Aus der vorzeichenrichtigen Summe der Ventilströme im Punkt C wird i_d bestimmt.

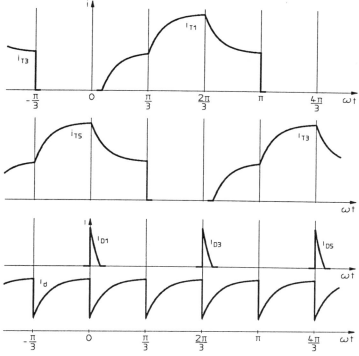

Lösung Aufgabe 6.9

Für die rein induktive Last ist der Strom i_U in den einzelnen Intervallen geradlinig. Wegen der unterschiedlichen Spannungen ergibt sich eine um den Faktor zwei verschiedene Steigung in den jeweiligen Intervallen.

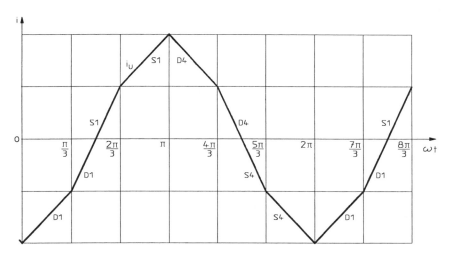

Das steuerbare Ventil S_1 wird bei $\omega t = \pi$ abgeschaltet. Der Strom geht von S_1 auf D_4 über.

Wird diese Überlegung auf die weiteren Schalter angewendet, kann die Aufteilung des Stromes auf die steuerbaren Ventile und die Dioden wie folgt dargestellt werden. Daraus ergibt sich dann auch der Strom i_d:

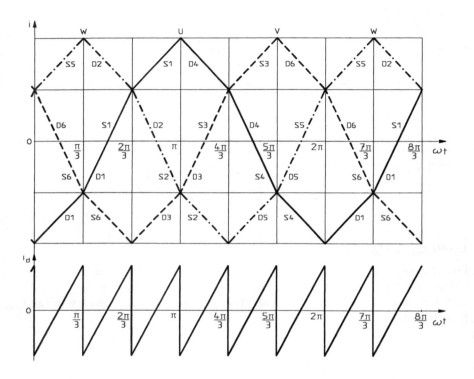

Wie zu erkennen ist, hat der Strom i_d einen Mittelwert der Größe Null. Das stimmt mit der Überlegung überein, daß der rein induktive Verbraucher keine Wirkleistung umsetzt.

Zur Berechnung der Grundschwingung von i_U ist zunächst der Zeitverlauf des Stromes zu definieren.

Zur Vereinfachung wird der Nullpunkt der Zeitachse um $\pi/2$ nach rechts an den Nulldurchgang des Stromes i_U verschoben. Für diesen Bezugspunkt ist $i_U(\omega t')$ eine halbschwingungssymmetrische und ungerade Funktion mit

Aufgaben zum Abschnitt 6   243

$$a_n = b_{2n} = 0; \quad b_{2n+1} = \frac{4}{\pi} \int_0^{\pi/2} i(\omega t)\sin((2n+1)\omega t)\, d\omega t;$$

für $n = 0,1,2\ldots$

Der Zeitverlauf ist dann abschnittsweise zu definieren:

$$0 < \omega t' < \frac{\pi}{6}: \quad u_{UN} = \frac{2}{3}U_d \quad i_U(\omega t') = \frac{2}{3}\frac{U_d}{\omega L}\omega t'$$

$$\frac{\pi}{6} < \omega t' < \frac{\pi}{2}: \quad u_{UN} = \frac{1}{3}U_d \quad i_U(\omega t') = i_U\left(\frac{\pi}{6}\right) + \frac{1}{3}\frac{U_d}{\omega L}\left(\omega t' - \frac{\pi}{6}\right)$$

mit $i_U\left(\dfrac{\pi}{6}\right) = \dfrac{\pi}{9}\dfrac{U_d}{\omega L}$

Werden diese Werte verwendet, dann folgt für die Amplitude der Grundschwingung

$$\hat{i}_{U1} = \frac{4}{\pi}\left[\frac{2}{3}\frac{U_d}{\omega L}\int_0^{\pi/6}\omega t'\sin\omega t'\, d\omega t' + \frac{\pi}{9}\frac{U_d}{\omega L}\int_{\pi/6}^{\pi/2}\sin\omega t'\, d\omega t' \right.$$

$$\left. + \frac{1}{3}\frac{U_d}{\omega L}\int_{\pi/6}^{\pi/2}\left(\omega t' - \frac{\pi}{6}\right)\sin\omega t'\, d\omega t'\right]$$

$$\frac{\hat{i}_{U1}}{U_d/\omega L} = \frac{2}{\pi}; \quad \frac{I_{U1}}{U_d/\omega L} = \frac{\sqrt{2}}{\pi}$$

7 GS-Umrichter

Die Grundschaltung des GS-Umrichters wurde im Kapitel 4 vorgestellt. Die Ventileinrichtung verbindet zwei GS-Quellen über eine Induktivität. Da bei dieser Art GS-Umrichter die Leistung unmittelbar übertragen wird, werden sie **direkte GS-Umrichter** genannt. Es werden auch die Bezeichnungen GS-Steller oder GS-Wandler verwendet.

GS-Umrichter, die einen Zwischenkreis mit einem Transformator enthalten, werden **indirekte GS-Umrichter** genannt. Sie kommen dann zur Anwendung, wenn ein großer Unterschied zwischen den Spannungen auf der Eingangs- und der Ausgangsseite mit Hilfe des Übersetzungsverhältnisses des Transformators erreicht werden soll oder wenn eine galvanische Trennung erforderlich ist.

Die Funktionsweise der betrachteten Schaltungen wird mit einem idealen Schalter erläutert. Im GS-Umrichter sind abschaltbare Ventile zu verwenden. Sie werden bei der praktischen Ausführung je nach der Größe der zu steuernden Leistung mit Hilfe eines MOS-Feldeffekttransistors, eines bipolaren Transistors oder eines Abschaltthyristors aufgebaut. Thyristoren mit Löschkondensatoren finden keine Anwendung mehr.

7.1 Direkte GS-Umrichter

7.1.1 Tiefsetzsteller mit passiver Last

Als Beispiel eines direkten GS-Umrichters soll der Tiefsetzsteller zunächst mit passiver Last erläutert werden. Die Bezeichnung leitet sich davon ab, daß der arithmetische Mittelwert der Spannung der Ausgangsseite kleiner ist als der der Eingangseite. Das Bild 7.1a zeigt die Schaltung mit einem idealen Schalter und einer idealen Diode als Ersatz für die Ventile. Die Funktionsweise dieser Schaltung und die Berechnung der Zeitverläufe wurden im Kapitel 2 dargestellt. Im Bild 7.1b sind die Zeitverläufe für den periodischen Betrieb aufgezeichnet. Sie sind in den Gleichungen (2.13) und (2.14) enthalten und sollen in normierter Form wiederholt werden ($I_N = U_0/R$):

7.1 Direkte GS-Umrichter

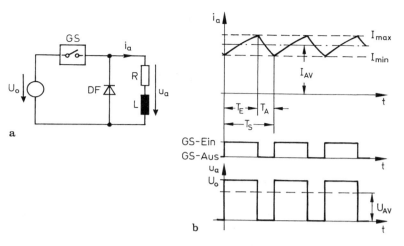

Bild 7.1 Tiefsetzsteller mit passiver Last
a) Schaltbild   b) Zeitverläufe

Bereich $0 \leq t \leq T_E$:

$$\frac{i_a(t)}{I_N} = \frac{\exp(-T_A/\tau) - 1}{1 - \exp(-T_S/\tau)} \exp(-t/\tau) + 1 \; .$$

Bereich $T_E \leq t \leq T_S$:

$$\frac{i_a(t)}{I_N} = \frac{-\exp(-T_E/\tau) + 1}{1 - \exp(-T_S/\tau)} \exp(-\frac{t - T_E}{\tau}) \; .$$

Aus diesen Gleichungen und dem Bild 7.1b lassen sich die Betriebsgrößen ableiten:

Arithmetischer Mittelwert der Spannung u_a $\quad U_{AV} = \frac{T_E}{T_S} U_0 \;,$ (7.1)

Arithmetischer Mittelwert des Stromes i_a $\quad \frac{I_{AV}}{I_N} = \frac{T_E}{T_S} \;.$ (7.2)

Dabei geht (7.1) aus dem Zeitverlauf $u_a(t)$ unmittelbar hervor. (7.2) ergibt sich nach Rechnung aus dem Zeitverlauf $i_a(t)$.

Die Gleichungen (7.1) und (7.2) zeigen, daß zum Steuern von Spannung und Strom auf der Ausgangsseite das Verhältnis der Zeitabschnitte Einschaltzeit T_E zur Periodendauer T_S als Steuergröße zu verwenden ist.

Neben dem arithmetischen Mittelwert kann auch ein mittlerer Wert des Stromes zwischen den Werten I_{max} und I_{min} gebildet werden.

$$I_M = \frac{1}{2}(I_{max} + I_{min}) \; ; \qquad \frac{I_M}{I_N} = \frac{1}{2} \frac{1 - \exp(-T_E/\tau)}{1 - \exp(-T_S/\tau)}(1 + \exp(-T_A/\tau) \, . \quad (7.3)$$

Schwankungsbreite des Stromes i_a:

$$\Delta I = I_{max} - I_{min} \; ; \qquad \frac{\Delta I}{I_N} = \frac{1 - \exp(-T_A/\tau)}{1 - \exp(-T_S/\tau)}(1 - \exp(-T_E/\tau)) \, . \quad (7.4)$$

Auf das Zeitverhalten des Stromes i_a nimmt das Verhältnis der Periodendauer T_S zur Zeitkonstanten der Last τ Einfluß. Je kleiner das Verhältnis T_S/τ ist, desto genauer lassen sich die e-Funktionen durch gerade Strecken ersetzen, desto geringer wird auch der Unterschied zwischen dem arithmetischen Mittelwert I_{AV} und dem mittleren Strom I_M. Im Bild 7.2 sind diese beiden Größen abhängig von einander aufgetragen. Es ist zu erkennen, daß schon für $T_S/\tau < 1$ die Abweichungen sehr klein sind. Der größte Unterschied zwischen den Werten I_M/I_N und I_{AV}/I_N beträgt für $T_S/\tau = 1$ etwa 0,008.

Steuerverfahren

Wie gezeigt wurde, kann bei GS-Umrichtern das Verhältnis T_E/T_S als Steuergröße verwendet werden. In der praktischen Anwendung wird unterschieden:

Pulsbreitensteuerung: Bei konstantem T_S wird T_E verändert.
Pulsfrequenzsteuerung: Bei konstantem T_E wird T_S verändert.

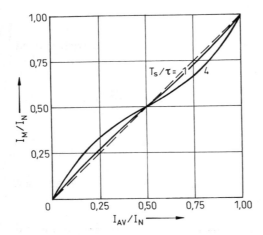

Bild 7.2 Zusammenhang zwischen dem arithmetischen Mittelwert I_{AV} und dem mittleren Strom I_M mit T_S/τ als Parameter

7.1 Direkte GS-Umrichter

Ersteres Verfahren arbeitet -wie definiert- mit einer konstanten Pulsfrequenz. Beim letzteren ist sie veränderlich. Bei beiden Steuerverfahren werden die Umschaltzeitpunkte des Schalters GS vorgegeben und die Betriebsgrößen, wie die Schwankungsbreite des Stromes i_a, stellen sich ein.

GS-Umrichter mit induktiver Belastung können aber auch dadurch gesteuert werden, daß der Strom i_a gemessen wird und daraus die Umschaltzeitpunkte für GS abgeleitet werden. Eine **Zweipunktregelung des Stromes** i_a liegt vor, wenn der Schalter GS geöffnet wird, sobald i_a den Wert I_{max} und er geschlossen wird, wenn i_a den Wert I_{min} erreicht (Bild 7.1b). Mit diesem Steuerverfahren wird die Stromschwankungsbreite vorgegeben und die Zeitabschnitte T_S und T_E und damit auch die Pulsfrequenz stellen sich frei ein.

Das Bild 7.3 zeigt den Vergleich der drei Steuerverfahren. Es ist jeweils der Zeitverlauf des Stromes i_a bei periodischem Betrieb und bei verschiedenen Werten der Aussteuerung dargestellt. Aus den Zeitverläufen gehen die wesentlichen Eigenschaften der Steuerverfahren hervor. So ist zu erkennen, daß bei der Pulsbreitensteuerung die Schwankungsbreite des Stromes i_a sich mit der Aussteuerung ändert und etwa bei einer mittleren Aussteuerung ihren größten Wert erreicht. Ebenso kann abgelesen werden, daß bei der Zweipunktregelung die Periodendauer T_S variabel ist und bei einer mittleren Aussteuerung ihren kleinsten Wert hat. Damit hat aber die Pulsfrequenz bei dieser Aussteuerung ihren größten Wert.

Aussagen über die Betriebsgrößen lassen sich durch Auswerten der Gleichungen (7.3) und (7.4) gewinnen. So ist für die Pulsbreitensteuerung im Bild 7.4 die Schwankungsbreite des Laststromes entsprechend (7.4) in Abhängigkeit von der Aussteuerung aufgetragen. Das Verhältnis T_S/τ dient wieder als Parameter. Zum Vergleich wurde eine aus (7.4) abgeleitete Näherung mit eingetragen. Diese Näherung lautet:

$$\frac{\Delta I}{I_N} \approx \frac{T_E}{\tau} (1 - \frac{T_E}{T_S}) . \tag{7.5}$$

Der größte Wert der Schwankungsbreite tritt, wie schon aus Bild 7.3 geschätzt wurde, bei $T_E/T_S = 0{,}5$ auf. Er beträgt:

$$\frac{\Delta I}{I_N}\bigg|_{max} = \frac{1 - \exp(-T_S/2\tau)}{1 + \exp(-T_S/2\tau)} . \tag{7.6}$$

Als weitere Betriebsgröße soll die Periodendauer bei Zweipunktregelung des Laststromes dargestellt werden. Aus (7.4) sind die Zeitgrößen T_E, T_A und T_S zu gewinnen. Bei diesem Steuerverfahren wird, weil aus den gemessenen Größen I_{max} und I_{min} der mittlere Strom I_M leichter zu gewinnen ist als I_{AV}, dieser Wert als Maß für die Aussteuerung verwendet.

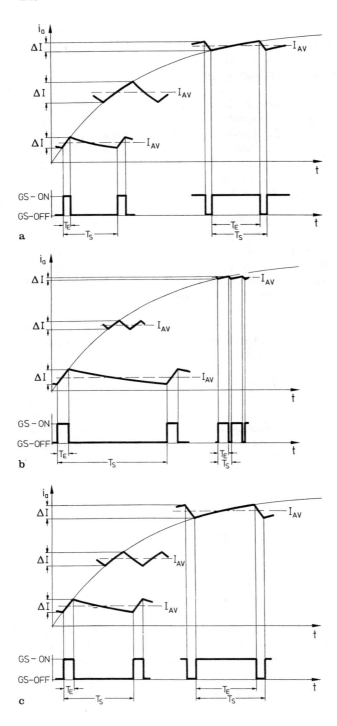

7.1 Direkte GS-Umrichter

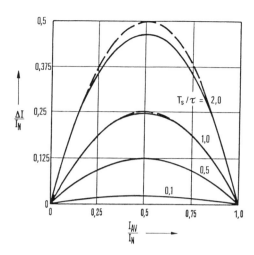

Bild 7.4 Pulsbreitensteuerung - Abhängigkeit der Stromschwankungsbreite ΔI vom arithmetischen Mittelwert des Laststromes I_{AV} mit T_S/τ als Parameter
- - - - Näherung ——— Exakt

$$\frac{T_E}{\tau} = \ln \frac{1 - I_M/I_N + \Delta I/2I_N}{1 - I_M/I_N - \Delta I/2I_N} = \ln \frac{I_N - I_{min}}{I_N - I_{max}}, \quad (7.7)$$

$$\frac{T_A}{\tau} = \ln \frac{I_M/I_N + \Delta I/2I_N}{I_M/I_N - \Delta I/2I_N} = \ln \frac{I_{max}}{I_{min}}, \quad (7.8)$$

$$\frac{T_S}{\tau} = \frac{T_E}{\tau} + \frac{T_A}{\tau}. \quad (7.9)$$

Das Bild 7.5 zeigt als Ergebnis die Abhängigkeit der bezogenen Periodendauer T_S/τ bei der Zweipunktregelung des Laststromes von der Aussteuerung. Die Schwankungsbreite des Stroms i_a kann bei diesem Steuerverfahren vorgegeben werden. Sie wurde als Parameter $\Delta I/I_N$ verwendet.

Die kleinste Periodendauer tritt, wie das schon in der Abschätzung mit Bild 7.3 zu erkennen ist, bei einer Aussteuerung $I_M/I_N = 0{,}5$ auf. Sie beträgt:

$$\left.\frac{T_S}{\tau}\right|_{min} = 2 \ln \frac{1 + \Delta I/I_N}{1 - \Delta I/I_N}. \quad (7.10)$$

◀ **Bild 7.3** Zum Vergleich der Steuerverfahren
a) Pulsbreitensteuerung b) Pulsfrequenzsteuerung
c) Zweipunktregelung des Laststromes

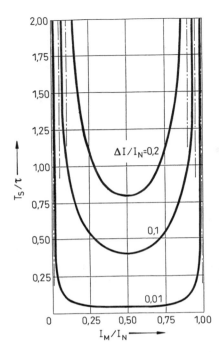

Bild 7.5 Zweipunktregelung - Abhängigkeit der Periodendauer T_S vom mittleren Laststromwert I_M mit $\Delta I/I_N$ als Parameter

Wegen der Vorgabe einer konstanten Schwankungsbreite des Stromes i_a ist der Aussteuerbereich begrenzt. Die Kennlinien in Bild 7.5 verlaufen asymptotisch an die strichpunktierten Geraden.

Bei großer Aussteuerung gilt $I_{max} < I_N$. Denn $I_{max} = I_N$ bedeutet, daß GS dauernd eingeschaltet ist und kein periodischer Betrieb mehr vorliegt ($T_S \to \infty$).

Aus $I_{max} = I_M + \Delta I/2 < I_N$ folgt als Bestimmungsgleichung für die Aussteuergrenze:

$$\frac{I_M}{I_N} < 1 - \frac{1}{2}\frac{\Delta I}{I_N}. \qquad (7.11)$$

Bei kleiner Aussteuerung gilt $I_{min} > 0$. Denn $I_{Min} = 0$ bedeutet, daß GS dauernd ausgeschaltet ist ($T_S \to \infty$).

Aus $I_{min} = I_M - \Delta I/2 > 0$ folgt:

$$\frac{I_M}{I_N} > \frac{1}{2}\frac{\Delta I}{I_N}. \qquad (7.12)$$

Damit ist die Aussteuergrenze für kleine Aussteuerung festgelegt.

7.1 Direkte GS-Umrichter

7.1.2 Tiefsetzsteller mit Gegenspannung

Viele praktische Anwendungen werden genau genug beschrieben, wenn als Last eine Gegenspannung und eine ideale Induktivität angenommen werden. So lassen sich Gleichstrommaschinen oder Kondensatoren in Filtern darstellen. Das Bild 7.6a zeigt eine solche Schaltung. Im periodischen Betrieb ist die Spannung an der Induktivität u_L eine reine Wechselspannung und die Spannung der GS-Quelle im Lastkreis hat die Größe des arithmetischen Mittelwertes der Ausgangsspannung. Für diesen gilt mit den getroffenen Voraussetzungen einer konstanten Spannung U_0, idealen Schaltern und so lange der Strom nicht lückt:

$$U_{AV} = \frac{T_E}{T_S} U_0. \tag{7.13}$$

Unter diesen Voraussetzungen kann U_{AV} nach (7.13) eingestellt werden.

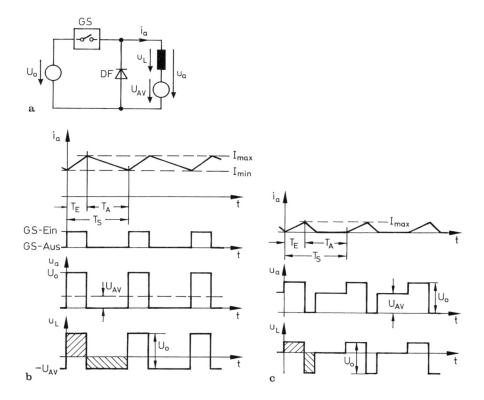

Bild 7.6 Tiefsetzsteller mit Gegenspannung
a) Schaltung   b) Zeitverläufe bei nichtlückendem Strom
c) Zeitverläufe bei lückendem Strom

Wegen der verlustfreien Induktivität ändert sich der Strom proportional zur Zeit. Im Zeitabschnitt T_E beträgt der Stromanstieg $(U_0 - U_{AV})/L$.

Bereich $0 \leq t \leq T_E$ $\qquad i_a(t) = I_{min} + \dfrac{U_0 - U_{AV}}{L} t$. $\qquad$ (7.14)

Im Zeitabschnitt T_A wird bei leitender Diode D_F die Induktivität entladen und der Strom fällt ab:

Bereich $T_E \leq t \leq T_S$ $\qquad i_a(t) = I_{max} - \dfrac{U_{AV}}{L}(t - T_E)$. $\qquad$ (7.15)

Wegen des zeitproportionalen Verlaufes des Stromes i_a in den einzelnen Zeitabschnitten gilt:

$$I_{AV} = I_M = \frac{1}{2}(I_{max} + I_{min}) . \qquad (7.16)$$

Die Schwankungsbreite des Stromes ergibt sich aus (7.13) und (7.14):

$$\Delta I = I_{max} - I_{min} = \frac{U_0 - U_{AV}}{L} T_E . \qquad (7.17)$$

Die Beziehung (7.13) zwischen den Spannungen U_{AV} und U_0 gilt nur solange der Strom i_a nicht lückt. Die Grenze für den nichtlückenden den Strom wird erreicht, wenn I_{min} den Wert Null erreicht. Im Bild 7.6c sind der Zeitverlauf des Stromes i_a und der der Spannung u_a für den Fall des lückenden Stromes aufgezeichnet. Es ist dabei angenommen, daß U_{AV} von der Spannungsquelle konstant vorgegeben wird.

7.1.3 Hochsetzsteller mit Gegenspannung

Das Bild 7.7a zeigt das Schaltbild. Für einen periodischen Betrieb mit nichtlückendem Strom i_0 sind im Bild 7.7b die Zeitverläufe aufgezeichnet. Im Intervall T_E fließt der Strom i_0 über GS ($i_0 = i_{GS}$, $i_a = 0$). Im Intervall T_A gilt $i_0 = i_a$, $i_{GS} = 0$. Für eine verlustfreie Schaltung gilt im Bereich des nichtlückenden Stromes für die arithmetischen Mittelwerte:

$$U_0 = \frac{T_A}{T_S} U_{AV} . \qquad (7.18)$$

Die Spannung an der Induktivität u_L ist eine Wechselspannung. Wie die Zählpfeile für Strom und Spannung zeigen, arbeitet U_0 als Quelle und U_{AV} als Verbraucher. Diese Richtung des Energieflusses liegt vor, obwohl für die

7.2 Indirekte GS-Umrichter

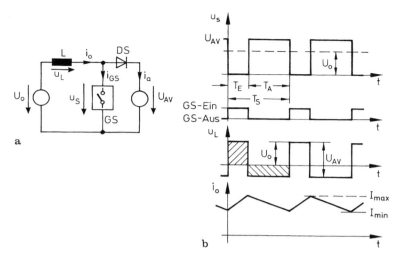

Bild 7.7 Hochsetzsteller mit Gegenspannung
a) Schaltung b) Zeitverläufe

arithmetischen Mittelwerte $U_0 < U_{AV}$ gilt. Die für die eingezeichnete Stromführung notwendigen Augenblickswerte der Spannung werden von der Induktivität L geliefert.

Im Intervall $0 < t < T_E$ wird die Induktivität aufgeladen, die Stromänderung beträgt:

$$\Delta i_0/\Delta t = U_0/L \,.$$

Im Intervall $T_E < t < T_S$ wird die Induktivität entladen. Die Stromänderung beträgt in diesem Intervall:

$$\Delta i_0/\Delta t = (U_0 - U_{AV})/L < 0 \,.$$

7.2 Indirekte GS-Umrichter

Indirekte GS-Umrichter haben einen Wechselspannungszwischenkreis mit einem Transformator. Auf seiner Primärseite wird ein Wechselrichter und auf der Sekundärseite ein Gleichrichter verwendet. Da indirekte GS-Umrichter meist im Bereich kleiner Leistung verwendet werden, werden hierfür Schaltungen ausgesucht, die möglichst wenige Ventile enthalten (wie Einwegschaltungen). Da sie überwiegend in Stromversorgungsgeräten angewendet werden, kann als Belastung ein Filter angenommen werden. In diesem Anwendungsbereich hat sich auch die Bezeichnung Wandler eingeführt.

7.2.1 Durchflußwandler

Das Bild 7.8a zeigt eine Schaltung für einen Durchflußwandler, bei der sowohl auf der Primär- als auch auf der Sekundärseite des Transformators Einwegschaltungen für die Ventile verwendet werden. Das Kennzeichen dieses GS-Umrichters ist, daß der Transistor T im Wechselrichter und die Diode D1 im Gleichrichter gleichzeitig Strom führen. Der Transformator arbeitet als Übertrager. Zum Entmagnetisieren des Transformators sind eine zusätzliche Wicklung und die Diode D2 notwendig. Die Diode D3 führt den Strom auf der Sekundärseite als Freilaufdiode.

Soll mit einem Durchflußwandler die Spannung herabgesetzt werden, und sollen Zweiwegschaltungen verwendet werden, dann kommt die Schaltung

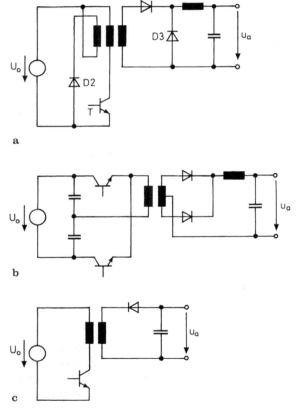

Bild 7.8   Indirekte GS-Umrichter
a) Eintakt-Durchflußwandler   b) Gegentakt-Durchflußwandler
c) Eintakt-Sperrwandler

7.3 Anwenden von Resonanzschaltungen in GS-Umrichtern   255

nach Bild 7.8b in Frage. Es ist ein Wechselrichter mit GS-seitigem Mittelpunkt zu wählen, da dieser die Spannung vom Prinzip her erniedrigt. Aus demselben Grund wird ein Gleichrichter mit WS-seitigem Mittelpunkt ausgesucht. Diese Gleichrichterschaltung hat auch den Vorteil gegenüber einer Brückenschaltung, daß jeweils nur eine Diode vom Strom durchflossen wird. Die Schaltung nach Bild 7.8b wird auch mit **Gegentakt-Durchflußwandler** bezeichnet. Ebenso wird die Schaltung nach Bild 7.8a **Eintakt-Durchflußwandler** genannt.

7.2.2 Sperrwandler

Das Kennzeichen dieses GS-Umrichters ist, daß der Transistor im Wechselrichter und die Diode im Gleichrichter abwechselnd Strom führen. Das Bild 7.8c zeigt die Schaltung. Üblicherweise werden bei Sperrwandlern nur Einwegschaltungen verwendet - **Eintakt-Sperrwandler**. Im Sperrwandler wird der Transformator als Energiespeicher verwendet. Der Strom auf der Primärseite magnetisiert den Kern auf, der Strom auf der Sekundärseite entmagnetisiert ihn (s. Aufgabe 7.1).

7.3 Anwenden von Resonanzschaltungen in GS-Umrichtern

Bei den GS-Umrichtern begrenzt das nichtideale Schaltverhalten der Ventile die zulässige Schaltfrequenz. Da zum Vermindern des Aufwandes in den Filtern und Transformatoren eine möglichst hohe Schaltfrequenz erwünscht ist, können Resonanzkreise verwendet werden, um das Schalten der Ventile zu erleichtern.

Das Prinzip läßt sich erkennen, wenn in lastgeführten Umrichtern die Thyristoren durch abschaltbare Ventile ersetzt werden. Im Abschnitt 6.1.2 waren der spannungsgespeiste und im Abschnitt 5.1.2 der stromgespeiste Schwingkreiswechselrichter behandelt worden. Bei ersterem muß wegen der Lastführung die Arbeitsfrequenz f kleiner ($f < f_0$) und bei letzterem größer ($f > f_0$) als die Resonanzfrequenz f_0 sein.

Werden in diesen Schaltungen abschaltbare Ventile verwendet, so entfällt zunächst die Begrenzung der Arbeitsfrequenz im Verhältnis zur Resonanzfrequenz. Weiter kann mit erhöhten Frequenzen schon deswegen gearbeitet werden, weil abschaltbare Ventile allgemein ein gutes Schaltverhalten haben und weil Dioden mit verbessertem Rückstromverhalten angewendet werden.

Am Beispiel des WS/GS-U-Umrichters soll der Einfluß eines Resonanzkreises auf das Schaltverhalten gezeigt werden. Die Schaltung mit einschaltbaren Ventilen wurde im Bild 6.6a gezeigt. Die idealisierten Zeitverläufe dazu sind im Bild 6.6b dargestellt. Im Bild 7.9a ist eine Schaltung eines WS/GS-U-Umrichters mit Feldeffekttransistoren gezeigt. Als Belastung ist ein Reihen-

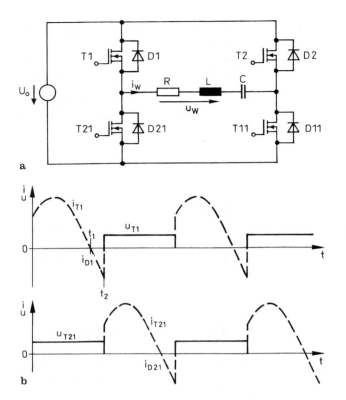

Bild 7.9 WS/GS-U-Umrichter mit abschaltbaren Ventilen
a) Schaltung b) Zeitverläufe von Spannung/Strom
an den Ventilen im Bereich $f < f_0$

schwingkreis vorgesehen. Das Bild 7.9b zeigt, ausgehend vom Bild 6.6b, die Beanspruchung der Ventile im Frequenzbereich $f < f_0$. Es ist zu erkennen, daß der Übergang des Stromes i_w vom steuerbaren Ventil auf die Diode (T1 - D1) bei $t = t_1$ mit endlichem di/dt sanft erfolgt. Durch die Wahl des Frequenzverhältnisses kann eine endliche Schonzeit eingestellt werden und damit können, wie bei der Schaltung nach Bild 6.6a, Thyristoren verwendet werden. Der Übergang des Stromes i_w von der Diode auf das steuerbare Ventil im Augenblick $t = t_2$ des Umschaltens der Spannung, das heißt beim Einschalten des Ventiles, erfolgt hart. Im Bild 7.9b ist der Übergang D1 - T21 als idealisierter Stromübergang gezeichnet. Die Stromsteilheiten (D1 abkommutierend, T21 aufkommutierend) werden nur von den verdrahtungsbedingten Induktivitäten begrenzt. Der Rückstrom der Diode belastet das einschaltende Ventil zusätzlich.

Im Bild 7.10 sind die Zeitverläufe für den Frequenzbereich $f > f_0$ gezeichnet. Im Bild 7.10a sind es Spannung und Strom am Schwingkreis zum Vergleich

7.3 Anwenden von Resonanzschaltungen in GS-Umrichtern   257

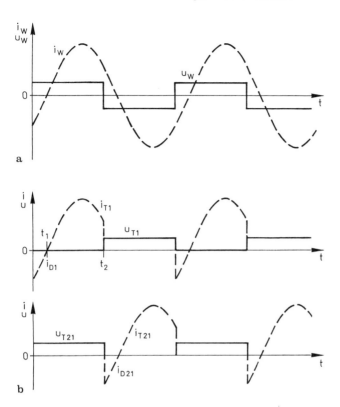

Bild 7.10   WS/GS-U-Umrichter mit abschaltbaren Ventilen
Zeitverläufe im Bereich $f > f_0$
a) Spannung/Strom am Schwingkreis
b) Spannung/Strom an den Ventilen

mit den Verläufen im Bild 6.6b. Das Bild 7.10b zeigt die daraus abgeleiteten Zeitverläufe für Spannung und Strom an den Ventilen. In diesem Frequenzbereich ist der Übergang des Stromes i_w von der Diode auf das abschaltbare Ventil (D1 - T1) zur Zeit $t = t_1$ sanft mit begrenzter Stromsteilheit. Sie wird von den Elementen des Schwingkreises bestimmt. Dagegen unterbricht das Ventil bei $t = t_2$ den Strom i_{T1} durch Abschalten. Der Übergang zur Diode D21 ist idealisiert dargestellt. Die realen Stromsteilheiten (T_1 abkommutierend, D21 aufkommutierend) werden nur von den verdrahtungsbedingten Induktivitäten in der Schaltung begrenzt.

Da der Strom beim Abschalten unterbrochen werden muß, und die Sperrspannung am Ventil unmittelbar auftritt, können in diesem Frequenzbereich einschaltbare Ventile nicht verwendet werden.

Es ist zu erkennen, daß im Frequenzbereich $f < f_0$ das abschaltbare Ventil hinsichtlich des Ausschaltens nicht, hinsichtlich des Einschaltens jedoch stark beansprucht wird. Für die Diode ist die Beanspruchung gerade umgekehrt: Einschalten ohne Beanspruchungen, Ausschalten starke Beanspruchungen. Im Frequenzbereich $f > f_0$ wird das abschaltbare Ventil beim Einschalten nicht beansprucht. Dagegen ist das Ausschalten durch große Änderungsgeschwindigkeiten der elektrischen Größen gekennzeichnet. Für die Diode gilt entsprechendes.

Die erstere Art des Schaltens des steuerbaren Ventils - Ausschalten mit Abklingen des Stromes entsprechend den Daten des Resonanzkreises und Pause bis zum Auftreten von Spannung am Ventil - wird auch mit **Ausschaltentlastung** oder **Zero-Current-Switching** bezeichnet. Die letztere Art des Schaltens - Übernahme des Stromes mit einer vom Resonanzkreis vorgegebenen Steilheit und einer Zeit nach dem Nulldurchgang der Spannung am Ventil - wird mit **Einschaltentlastung** oder **Zero-Voltage-Switching** benannt.

In einer Schaltung mit konstanter Schaltfrequenz, wie sie meist beim GS-U-Umrichter vorliegt, ist es natürlich nur möglich, eine von beiden Arten der Entlastung des Schaltvorganges auszunutzen. Mit Hilfe von Resonanzkreisen ist es aber möglich, das Schalten so zu gestalten, daß die Schalteigenschaften der abschaltbaren Ventile und der Dioden optimal ausgenutzt werden. Alle diese Schaltungen werden mit dem Begriff **quasi-resonante Schaltungen** bezeichnet.

Bei der Ausschaltentlastung ist das abschaltbare Ventil in Reihe mit der Induktivität und bei der Einschaltentlastung ist das Ventil parallel zur Kapazität geschaltet. Es ist noch zu unterscheiden, ob Strom- oder Spannungsventile angewendet werden. Im Bild 7.11 sind die möglichen Schaltungen zusammengestellt.

Dabei zeigen die Bilder a und b die Ausschaltentlastung (Zero-Current-Switch). Bei der Schaltung nach 7.11a läßt das Ventil beide Stromrichtungen in der Induktivität zu - Betriebsart Vollschwingung. Bei 7.11b ermöglicht das Ventil nur eine Stromrichtung in der Induktivität - Betriebsart Halbschwingung. In den Bildern c und d ist die Einschaltentlastung (Zero-Voltage-Switch) dargestellt. Bei 7.11c sind beide Spannungsrichtungen an der Kapazität möglich - Betriebsart Vollschwingung. Entsprechend ist bei 7.11d nur eine Spannungsrichtung an der Kapazität möglich - Betriebsart Halbschwingung.

7.3.1 Resonanz-Schaltentlastung bei einem Tiefsetzsteller

Als Beispiel soll bei einem Tiefsetzsteller, der mit einem Filter belastet ist, das abschaltbare Ventil durch einen Resonanzkreis entlastet werden. Im Bild 7.12a

7.3 Anwenden von Resonanzschaltungen in GS-Umrichtern 259

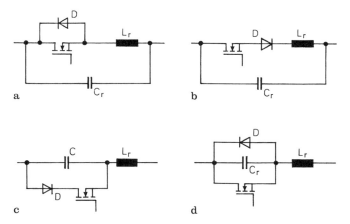

Bild 7.11 Schaltungen mit Resonanz-Schaltentlastung (Quasi-Resonanz)
a) Ausschaltentlastung, Zero-Current-Switch
   Betriebsart Vollschwingung
b) Ausschaltentlastung, Zero-Current-Switch
   Betriebsart Halbschwingung
c) Einschaltentlastung, Zero-Voltage-Switch
   Betriebsart Vollschwingung
d) Einschaltentlastung, Zero-Voltage-Switch
   Betriebsart Halbschwingung

ist als Ausgang die Schaltung des Tiefsetzstellers mit einem Feldeffekttransistor und dem gedämpften Filter L_0, C_0, R wiedergegeben (vergl. hierzu Bild 7.1a). Im Bild 7.12b ist diese Schaltung durch Resonanzelemente L_r, C_r mit einer Ausschaltentlastung (Zero-Current-Switch) ergänzt worden. Mit der Diode D2 in Reihe zum abschaltbaren Ventil ergibt sich die Betriebsart Halbschwingung. Das Bild 7.12c zeigt die quasi-resonante Schaltung mit Einschaltentlastung (Zero-Voltage-Switch). Durch die Diode D2 liegt wiederum die Betriebsart Halbschwingung vor.

Ausschaltentlastung

Unter der Annahme eines Stromes im Filter I = const sollen im folgenden die Zeitverläufe der einzelnen Größen der Schaltung nach Bild 7.12b abgeleitet werden. Die Annahme I = const ist gerechtfertigt, da die Periodendauer im Resonanzkreis wesentlich kleiner ist als die im Filterkreis. Das Bild 7.13a zeigt ein Ersatzschaltbild mit den gewählten Zählpfeilen. Es wurde dabei der Feldeffekttransistor durch den idealen Schalter S ersetzt.

Der Ausgangszustand $t < t_0$ ist gekennzeichnet durch S offen und I = const. Damit:

$$i_D = 0, \quad i_C = 0, \quad i_F = I, \quad u_C = 0.$$

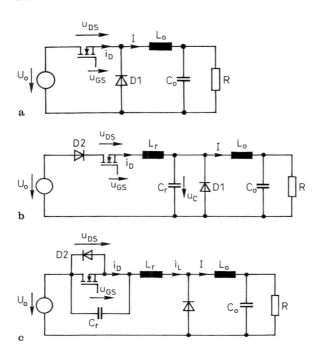

Bild 7.12 Tiefsetzsteller mit Resonanz-Schaltentlastung
a) Schaltung ohne Entlastung
b) Ausschaltentlastung, Betriebsart Halbschwingung
c) Einschaltentlastung, Betriebsart Halbschwingung

Bei $t = t_0$ wird S geschlossen und i_D beginnt zu fließen. Solange $i_D < I$ gilt: $i_D + i_F = I$ und (wegen $i_F \neq 0$) $u_C = 0$.

Es ist $u_L = U_0$ und im Intervall $t_0 \leq t \leq t_1$ gilt:

$$i_D = \frac{U_0}{L_r}(t - t_0), \quad i_F = I - i_D. \tag{7.19}$$

Bei $t = t_1$ wird $i_D = I$ erreicht.

$$t_1 - t_0 = \frac{L_r I}{U_0}. \tag{7.20}$$

Im anschließenden Intervall $t_1 \leq t \leq t_2$ können L_r und C_r wegen $i_F = 0$ frei schwingen. Die Zeitverläufe sind im Bild 7.13b dargestellt.

7.3 Anwenden von Resonanzschaltungen in GS-Umrichtern

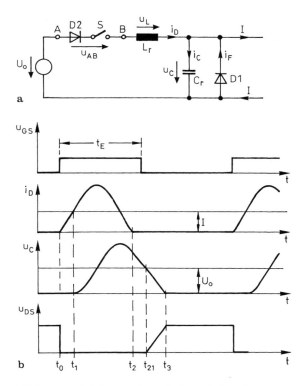

Bild 7.13 Tiefsetzsteller mit Ausschaltentlastung
a) Ersatzschaltbild b) Zeitverläufe

Es gelten: L di/dt + u_C - U_0 = 0 und i_D - i_C - I = 0. Mit den Anfangsbedingungen u_C = 0 und i_D = I ergeben sich die Lösungen:

$$i_D(t) = I + \frac{U_0}{\sqrt{L_r/C_r}} \sin \omega(t - t_1) ,$$

$$i_C(t) = \frac{U_0}{\sqrt{L_r/C_r}} \sin \omega(t - t_1) , \qquad (7.21)$$

$$u_C(t) = U_0 \bigl(1 - \cos \omega(t - t_1)\bigr) .$$

Hierin sind $\omega = \dfrac{1}{\sqrt{L_r C_r}}$, $Z_0 = \sqrt{\dfrac{L_r}{C_r}}$.

Bei t = t_2 wird i_D = 0 und S kann geöffnet werden. Es ist i_C = - I und u_C = $u_C(t_2)$ > U_0. Diese Spannungsbedingung wird durch eine entsprechende Dimensionierung von L_r und C_r sichergestellt.

Im Intervall $t_2 \le t \le t_3$ wird C_r durch $i_C = -I$ zeitproportional entladen bis bei $t = t_3$ der Wert $u_C = 0$ erreicht wird. In diesem Intervall gilt:

$$u_C(t) = u_C(t_2) - \frac{I}{C_r}(t - t_2) \,. \tag{7.22}$$

Der Zeitpunkt t_2 ist zu bestimmen:

$$t_2 = t_1 + \frac{1}{\omega}(\pi + \arcsin\frac{I Z_0}{U_0}) \,. \tag{7.23}$$

Der Zeitpunkt t_3 ist zu bestimmen:

$$t_3 = t_2 + \frac{C_r}{I} u_C(t_2) \,. \tag{7.24}$$

Bei $t = t_3$ ist der Ausgangszustand wieder erreicht.

Der Zeitverlauf der Spannung am Schalter u_{DS} kann über die Spannung u_{AB} bestimmt werden:

$$u_{AB} = U_0 - u_C \,. \tag{7.25}$$

Solange $u_C > U_0$, ist $u_{AB} < 0$ und D2 sperrt, da S in der Ausführung als Feldeffekttransistor keine negative Spannung aufnehmen kann. Bei $u_C < U_0$ ist $u_{AB} > 0$ und der Schalter sperrt $u_{DS} > 0$ ab $t = t_{21}$.

Das Intervall $t_2 \le t \le t_{21}$ ist der Zeitabschnitt vom Wert $i_D = 0$ bis zum Einsetzen der Spannung am Schalter. In diesem Intervall muß das Ansteuersignal enden. Das ist im Zeitverlauf u_{GS} abzulesen.

Die Zeitverläufe zeigen, daß die Entlastung beim Ausschalten zu einer Sicherheitszeit zwischen dem Nullwerden des Stromes und dem mit begrenzter Steilheit Einsetzen der Spannung führt. In der gezeigten quasiresonanten Schaltung ist auch das Einschalten insofern entlastet, als der Strom mit einer durch die Werte des Resonanzkreises vorgegebenen Steilheit einsetzt.

Einschaltentlastung

Im weiteren werden die Zeitverläufe des Tiefsetzstellers mit Einschaltentlastung (Zero-Voltage-Switch) abgeleitet. Das Schaltbild ist in 7.12c dargestellt. Es ist wieder die Betriebsart Halbschwingung gewählt. Im Ersatzschaltbild 7.14a sind die Zählpfeile eingetragen. Es wird wieder I = const angenommen.

7.3 Anwenden von Resonanzschaltungen in GS-Umrichtern

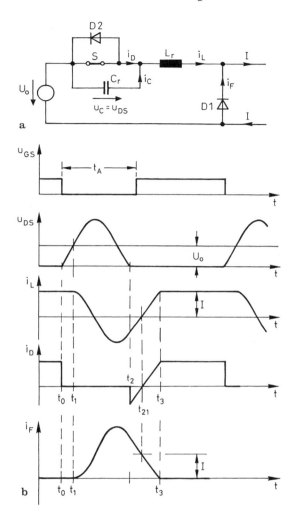

Bild 7.14 Tiefsetzsteller mit Einschaltentlastung
a) Ersatzschaltbild   b) Zeitverläufe

Der Ausgangszustand für $t < t_0$ ist mit geschlossenem Schalter S:

$$i_L = i_D = I, \quad i_F = 0, \quad u_C = u_{DS} = 0.$$

Bei $t = t_0$ wird S geöffnet und der Strom geht ohne Verzögerung von S nach C_r über.

Im Intervall $t_0 \leq t \leq t_1$: $i_D = 0$, $i_C = i_L = I$.

Die Spannung an C_r steigt zeitproportional an, solange $u_C = u_{DS} < U_0$ und D1 wird nicht leitend.

$$u_C(t) = \frac{I}{C_r}(t - t_0). \tag{7.26}$$

Das Ende des Intervalles wird bei $u_C = U_0$ erreicht.

Im folgenden Intervall $t_1 \leq t \leq t_2$ wird D1 leitend und L_r und C_r können frei schwingen.

$$L_r \frac{di_L}{dt} - U_0 + u_C = 0, \quad i_L = i_C,$$

$$i_L + i_F - I = 0. \tag{7.27}$$

Anfangsbedingung $t = t_1$: $u_C = U_0$, $i_L = I$. Die Lösung von (7.27) ergibt:

$$u_C(t) = U_0 + I Z_0 \sin \omega(t - t_1),$$

$$i_L(t) = I \cos \omega(t - t_1). \tag{7.28}$$

Das Ende des Intervalles wird erreicht mit $u_C = 0$.

$$t_2 = t_1 + \frac{1}{\omega}(\pi + \arcsin \frac{U_0}{I Z_0}). \tag{7.29}$$

Solange $u_C = u_{DS} > 0$ bleibt D2 gesperrt. Bei $t = t_2$ geht der Strom ohne Verzögerung von C_r auf D_2 über:

$$u_{DS} = 0, \quad i_C = 0, \quad i_L = i_D, \quad i_L + i_F - I = 0.$$

Es gilt: $L_r \frac{di_L}{dt} - U_0 = 0$ mit der Anfangsbedingung $t = t_2$, $i_L = i_L(t_2)$:

$$i_L(t) = i_L(t_2) + \frac{U_0}{L_r}(t - t_2). \tag{7.30}$$

Das Ende des Intervalles $t = t_3$ wird erreicht bei $i_L = I$ und $i_F = 0$:

$$t_3 = t_2 + \frac{L}{U_0}(I - i_L(t_2)). \tag{7.31}$$

Innerhalb dieses Intervalles geht i_L bei $t = t_{21}$ durch Null. Das bedeutet:

$i_L = i_D < 0$ D2 leitet,
$i_L = i_D > 0$ S leitet.

7.3 Anwenden von Resonanzschaltungen in GS-Umrichtern

Innerhalb des Teilintervalles $t_2 \leq t \leq t_{21}$ muß der Feldeffekttransistor erneut angesteuert werden, damit er bei $t = t_{21}$ den Strom entlastet übernehmen kann.

Die Einschaltentlastung bringt eine Sicherheitszeit zwischen das Nullwerden der Spannung und das Einsetzen des Stromes. Aber auch das Ausschalten wird entlastet, da zwar die Spannung sofort, jedoch mit begrenzter Steilheit einsetzt.

Aus den Zeitverläufen gehen die Betriebsbedingungen für das Ausschalt- und das Einschaltentlasten hervor. Diesen Entlastungen stehen erhöhte Amplituden der Ventilbeanspruchungen in Folge der Resonanz gegenüber. Bei der Ausschaltentlastung muß der Scheitelwert des Stromes $\hat{\imath}_D$ gegenüber I und bei der Einschaltentlastung muß $\hat{u}_{DS}$ gegenüber U_0 berücksichtigt werden. Für erstere Form der Entlastung ist deshalb ein abschaltbares Ventil mit gutem Durchlaßverhalten für letztere Entlastung eines mit gutem Sperrverhalten auszuwählen. Der Grad der Stromüberhöhung bei der Ausschaltentlastung und der der Spannungsüberhöhung bei der Einschaltentlastung wird beim Entwurf der Schaltung gewählt.

Aufgaben zum Abschnitt 7

Aufgabe 7.1

Für einen Eintakt-Sperrwandler ist die Primärwicklung des Übertragers zu entwerfen. Es soll bei einer Schaltfrequenz von 125 kHz und einem Einschaltverhältnis $T_E/T = 0{,}45$ eine Leistung von 2,5 W übertragen werden. Die Betriebsspannung beträgt 15 V. Es stehen Ferrit-Kerne mit A_L-Werten von 1,7; 2,0 oder 3,1 µH zur Verfügung. Ihr kleinster Kernquerschnitt beträgt 31 mm^2. Der Scheitelwert der Flußdichte soll 300 mT nicht überschreiten.

Aufgabe 7.2

Für einen Tiefsetzsteller mit Ausschaltentlastung sind für die Betriebsart Vollschwingung die Zeitverläufe von Strom und Spannung am abschaltbaren Ventil zu ermitteln. Die Schaltung ist Bild 7.11a zu entnehmen.

Lösungen der Aufgaben zum Abschnitt 7

Lösung Aufgabe 7.1

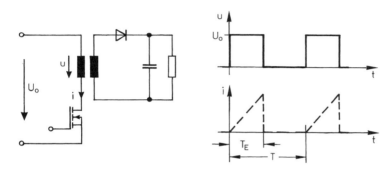

Die Verluste des Übertragers sollen vernachlässigt werden. Dann steigt wegen U_0 = konst während des EIN-Impulses der Strom zeitproportional an. Das Einschaltverhältnis ist so gewählt, daß der Kern während der AUS-Zeit vollständig entmagnetisiert wird. Dann gilt für $0 \leq t < T_E$:

$$i(t) = \frac{U_0}{L} t \quad , \quad p(t) = u(t)\, i(t) = \frac{U_0^2}{L} t ,$$

$$P = \frac{1}{T} \int\limits^{T} p(t)\, dt = \frac{U_0^2}{L\, T} \frac{1}{2} T_E^2 ,$$

$$L = \frac{U_0^2\, T\, (T_E/T)^2}{2\, P} \quad , \quad L = 72{,}9\, \mu H .$$

Die Induktivität des verwendeten Kernes wird mit dem in der Liste angegebenen A_L-Wert berechnet:

$L = N^2 A_L$, N: Windungszahl, hier der Primärwicklung.

$N = \sqrt{L/A_L}$

$A_L =$	1,7	2,0	3,1 µH
$N =$	6,6	6,04	4,9
N(gewählt)	7	6	5
$\hat{B} =$	249	290	348 mT

Der Scheitelwert der Flußdichte $\hat{B}$ wird mit dem kleinsten Kernquerschnitt A_{min} berechnet:

$$\int u \, dt = N \, d\Phi \quad , \quad U_0 T_E = N A_{min} \hat{B} ,$$

$$\hat{B} = \frac{U_0 T_E}{N A_{min}} \quad , \quad A_{min} = 31 \cdot 10^{-6} \, m^2 ,$$

$$\hat{B} = \frac{U_0 T (T_E/T)}{N A_{min}} .$$

Es ist der Kern mit dem A_L-Wert 2,0 µH und der Windungszahl 6 zu wählen. Die Kontrolle, daß 6 Windungen im Wickelraum Platz finden, erfolgt hier nicht. Die Änderung des Wertes der Induktivität infolge der Abrundung der Windungszahl wird mit dem Einschaltverhältnis ausgeglichen.

Lösung Aufgabe 7.2

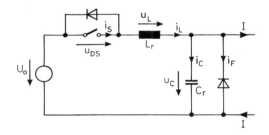

Das Bild zeigt die Ersatzschaltung für den in der Aufgabe vorgegebenen Tiefsetzsteller. Die Voraussetzungen sollen dieselben sein, wie im Abschnitt Ausschaltentlastung für die Betriebsart Halbschwingung beschrieben.

Nach dem Schließen von S bei $t = t_0$ beginnt i_S zu fließen ($i_S = i_L$). Solange $i_S > 0$ ist, unterscheiden sich die Zeitverläufe nicht von denen, die für die Betriebsart Halbschwingung abgeleitet wurden. Somit gelten auch hier die

Gleichungen (7.19) bis (7.21). Sie sind im Bild in den Abschnitten $t_0 < t < t_1$ und $t_1 < t < t_2$ dargestellt.

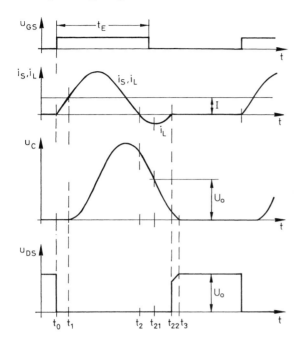

Bei $t = t_2$ wird $i_L = 0$. Wegen der Diode parallel zum Schalter S kann $i_L < 0$ werden. Der Kondensator C_r wird schwingend weiter entladen. Bei $t = t_{21}$ wird $u_C = U_0$ und $u_L = 0$ erreicht. Bei $t = t_{22}$ wird erneut $i_L = 0$ erreicht. Der Schalter ist inzwischen geöffnet und somit wird C_r vom Strom I weiter entladen $i_C = -$ I. Bei $t = t_3$ wird $u_C = 0$, der Strom I geht in den Zweig der Freilaufdiode über ($i_F = -$ I) und der Ausgangszustand ist erreicht. Die Zeitfunktionen sind in derselben Weise wie die Gleichungen (7.22) bis (7.24) zu gewinnen.

Bei $t = t_{22}$ springt die Spannung u_{DS} um den Wert ($U_0 - u_C(t_{22})$). Danach steigt sie zeitproportional auf U_0 an.

Der Zeitabschnitt, der zwischen dem Nullwerden von i_S bis zum Auftreten der Spannung u_{DS} vergeht, ist hier ($t_{22} - t_2$). Im Gegensatz zur Betriebsart Halbschwingung ist er hier um den Abschnitt ($t_{22} - t_{21}$) vergrößert.

8 WS-Umrichter, Wechselstromsteller

In der Grundschaltung des WS-Umrichters verbinden die Ventile zwei WS-Quellen über einen induktiven Speicher (Abschnitt 4). Die einfachste Form dieses WS-Umrichters ergibt sich beim Steuern eines ohmsch-induktiven Verbrauchers über zwei einschaltbare Ventile. Umrichter dieser Art werden zum Schalten von WS-Kreisen oder zum Verstellen der Leistung verwendet. Letztere Anwendung wird mit dem Begriff **Wechselstromsteller** gekennzeichnet.

Obwohl Schaltungen für WS-Umrichter mit abschaltbaren Ventilen verschiedentlich vorgeschlagen worden sind, konnten sie sich in praktischen Anwendungen nicht einführen. Deswegen sollen hier nur Schaltungen mit einschaltbaren Ventilen behandelt werden.

8.1 Einschalten von Wechselstrom

Im Bild 8.1a ist die Grundschaltung des WS-Umrichters mit Thyristoren dargestellt. Zum Einschalten aus dem stromlosen Zustand werden die Thyristoren um den Winkel ωt_0 gegenüber dem Nulldurchgang der Netzspannung verzögert mit einem Dauerimpuls angesteuert. Dann gilt für $\omega t > \omega t_o$:

$$\omega L \frac{di}{d\omega t} + Ri - u(\omega t) = 0 \,. \tag{8.1}$$

Hierin ist $u(\omega t) = \sqrt{2}\, U \sin \omega t$.

Die Anfangsbedingung lautet: $\omega t = \omega t_0$, $i=0$.

Damit ergibt sich für (8.1) die Lösung:

$$i(\omega t) = \frac{\sqrt{2}\, U}{\sqrt{R^2+(\omega L)^2}} \left(\sin(\omega t - \varphi) - \sin(\omega t_0 - \varphi) \exp\left(-\frac{R}{\omega L}(\omega t - \omega t_0)\right) \right), \tag{8.2}$$

$$\hat{i}_0 = \frac{\sqrt{2}\, U}{\sqrt{R^2+(\omega L)^2}} \,.$$

8.2 Wechselstromsteller

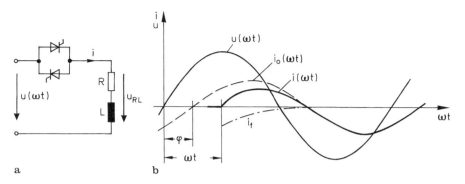

Bild 8.1 Einschalten von Wechselstrom
a) Schaltung mit antiparallelen Thyristoren   b) Zeitverlauf

Diese Lösung ist im Bild 8.1b dargestellt. Dabei gibt der erste Summand in (8.2) den Strom des stationären Zustandes $i_0(\omega t)$ wieder. Der zweite Summand beschreibt den Ausgleichsstrom, der mit i_f bezeichnet ist.

Aus (8.2) läßt sich auch erkennen, wie der Einschaltwinkel zu wählen ist, um den Ausgleichstrom zu beeinflussen:

Minimaler Ausgleichstrom: $\omega t_0 = \varphi$,
Maximaler Ausgleichstrom: $\omega t_0 = \varphi + \pi/2$.

8.2 Wechselstromsteller

Im Gegensatz zum Betrieb als Wechselstromschalter werden beim Betrieb als Wechselstromsteller in jeder Halbperiode der Netzspannung die Thyristoren neu angesteuert. Der Strom wird beim Unterschreiten des Haltestromes des Thyristors in jeder Halbperiode der Netzspannung unterbrochen. In der folgenden Halbperiode wird dann verzögert eingeschaltet. Das Bild 8.2 zeigt den Zeitverlauf des Stromes bei diesem periodischen Betrieb des Wechselstromstellers mit Anschnittsteuerung. Als Steuerwinkel α wird dabei der Winkel bezogen auf den Nulldurchgang der Netzspannung verwendet.

Während des Zeitabschnittes, in dem der Strom fließt, kann er nach Gleichung (8.2) berechnet werden. Damit kann der Strom für periodischen Betrieb mit $\alpha \geq \varphi$ für eine halbe Periode wie folgt abschnittsweise beschrieben werden:

$\varphi \leq \omega t \leq \alpha$ \qquad $i / \hat{i}_0 = 0$,

$\alpha \leq \omega t \leq \alpha + \lambda$ \qquad $i / \hat{i}_0 = \sin(\omega t - \varphi) - \sin(\alpha - \varphi)\exp\left(-\dfrac{R}{\omega L}(\omega t - \alpha)\right)$, \qquad (8.3)

$\alpha + \lambda \leq \omega t \leq \varphi + \pi$ \qquad $i / \hat{i}_0 = 0$.

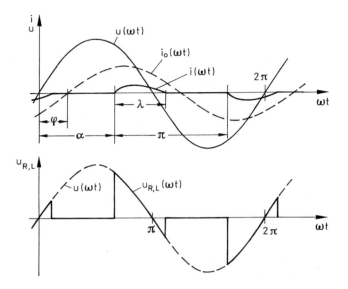

Bild 8.2 Zeitverlauf des Stromes beim Betrieb als Wechselstromsteller

Der Wechselstromsteller wird symmetrisch gesteuert. Das Steuersignal der zweiten Halbperiode ist um den Wert π gegenüber dem der ersten verschoben. Damit ergibt sich für den Strom Halbschwingungssymmetrie. In der Gleichung (8.3) wird die Stromflußdauer mit λ bezeichnet. Im Bild 8.2 ist auch die Spannung am Verbraucher $u_{RL}(\omega t)$ eingezeichnet.

Aus (8.3) lassen sich auch die Fälle besonderer Lastwiderstände ableiten:

Rein ohmscher Lastwiderstand: $\varphi = 0$; $\omega L = 0$; $\lambda = \pi - \alpha$;

$0 < \omega t < \alpha$ $\qquad\qquad$ $i / \hat{i}_0 = 0$,

$\alpha < \omega t < \pi$ $\qquad\qquad$ $i / \hat{i}_0 = \sin \omega t$ $\hfill(8.4)$

(8.4) zeigt für diesen Fall, daß Strom und Spannung am Verbraucher während der Stromflußdauer von derselben Zeitfunktion beschrieben werden.

Rein induktiver Lastwiderstand: $\varphi = \pi/2$; $R = 0$; $\lambda = 2(\pi - \alpha)$;

$\pi/2 \leq \omega t \leq \alpha$ $\qquad\qquad$ $i / \hat{i}_0 = 0$,

$\alpha \leq \omega t \leq 2\pi - \alpha$ $\qquad\qquad$ $i / \hat{i}_0 = -\cos \omega t + \cos \alpha$, $\hfill(8.5)$

$2\pi - \alpha \leq \omega t \leq 3\pi/2$ $\qquad\qquad$ $i / \hat{i}_0 = 0$.

8.2 Wechselstromsteller

Aus (8.5) ist zu erkennen, daß in diesem Fall der Strom dieselbe Zeitfunktion besitzt wie der Strom bei Vollaussteuerung ($-\cos \omega t$), jedoch um einen konstanten Betrag ($\cos \alpha$) verschoben ist.

Die **Stromflußdauer** λ ist nur für die Grenzfälle rein ohmschen und rein induktiven Lastwiderstandes unmittelbar aus dem Bild 8.2 abzulesen. Zu ihrer allgemeinen Berechnung wird der Ansatz verwendet:

$$i / \hat{i}_0 = 0 \quad \text{für} \quad \omega t = \alpha + \lambda .$$

Dieser Ansatz führt zur folgenden impliziten Gleichung:

$$\tan(\alpha - \varphi) = \frac{-\sin \lambda}{\cos \lambda - \exp(-R\lambda/(\omega L))} . \tag{8.6}$$

Ihre numerische Lösung ist im Bild 8.3 dargestellt.

Da Wechselstromsteller oft für die Steuerung von Heizwiderständen verwendet werden, soll als **Steuerkennlinie** die Abhängigkeit des Effektivwertes des Stromes vom Steuerwinkel berechnet werden. Für die Grenzfälle rein ohmschen und rein induktiven Lastwiderstandes ergeben sich die folgenden Gleichungen. Als Normierungsgröße wird der Effektivwert des Stroms bei Vollaussteuerung $\alpha = \varphi$ verwendet: $I_0 = \hat{i}_0 / \sqrt{2}$.

Rein ohmscher Belastungswiderstand ($\varphi = 0$):

$$\frac{I}{I_0} = \sqrt{1 - \frac{\alpha}{\pi} + \frac{1}{2\pi} \sin 2\alpha} . \tag{8.7}$$

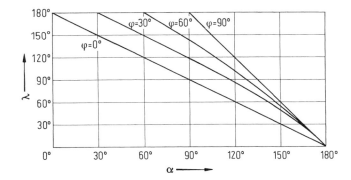

Bild 8.3 Stromflußdauer in Abhängigkeit vom Steuerwinkel
Parameter: Lastphasenwinkel φ

Rein induktiver Belastungswiderstand ($\varphi = \pi/2$):

$$\frac{I}{I_0} = \sqrt{2(1 - \frac{\alpha}{\pi})(2 + \cos 2\alpha) + \frac{3}{\pi}\sin 2\alpha}. \tag{8.8}$$

Für andere Lastphasenwinkel ist der Effektivwert über (8.3) mit Hilfe (8.6) numerisch zu berechnen. Im Bild 8.4 sind diese Steuerkennlinien wiedergegeben.

Für den **ohmschen Belastungswiderstand** lassen sich auch weitere Kenngrößen für den vollständigen Steuerbereich $0 \leq \alpha \leq \pi$ leicht angeben:

Wirkleistung:

$$\frac{P}{P_0} = 1 - \frac{\alpha}{\pi} + \frac{1}{2\pi}\sin 2\alpha \, ; \quad P_0 = \frac{U^2}{R}. \tag{8.9}$$

Komponenten der Grundschwingung der Spannung am Verbraucher:

$$\frac{a_1}{\sqrt{2}\,U} = \frac{1}{2\pi}(\cos(2\alpha) - 1),$$

$$\frac{b_1}{\sqrt{2}\,U} = 1 - \frac{\alpha}{\pi} + \frac{1}{2\pi}\sin(2\alpha). \tag{8.10}$$

Komponenten der Harmonischen $n = 3, 5, 7...$ der Spannung am Verbraucher

$$\frac{a_n}{\sqrt{2}\,U} = \frac{1}{\pi}\left(\frac{\cos((n-1)\pi)}{n-1} - \frac{\cos((n+1)\pi)}{n+1} - \left(\frac{\cos((n-1)\alpha)}{n-1} - \frac{\cos((n+1)\alpha)}{n+1}\right)\right),$$

$$\frac{b_n}{\sqrt{2}\,U} = \frac{1}{\pi}\left(\frac{\sin((n+1)\alpha)}{n+1} - \frac{\sin((n-1)\alpha)}{n-1}\right). \tag{8.11}$$

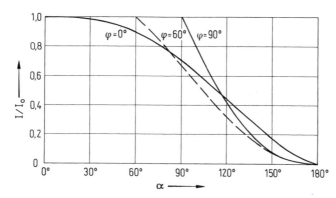

Bild 8.4 Effektivwert des Stromes in Abhängigkeit vom Steuerwinkel
Parameter: Lastphasenwinkel φ

8.2 Wechselstromsteller

Ein anderes Steuerverfahren, das vielfach zur Steuerung von Heizwiderständen verwendet wird, ist die **Vielperiodensteuerung**. Dabei wird für eine ganze Anzahl von Perioden der Netzspannung der Wechselstromsteller voll durchgesteuert und dann für eine ebenfalls ganze Anzahl von Perioden vollständig gesperrt. Deswegen wird dieses Steuerverfahren auch **Schwingungspaket-Steuerung** genannt. Für den Fall eines ohmschen Belastungswiderstandes kann allein mit der Spannung gerechnet werden. Das Bild 8.5 zeigt den Zeitverlauf der Spannung am Lastwiderstand. Die Periodendauer bei diesem Steuerverfahren ist ein ganzes Vielfaches der Periodendauer der Netzspannung $T = k\,T_L$. Das Einschaltintervall sei mit $T_E = p\,T_L$ bezeichnet, wobei p ebenfalls eine ganze Zahl ist. Dann kann die Spannung am Belastungswiderstand u_R wie folgt dargestellt werden:

$$0 \leq t \leq p\,T_L \qquad u_R = u(t),$$
$$p\,T_L \leq t \leq T \qquad u_R = 0. \qquad (8.12)$$

Da mit einer starren Netzspannung gerechnet werden soll, gilt

$$u(t) = \sqrt{2}\,U \sin \omega t \quad \text{mit} \quad T_L = 2\pi/\omega.$$

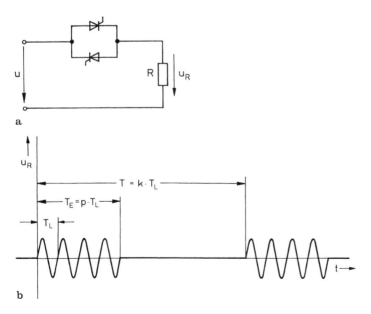

Bild 8.5 Wechselstromsteller mit Vielperiodensteuerung
a) Schaltbild b) Zeitverlauf der Spannung am Verbraucher

Die Wirkleistung ist für diesen ohmschen Belastungsfall zu berechnen:

$$P = \frac{1}{T} \int^T \frac{1}{R} u_R^2 \, dt \, .$$

Da p und k ganze Zahlen sind, ergibt sich:

$$P/P_0 = p/k \quad \text{mit} \quad P_0 = U^2/R \, . \tag{8.13}$$

Mit der Gleichung (8.12) kann auch die Abhängigkeit des Effektivwertes des Stromes von der Steuergröße p/k berechnet werden:

$$I/I_0 = \sqrt{p/k} \quad \text{mit} \quad I_0 = U/R \, . \tag{8.14}$$

Diese **Steuerkennlinien** sind im Bild 8.6 wiedergegeben.

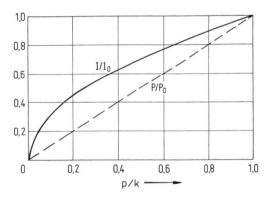

Bild 8.6 Effektivwert des Stromes I/I_0 und Leistung P/P_0 bei der Vielperiodensteuerung in Abhängigkeit von der Steuergröße p/k

Die **Komponenten der Harmonischen** n = 1, 3, 5, 7.... der Spannung am ohmschen Verbraucher können auch für die Vielperiodensteuerung angegeben werden. Bezogen wird dabei auf die Wiederholfrequenz f = 1/T.

Für $n \neq k$:

$$\frac{a_n}{\sqrt{2}\,U} = \frac{1}{2\pi} \left[\frac{1}{k+n} \left(1 - \cos((k+n)\frac{p}{k}2\pi)\right) + \frac{1}{k-n} \left(1 - \cos((k-n)\frac{p}{k}2\pi)\right) \right]$$

(8.15)

$$\frac{b_n}{\sqrt{2}\,U} = \frac{1}{2\pi} \left[\frac{1}{k-n} \sin((k-n)\frac{p}{k}2\pi) - \frac{1}{k+n} \sin((k+n)\frac{p}{k}2\pi) \right] \, .$$

8.3 Drehstromsteller   277

Für n = k:

$$a_n = 0 \qquad \frac{b_n}{\sqrt{2}\,U} = \frac{p}{n}. \qquad (8.16)$$

Das Bild 8.7 zeigt Zeitverlauf und Spektrum der Spannung am ohmschen Verbraucher mit k = 10 und drei verschiedenen Aussteuergraden p/k = 0,3; 0,5; 0,7.

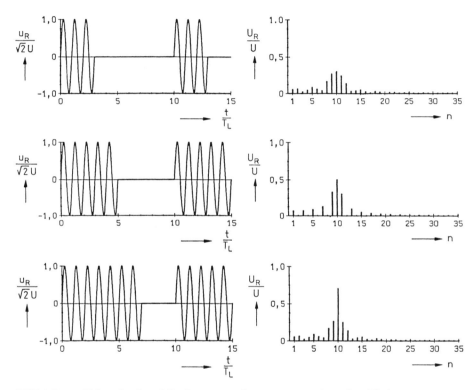

Bild 8.7 Zeitverlauf und Spektrum der Spannung am ohmschen Verbraucher bei Vielperiodensteuerung mit k = 10 und p/k = 0,3; 0,5; 0,7

8.3 Drehstromsteller

Wechselstromsteller finden am Dreiphasennetz in vielfältiger Form als **Drehstromsteller** Anwendung. Das Bild 8.8 zeigt eine Auswahl von Möglichkeiten mit passiven Verbrauchern. Die Schaltung nach Bild 8.8a verwendet drei Paare antiparallele Thyristoren und einen in Stern geschalteten Drehstromverbraucher. Mit dieser Schaltung kann die Leistung des dreiphasigen Ver-

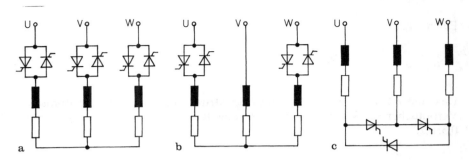

Bild 8.8   Beispiele für Schaltungen von Drehstromstellern

brauchers symmetrisch gesteuert werden. Bei den Schaltungen nach 8.8b und c, die durch eine kleinere Ventilzahl gekennzeichnet sind, ist die Steuerung unsymmetrisch. Bei der Schaltung b wird das Dreiphasennetz unsymmetrisch belastet. Die einzelnen Größen sind jedoch halbschwingungssymmetrisch. Bei der Schaltung nach c ist das Dreiphasennetz symmetrisch belastet, die Netzströme und die Spannungen am Verbraucher sind nicht halbschwingungssymmetrisch.

Die Funktion des symmetrisch gesteuerten Drehstromstellers soll am Beispiel eines rein induktiven Verbrauchers erklärt werden. Das Bild 8.9 zeigt noch einmal die Schaltung. Die Spannungen an den Klemmen U, V, W werden als sinusförmig, die Ventile als ideal angenommen. Der Sternpunkt des Verbrauchers 1N ist nicht angeschlossen. Das Bild 8.10 zeigt die Ableitung der Zeitverläufe des Stromes i_U und der Spannung u_{1U1V}. Der Bezugspunkt $\omega t = 0$ ist in den Nulldurchgang der Spannung u_{UN} gelegt. Voraussetzungsgemäß eilt der Strom bei Vollaussteuerung $\alpha = \varphi$ - bezeichnet mit i_{U0} - dieser Spannung um $\pi/2$ nach. Eingezeichnet sind auch die Ströme i_{V0} und i_{W0}.

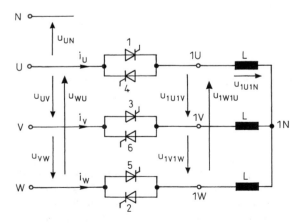

Bild 8.9   Symmetrisch gesteuerter Drehstromsteller

8.3 Drehstromsteller

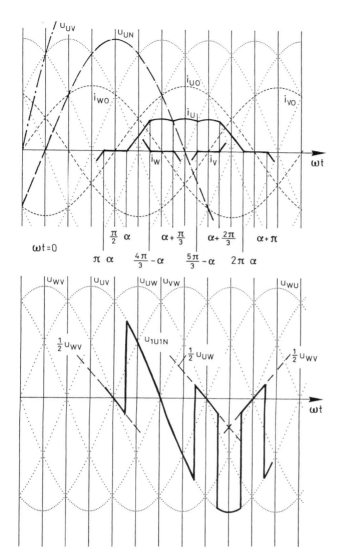

Bild 8.10 Konstruktion des Netzstromes und der Außenleiterspannung am Verbraucher beim symmetrisch gesteuerten Drehstromsteller und rein induktivem Verbraucher

Bei $\omega t = \alpha$ wird der Thyristor 1 des Ventilpaares 1-4 angesteuert. Im periodischen Betrieb ist in dem sich anschließenden Intervall je ein Thyristor eines Ventilpaares leitend. Es fließen alle drei Strangströme. Ihr Zeitverlauf ergibt sich in Analogie zu (8.5) aus den Strömen i_{U0}, i_{V0}, i_{W0}, die jeweils um einen konstanten Betrag zu verschieben sind (Gleichungen 8.17 und 8.18). Im Bild

8.10 ist der Strom i_U nach dieser Anleitung gezeichnet. Zum Zeitpunkt $\omega t = 4\pi/3 - \alpha$ wird der Strom i_W Null. Dieser Zeitpunkt ergibt sich aus der Symmetrie der Stromhalbperiode i_U zu einer Achse $\omega t = \pi$ und aus der Winkelverschiebung zwischen i_U und i_W. Für das Intervall $4\pi/3 - \alpha \leq \omega t \leq \alpha + \pi/3$ bleibt $i_W = 0$ und die Spannung u_{UV} treibt einen Strom über die induktiven Widerstände in den Strängen U und V, der gegenüber u_{UV} um $\pi/2$ nacheilt. Der Strom i_U besteht deshalb in diesem Intervall aus einem Stück Sinuskurve mit dem Maximum bei $\omega t = 5\pi/6$. Er schließt bei $\omega t = 4\pi/3 - \alpha$ wegen der im Kreis vorhandenen Induktivitäten an den vorhergehenden Zeitverlauf an.

Bei $\omega t = \alpha + \pi/3$ wird der Thyristor 2 angesteuert. Damit ist wieder ein ungestörtes Dreiphasensystem vorhanden und der Strom i_U ergibt sich als Ausschnitt aus dem Zeitverlauf i_{U0}, wiederum um einen konstanten Betrag verschoben. Mit Hilfe der Symmetriebedingung für die Stromhalbperiode wird der Nulldurchgang des Stromes i_V bei $\omega t = 5\pi/3 - \alpha$ gefunden. Das Ventilpaar 3-6 bleibt gesperrt. Jetzt treibt die Spannung u_{WU} einen Strom über die induktiven Widerstände der Stränge W und U. Dieses Intervall endet bei $\omega t = \alpha + 2\pi/3$, dem Ansteuerpunkt des Thyristors 3. Im anschließenden Intervall bis $\omega t = 2\pi - \alpha$ wird i_U wiederum aus i_{U0} abgeleitet.

Wird der Strom i auf den Scheitelwert $\hat{i}_{U0}$ des Stromes bei Vollaussteuerung bezogen, dann ergibt sich die folgende Zusammenstellung:

Bereich $\pi/2 \leq \alpha \leq 2\pi/3$:

$\pi - \alpha \leq \omega t \leq \alpha$ \hspace{2em} $i / \hat{i}_0 = 0$ \hspace{4em} (8.17)

$\alpha \leq \omega t \leq 4\pi/3 - \alpha$ \hspace{2em} $i / \hat{i}_0 = -\cos \omega t + \cos \alpha$

$4\pi/3 - \alpha \leq \omega t \leq \alpha + \pi/3$ \hspace{2em} $i / \hat{i}_0 = \sqrt{3}/2 \sin(\omega t - \pi/3) + 3/2 \cos \alpha$

$\alpha + \pi/3 \leq \omega t \leq 5\pi/3 - \alpha$ \hspace{2em} $i / \hat{i}_0 = -\cos \omega t + 2 \cos \alpha$

$5\pi/3 - \alpha \leq \omega t \leq \alpha + 2\pi/3$ \hspace{2em} $i / \hat{i}_0 = -\sqrt{3}/2 \sin(\omega t + \pi/3) + 3/2 \cos \alpha$

$\alpha + 2\pi/3 \leq \omega t \leq 2\pi - \alpha$ \hspace{2em} $i / \hat{i}_0 = -\cos \omega t + \cos \alpha$

Mit Vergrößern des Steuerwinkels werden die Abschnitte, in denen alle drei Strangströme fließen, immer kürzer, bis sie bei $\alpha = 2\pi/3$ verschwinden. Für $\alpha > 2\pi/3$ treten nur noch Intervalle auf, in denen jeweils nur zwei Thyristoren leiten. Für diesen Bereich des Steuerwinkels gelten die folgenden Zeitverläufe:

8.3 Drehstromsteller

Bereich $2\pi/3 \leq \alpha \leq 5\pi/6$:

$\pi - \alpha \leq \omega t \leq \alpha$ $\qquad i / \hat{i}_0 = 0$ (8.18)

$\alpha \leq \omega t \leq 5\pi/3 - \alpha$ $\qquad i / \hat{i}_0 = \sqrt{3}/2 \sin(\omega t - \pi/3) - \sqrt{3}/2 \sin(\alpha - \pi/3)$

$5\pi/3 - \alpha \leq \omega t \leq \alpha + \pi/3$ $\qquad i / \hat{i}_0 = 0$

$\alpha + \pi/3 \leq \omega t \leq 2\pi - \alpha$ $\qquad i / \hat{i}_0 = - \sqrt{3}/2 \sin(\omega t + \pi/3) - \sqrt{3}/2 \sin(\alpha - \pi/3)$

In der unteren Kurve von Bild 8.10 ist die Spannung u_{1U1V} dargestellt. Sie ist für $\alpha < \omega t < 5\pi/3 - \alpha$ gleich der Spannung u_{UV}, weil die Ventilpaare 1-4 und 3-6 durchgeschaltet haben. Bei $\omega t = 5\pi/3 - \alpha$ geht 3-6 in den gesperrten Zustand über, $i_V = 0$. Mit der Vorzeichenwahl im Bild 8.9 ergibt sich in diesem Intervall $u_{1U1V} = 1/2 \, u_{UW}$. Im darauffolgenden Intervall sind wieder alle drei Ventilpaare leitend und es gilt $u_{1U1V} = u_{UV}$. Im darauffolgenden Intervall ist das Ventilpaar 1-4 gesperrt und es ergibt sich $u_{1U1V} = 1/2 \, u_{WV}$.

Die Zusammenstellung des Zeitverlaufes der Spannung u_{1U1V} ergibt:

Bereich $\pi/2 \leq \alpha \leq 2\pi/3$:

$\pi - \alpha < \omega t < \alpha$ $\qquad u_{1U1V} = 1/2 \, u_{WV}$ (8.19)

$\alpha < \omega t < 5\pi/3 - \alpha$ $\qquad u_{1U1V} = u_{UV}$

$5\pi/3 - \alpha < \omega t < \alpha + 2\pi/3$ $\qquad u_{1U1V} = 1/2 \, u_{UW}$

$\alpha + 2\pi/3 < \omega t < 2\pi - \alpha$ $\qquad u_{1U1V} = u_{UV}$

Im **Bereich** $2\pi/3 \leq \alpha \leq 5\pi/6$ wechseln Ausschnitte der Spannungen, wie sie mit (8.19) gegeben sind, mit Abschnitten ab, in denen die Spannung den Wert Null hat.

Das Bild 8.11 zeigt die Zeitverläufe des Stromes i_U und der Spannung u_{1U1V} bei rein induktivem Verbraucher und einem Steuerwinkel $\alpha = 120°$.

Als Auswertung der entwickelten Zeitverläufe sollen Kennlinien der Effektivwerte als **Steuerkennlinien** gezeichnet werden. Das Bild 8.12 zeigt den bezogenen Effektivwert des Netzstromes in Abhängigkeit vom Steuerwinkel. Im Bild 8.13 ist der bezogene Effektivwert der Außenleiterspannung am Verbraucher in Abhängigkeit vom Steuerwinkel aufgetragen. Als Bezugswert ist der Effektivwert der Außenleiterspannung bei Vollaussteuerung verwendet.

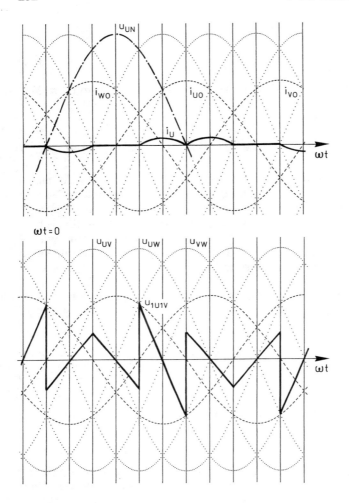

Bild 8.11 Netzstrom und Außenleiterspannung am Verbraucher beim symmetrisch gesteuerten Drehstromsteller, rein induktiver Verbraucher, Steuerwinkel $\alpha = 120°$

Zur Veranschaulichung der Wirkungsweise eines **unsymmetrisch gesteuerten Drehstromstellers** sind für die Schaltung nach Bild 8.8b, die nur zwei Ventilpaare für einen symmetrischen dreiphasigen Verbraucher enthält, die Zeitverläufe der Spannungen u_{1U1V}, u_{1V1W} und u_{1W1U} im Bild 8.14 dargestellt. Es ist das Beispiel eines ohmschen Verbrauchers und eines Steuerwinkels $\alpha = 75°$ gewählt.

Die Spannungen werden dabei abschnittsweise mit Hilfe von Ersatzschaltbildern gewonnen, die sich aus den Schaltzuständen ableiten

8.3 Drehstromsteller

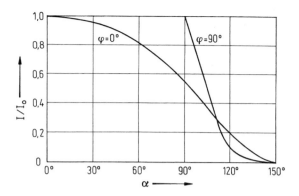

Bild 8.12 Effektivwert des Netzstromes I/I_0 beim symmetrisch gesteuerten Drehstromsteller in Abhängigkeit vom Steuerwinkel

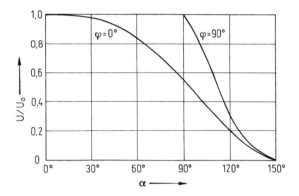

Bild 8.13 Außenleiterspannung am Verbraucher beim symmetrisch gesteuerten Drehstromsteller in Abhängigkeit vom Steuerwinkel

lassen. Für die ersten beiden Abschnitte zeigt das Bild 8.15 die Ersatzschaltbilder. Für alle Abschnitte ergeben sich dann die folgenden Zeitverläufe:

$0 < \omega t < \alpha$	$u_{1U1V}=1/2\, u_{WV}$	$u_{1V1W}=u_{VW}$	$u_{1W1U}=1/2\, u_{WV}$
$\alpha < \omega t < \alpha+\pi/3$	$u_{1U1V}=u_{UV}$	$u_{1V1W}=1/2\, u_{VU}$	$u_{1W1U}=1/2\, u_{VU}$
$\alpha+\pi/3 < \omega t < \pi$	$u_{1U1V}=u_{UV}$	$u_{1V1W}=u_{VW}$	$u_{1W1U}=u_{WU}$
$\pi < \omega t < \alpha+\pi$	$u_{1U1V}=1/2\, u_{WV}$	$u_{1V1W}=u_{VW}$	$u_{1W1U}=1/2\, u_{WV}$
$\alpha+\pi < \omega t < \alpha+2\pi/3$	$u_{1U1V}=u_{UV}$	$u_{1V1W}=1/2\, u_{VU}$	$u_{1W1U}=1/2\, u_{VU}$
$\alpha+2\pi/3 < \omega t < 2\pi$	$u_{1U1V}=u_{UV}$	$u_{1V1W}=u_{VW}$	$u_{1W1U}=u_{WU}$

(8.20)

284 8 WS-Umrichter, Wechselstromsteller

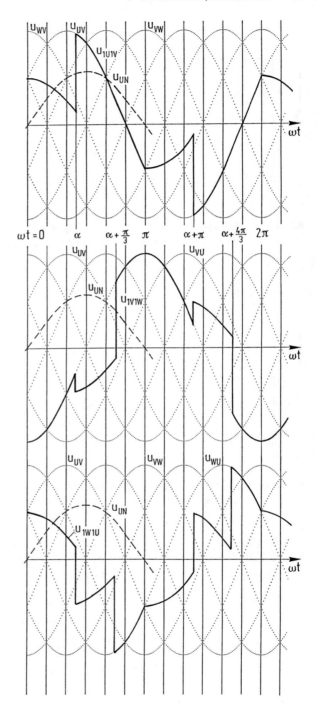

8.3 Drehstromsteller

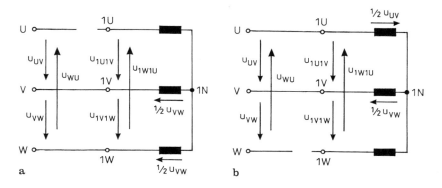

Bild 8.15 Ersatzschaltbilder zum Ableiten der Außenleiterspannungen am Verbraucher
a) für $0 < \omega t < \alpha$ b) für $\alpha < \omega t < \alpha + \pi/3$

In derselben Weise können auch die Zeitverläufe der Strangspannungen am Verbraucher ermittelt werden. In Auswertung der Zeitverläufe sind im Bild 8.16 die bezogenen Effektivwerte der Strangspannungen am Verbraucher in Abhängigkeit vom Steuerwinkel für ohmsche Widerstände dargestellt. Als Bezugswert wird der Wert bei Vollaussteuerung verwendet.

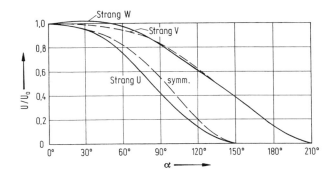

Bild 8.16 Effektivwert der Strangspannungen am Verbraucher bei der unsymmetrisch gesteuerten Drehstromstellerschaltung nach Bild 8.8b in Abhängigkeit vom Steuerwinkel

◀ **Bild 8.14** Zeitverlauf der Außenleiterspannungen am Verbraucher beim unsymmetrisch gesteuerten Drehstromsteller (Schaltung nach Bild 8.8b), ohmscher Verbraucher, Steuerwinkel $\alpha = 75°$

Aufgaben zum Abschnitt 8

Aufgabe 8.1

Für einen Wechselstromsteller mit rein induktiver Belastung sind für $\alpha = 120°$ der Strom $i(\omega t)$ und die Spannung am Verbraucher $u_L(\omega t)$ zu zeichnen.
Die Effektivwerte der Grundschwingungen dieser Größen sind zu berechnen.

Aufgabe 8.2

Bei einem Wechselstromsteller mit ohmschem Verbraucher sei $P/P_0 = 0{,}5$ eingestellt.

a) Wie groß ist der zugehörige Steuerwinkel?
b) Welchen Wert hat der bezogene Effektivwert des Stromes?
c) Wie groß ist die Scheinleistung an der Netzanschlußstelle?
d) Es sind die Grundschwingungsblindleistung und die Verzerrungsleistung zu berechnen.
e) Wie groß ist der Leistungsfaktor?

Aufgabe 8.3

Durch Anwenden abschaltbarer Ventile kann der Wechselstromsteller nach dem An-/Abschnittsteuerverfahren betrieben werden. Für eine ohmsche Belastung zeigt das folgende Bild den Zeitverlauf der Spannung am Verbraucher mit diesem Steuerverfahren.

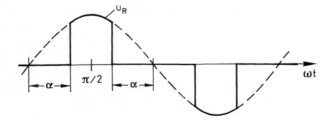

Aufgaben zum Abschnitt 8

a) Die Abhängigkeit der Leistung und des Effektivwertes des Stromes vom Steuerwinkel sind zu berechnen.
b) Wie groß ist der Steuerwinkel zu wählen, damit $P/P_0 = 0{,}5$ erreicht wird?
c) Wie groß sind die Grundschwingungsblindleistung, die Verzerrungsleistung und der Leistungsfaktor?
d) Die Gleichungen für die Harmonischen der Spannung am Verbraucher sind zu berechnen.

Aufgabe 8.4

Die Spektren der Spannung an einem ohmschen Verbraucher eines Wechselstromstellers sind für die Steuerverfahren Anschnittsteuerung und An-/Abschnittsteuerung für einen Aussteuergrad $P/P_0 = 0{,}5$ zu berechnen.

Aufgabe 8.5

Für den unsymmetrisch gesteuerten Drehstromsteller mit der Schaltung nach Bild 8.8b sind die Strangspannungen an einem ohmschen Verbraucher für den Steuerwinkel $\alpha = 75°$ zu konstruieren.

Aufgabe 8.6

Für den unsymmetrisch gesteuerten Drehstromsteller (Schaltung Bild 8.8b) ist der Effektivwert der Spannung des Stranges V am Verbraucher u_{1V1N} für den Bereich $0 \leq \alpha \leq \pi/3$ zu berechnen.

Lösungen der Aufgaben zum Abschnitt 8

Lösung Aufgabe 8.1

Die Lösung soll aus (8.5) für die erste Halbperiode der Netzspannung abgeleitet werden. Die zweite Halbperiode ergibt sich aus der Halbschwingungssymmetrie.

$0 \leq \omega t \leq 60°$ $\qquad i/\hat{\imath}_0 = -\cos \omega t - \cos \alpha = -\cos \omega t + 1/2$

$$\frac{u_L}{\sqrt{2}\, U} = \sin \omega t$$

$60° \leq \omega t \leq 120°$ $\qquad i/\hat{\imath}_0 = 0$

$$\frac{u_L}{\sqrt{2}\, U} = 0$$

$120° \leq \omega t \leq 180°$ $\qquad i/\hat{\imath}_0 = -\cos \omega t + \cos \alpha = -\cos \omega t - 1/2$

$$\frac{u_L}{\sqrt{2}\, U} = \sin \omega t \,.$$

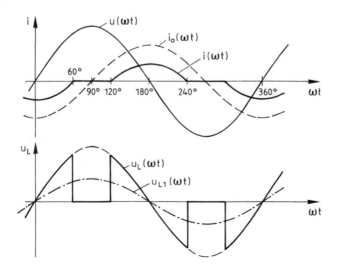

Aufgaben zum Abschnitt 8

Für die Berechnung der Grundschwingungen soll der Nulldurchgang der Netzspannung als Bezugspunkt gewählt werden. Dann ist $i(\omega t)$ eine gerade und $u_L(\omega t)$ eine ungerade Funktion.

Grundschwingung von $i(\omega t)$: $b_1 = 0$

$$\frac{a_1}{\hat{\imath}_0} = \frac{4}{\pi} \int_0^{180°} \frac{i}{\hat{\imath}_0} \cos \omega t \, d\omega t,$$

$$\frac{a_1}{\hat{\imath}_0} = \frac{4}{\pi} \left[\frac{\alpha}{2} - \frac{\pi}{2} - \frac{1}{4} \sin(2\pi - 2\alpha) - \cos\alpha \sin(\pi - \alpha) \right],$$

$$\frac{a_1}{\hat{\imath}_0} = -2\left(1 - \frac{\alpha}{\pi}\right) - \frac{1}{\pi} \sin 2\alpha .$$

Mit $\alpha = 120°$: $a_1/\hat{\imath}_0 = -0{,}391$ und wegen $b_1 = 0$ $\quad I_1/I_0 = 0{,}391$.
Da $\varphi_1 = -90°$ ergibt sich der Zeitverlauf der Grundschwingung des Stromes:

$$i_1(\omega t)/\hat{\imath}_0 = -0{,}391 \cos \omega t .$$

Grundschwingung von $u_L(\omega t)$: $a_1 = 0$

$$\frac{b_1}{\sqrt{2}\,U} = \frac{4}{\pi} \int_0^{180°} \frac{u_L}{\sqrt{2}\,U} \sin \omega t \, d\omega t,$$

$$\frac{b_1}{\sqrt{2}\,U} = \frac{4}{\pi}\left(\frac{\pi}{2} - \frac{\alpha}{2} - \frac{1}{4}\sin(2\pi - 2\alpha)\right).$$

Mit $\alpha = 120°$: $\quad \dfrac{b_1}{\sqrt{2}\,U} = 0{,}391$.

Da $\varphi_1 = 0$ ergibt sich der Zeitverlauf der Grundschwingung der Spannung u_L:

$$\frac{u_{L1}(\omega t)}{\sqrt{2}\,U} = 0{,}391 \sin \omega t .$$

Lösung Aufgabe 8.2

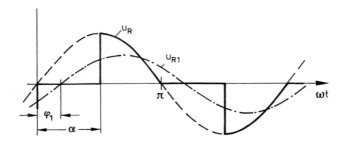

a) Für $P/P_0 = 0.5$ ist $\alpha = \pi/2$ leicht zu erkennen. Für andere Aussteuerungsgrade ist (8.9) numerisch zu lösen.

b) Aus (8.7) folgt $I/I_0 = 0.707$

c) $S = U I = U \dfrac{I}{I_0} I_0$; $S/P_0 = I/I_0$. Hieraus ist $S/P_0 > P/P_0$ abzulesen.

d) Aus (8.10) ergibt sich:

$$\dfrac{a_1}{\sqrt{2}\,U} = -\dfrac{1}{\pi} \quad ; \quad \dfrac{b_1}{\sqrt{2}\,U} = 1/2 ,$$

$$\dfrac{c_1}{\sqrt{2}\,U} = \dfrac{I_1}{I_0} = \dfrac{1}{\sqrt{2}\,U} \sqrt{a_1^2 + b_1^2} = 0{,}593 .$$

Mit $\varphi_1 = \arctan(a_1/b_1)$: $\varphi_1 = -32{,}48°$.

$Q_1 = U I_1 \sin \varphi_1$; $Q_1/P_0 = I_1/I_0 \sin \varphi_1 = -0{,}318$

$$\dfrac{D}{P_0} = \sqrt{\left(\dfrac{S}{P_0}\right)^2 - \left(\dfrac{Q_1}{P_0}\right)^2 - \left(\dfrac{P}{P_0}\right)^2} \quad ; \quad \dfrac{D}{P_0} = 0{,}386 .$$

e) $\lambda = \dfrac{P}{S} = \dfrac{P/P_0}{S/P_0} = 0{,}707 .$

Kontrolle: $\cos \varphi_1 = 0{,}844$; $\lambda/\cos \varphi_1 = 0{,}838 = I_1/I$.

Lösung Aufgabe 8.3

Der Ansatz für die Wirkleistung $P = \dfrac{1}{T} \int\limits^{T} u\, i\, dt$

ergibt für die in der Aufgabe skizzierte An-/Abschnittsteuerung mit

$u(\omega t) = \sqrt{2}\, U \sin \omega t$ und $i(\omega t) = 0$ für $0 < \omega t < \alpha$
$\phantom{u(\omega t) = \sqrt{2}\, U \sin \omega t \text{ und }}\ i(\omega t) = \sqrt{2}\, U/R \sin \omega t$ für $\alpha < \omega t < \pi - \alpha$
$\phantom{u(\omega t) = \sqrt{2}\, U \sin \omega t \text{ und }}\ i(\omega t) = 0$ für $\pi - \alpha < \omega t < \pi$

$$P = \frac{1}{\pi} \frac{2\, U^2}{R} \int\limits_{\pi}^{\pi-\alpha} \sin^2 \omega t\, d\omega t,$$

$$\frac{P}{P_0} = 1 - \frac{2\alpha}{\pi} + \frac{1}{\pi} \sin 2\alpha\ ; \qquad P_0 = \frac{U^2}{R}.$$

Ebenso läßt sich ableiten:

$$\frac{I}{I_0} = \sqrt{1 - \frac{2\alpha}{\pi} + \frac{1}{\pi} \sin 2\alpha}\ ; \qquad I_0 = \frac{U}{R}.$$

Für $P/P_0 = 0{,}5$ ergibt sich $\alpha = 66{,}17°$.

$S/P_0 = I/I_0 = 0{,}707\ ;\quad \lambda = 0{,}707$

Die An-/Abschnittsteuerung ergibt vom Prinzip $Q_1 = 0$.

Damit $D/P_0 = 0{,}5$.

Die Harmonischen der Spannung am Verbraucher ergeben sich für die An-/Abschnittsteuerung zu:

$a_n = 0$ gemäß der Voraussetzung

$$\frac{b_1}{\sqrt{2}\, U} = 1 - \frac{2\alpha}{\pi} + \frac{1}{\pi} \sin 2\alpha,$$

$$\frac{b_n}{\sqrt{2}\, U} = \frac{2}{\pi} \left(\frac{\sin((n+1)\alpha)}{n+1} - \frac{\sin((n-1)\alpha)}{n-1} \right) \qquad \text{für } n = 3, 5, 7 \ldots .$$

Lösung Aufgabe 8.4

Für die Anschnittsteuerung ergibt die Auswertung von (8.10) und (8.11) für den Steuerwinkel $\alpha = \pi/2$:

n	1	3	5	7	9	11
$\dfrac{a_n}{\sqrt{2}\,U}$	$-1/\pi$	$1/\pi$	$-1/3\pi$	$1/3\pi$	$-1/5\pi$	$1/5\pi$
$\dfrac{b_n}{\sqrt{2}\,U}$	1/2	0	0	0	0	0
$\dfrac{U_{Rn}}{U}$	0,593	0,318	0,106	0,106	0,064	0,064

Für die An-/Abschnittsteuerung ergeben die in Aufgabe 8.3 abgeleiteten Beziehungen für den Steuerwinkel $\alpha = 66{,}17°$:

$a_n = 0$

n	1	3	5	7	9	11
$\dfrac{b_n}{\sqrt{2}\,U}$	0,500	$-0{,}394$	0,222	$-0{,}049$	$-0{,}069$	0,105
$\dfrac{U_{Rn}}{U}$	0,500	0,394	0,222	0,049	0,069	0,105

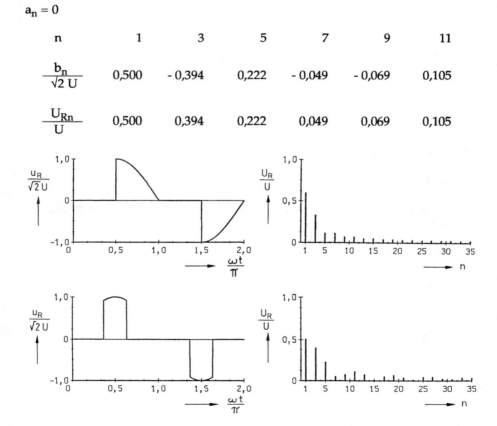

Lösung Aufgabe 8.5

Aus dem Bild 8.15 und den weiteren Ersatzschaltbildern können auch die Strangspannungen des Verbrauchers abgelesen werden. Es ergeben sich:

$0 < \omega t < \alpha$	$u_{1U1N}=0$	$u_{1V1N}=1/2\, u_{VW}$	$u_{1W1N}=1/2\, u_{WV}$
$\alpha < \omega t < \pi/3$	$u_{1U1N}=u_{UN}$	$u_{1V1N}=u_{VN}$	$u_{1W1N}=u_{WN}$
$\pi/3 < \omega t < \alpha+\pi/3$	$u_{1U1N}=1/2\, u_{UV}$	$u_{1V1N}=1/2\, u_{VU}$	$u_{1W1N}=0$
$\alpha+\pi/3 < \omega t < \pi$	$u_{1U1N}=u_{UN}$	$u_{1V1N}=u_{VN}$	$u_{1W1N}=u_{WN}$
$\pi < \omega t < \alpha+\pi$	$u_{1U1N}=0$	$u_{1V1N}=1/2\, u_{VW}$	$u_{1W1N}=1/2\, u_{WV}$
$\alpha+\pi < \omega t < 2\pi/3$	$u_{1U1N}=u_{UN}$	$u_{1V1N}=u_{VN}$	$u_{1W1N}=u_{WN}$
$2\pi/3 < \omega t < \alpha+2\pi/3$	$u_{1U1N}=1/2\, u_{UV}$	$u_{1V1N}=1/2\, u_{VU}$	$u_{1W1N}=0$
$\alpha+2\pi/3 < \omega t < 2\pi$	$u_{1U1N}=u_{UN}$	$u_{1V1N}=u_{VN}$	$u_{1W1N}=u_{WN}$.

Lösung Aufgabe 8.6

Wegen der Halbschwingungssymmetrie ist der Effektivwert zu berechnen:

$$U_{1V1N} = \sqrt{\frac{1}{\pi} \int_0^\pi u^2_{1V1N}\, d\omega t}\,.$$

Abschnittsweise ist $u_{1V1N}(\omega t)$ in Aufgabe 8.5 bestimmt worden:

$0 < \omega t < \alpha$	$u_{1V1N} = 1/2\, u_{VW}$	$= \sqrt{3}/2\, \sqrt{2}\, U \sin(\omega t - \pi/2)$
$\alpha < \omega t < \pi/3$	$u_{1V1N} = u_{VN}$	$= \sqrt{2}\, U \sin(\omega t - 2\pi/3)$
$\pi/3 < \omega t < \alpha + \pi/3$	$u_{1V1N} = 1/2\, u_{VU}$	$= \sqrt{3}/2\, \sqrt{2}\, U \sin(\omega t - 5\pi/6)$
$\alpha + \pi/3 < \omega t < \pi$	$u_{1V1N} = u_{VN}$	$= \sqrt{2}\, U \sin(\omega t - 2\pi/3)$.

Dann sind die Integrationsabschnitte:

$$\frac{U^2_{1V1N}}{U^2}\, \frac{\pi}{2} = \frac{3}{4} \int_0^\alpha \cos^2 \omega t\, d\omega t + \int_\alpha^{\pi/3} \sin^2(\omega t - 2\pi/3)\, d\omega t$$

$$+ \frac{3}{4} \int_{\pi/3}^{\alpha+\pi/3} \sin^2(\omega t - 5\pi/6)\, d\omega t + \int_{\alpha+\pi/3}^{\pi} \sin^2(\omega t - 2\pi/3)\, d\omega t\,,$$

294 8 WS-Umrichter, Wechselstromsteller

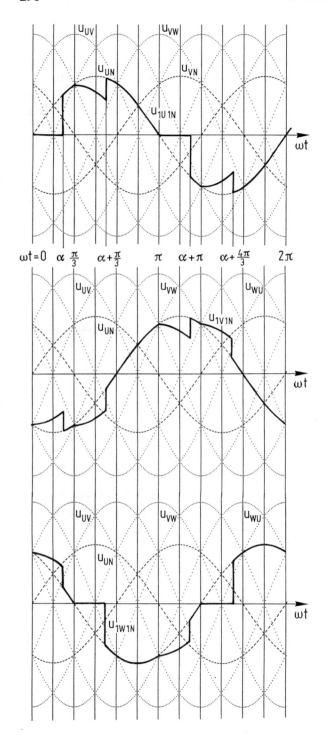

Mit $\int_0^\alpha \cos^2 \omega t \, d\omega t = (1/2 \, \omega t + 1/4 \sin^2 \omega t) \Big|_0^\alpha$,

$\int_\alpha^{\pi/3} \sin^2(\omega t - 2\pi/3) \, d\omega t = (1/2 \, (\omega t - 2\pi/3) - 1/4 \sin^2(\omega t - 2\pi/3)) \Big|_\alpha^{\pi/3}$.

wird das Ergebnis erzielt:

$$\frac{U_{1V1N}}{U} = \sqrt{1 - \frac{\alpha}{2\pi} + \frac{1}{4\pi} \sin 2\alpha} \, .$$

Formelzeichen, Indizes

Formelzeichen

a	Koeffizient in Fourier-Reihe
a	Verhältniszahl
A	Fläche
A	Induktivitäts-Kennziffer bei Ferritkernen
b	Koeffizient in Fourier-Reihe
B	magnetische Flußdichte
c	Koeffizient in Fourier-Reihe
C	Kapazität
C_{th}	Wärmekapazität
D	Verzerrungsleistung
D_x	induktive Gleichspannungsänderung
e	Quellenspannung im Lastkreis
f	Frequenz
g	Grundschwingungsgehalt
i	Augenblickswert des Stromes
$\hat{\imath}$	Scheitelwert des Stromes
i_{RRM}	Spitzenwert des Stromes
I	Effektivwert des Stromes
I_{AV}	Arithmetischer Mittelwert des Stromes
ΔI	Stromdifferenz
k	Anzahl der Netzperioden in einer Periode bei Vielperiodensteuerung
L	Induktivität
m	Modulationsgrad
M	Moment
M	Anzahl der zusätzlichen Umschaltungen in einer Viertelperiode

Formelzeichen, Indizes

n	Ordnungszahl
N	Windungszahl
p	Augenblickswert der Leistung
p	Pulszahl
p	Anzahl der eingeschalteten Netzperioden bei Vielperiodensteuerung
P	Wirkleistung
P_{di}	ideelle Leistung auf der GS-Seite
q	Kommutierungszahl
Q	Blindleistung
Q_1	Grundschwingungsblindleistung
r	Anzahl paralleler Kommutierungsgruppen
R	ohmscher Widerstand
R_{th}	thermischer Widerstand
s	Anzahl in Reihe geschalteter Kommutierungsgruppen
S	Scheinleistung
S	Steuersignal
t_{gd}	Zündverzugszeit
t_{gr}	Durchschaltzeit
t_{gs}	Zündausbreitungszeit
t_f	Fallzeit
t_q	Freiwerdezeit
t_{rr}	Sperrverzugszeit
t_s	Spannungsnachlaufzeit
t_s	Steuerintervall
t_S	Schonzeit
t_{tq}	Zeit des Schweifstromes
T_A	Ausschaltintervall
T_E	Einschaltintervall
T	Periodendauer
T_S	Periodendauer
u	Augenblickswert der Spannung
$\underline{u}$	Raumzeiger der Spannung
û	Scheitelwert der Spannung
U	Effektivwert der Spannung
U_{AV}	Arithmetischer Mittelwert der Spannung
$\bar{U}_{T/2}$	Arithmetischer Mittelwert einer halben Periode
u	Überlappungswinkel
u_{GS}	Überlappungswinkel bei GS-seitiger Kommutierung
u_k	relative Kommutierungsinduktivität
Y	komplexer Leitwert
Z	Impedanz

α	Steuerwinkel
α	Achsbezeichnung bei der Raumzeigerdarstellung
α	Schaltwinkel
β	Achsbezeichnung bei der Raumzeigerdarstellung
β_s	Steuerintervall
γ	Löschwinkel
λ	Stromflußdauer
λ	Spannungsverhältnis
λ	Leistungsfaktor
ν	Ordnungszahl
φ	Phasenwinkel
Φ	Magnetfluß
τ	Zeitkonstante
τ_{th}	thermische Zeitkonstante
ω	Kreisfrequenz

Indizes

Die Indizes kennzeichnen:

a	Ausgangsseite
a	Sollwert
A	Anode
A	Ausschaltintervall
B	Basisanschluß
C	Collektoranschluß
C	Gehäuse
C	Klemmenanschluß GS-Seite
d	Größen der GS-Seite
D	Klemmenanschluß GS-Seite
D	Drain
D	Positive Sperrspannung Thyristor
E	Emitteranschluß
E	Einschaltintervall
F	Flußrichtung

G	Steueranschluß
i	Strom
i	ideell
J	Sperrschicht
k	Kommutierung
k	Kompensation
K	Kathode
K	Kühlmittel
K	Kupplung
l	Belastung
m	mechanisch
max	Größtwert
min	Kleinstwert
M	Mittelpunkt GS-Seite
M	Größtwert
N	Nennwert
N	Sternpunkt eines Drehstromverbrauchers
r	zusätzliche Bauelemente bei Quasi-Resonanz
R	Sperrichtung
S	Sourceanschluß
S	Schonzeit
S	Periodendauer, Spieldauer
T	Durchlaßrichtung bei Thyristoren
T0	Schleusenspannung
u	Spannung
U	Klemmenanschluß WS-Seite
V	Klemmenanschluß WS-Seite
W	Klemmenanschluß WS-Seite
0	Leerlauf
0	eingeschwungener Zustand
0	Resonanz
1	Grundschwingung

Literaturverzeichnis

Bücher

1.1 **Glaser, A., Müller-Lübeck, K.**: Einführung in die Theorie der Stromrichter, Band I, Elektrotechnische Grundlagen. Springer Berlin 1935.

1.2 **Wasserrab, Th.**: Schaltungslehre der Stromrichtertechnik. Springer, Berlin 1962.

1.3 **Meyer, M.**: Selbstgeführte Thyristor-Stromrichter, 3. Aufl., Siemens-Fachbuch 1974.

1.4 **Möltgen, G.**: Netzgeführte Stromrichter mit Thyristoren. 3. Aufl., Siemens-Fachbuch 1974.

1.5 **Möltgen, G.**: Stromrichtertechnik, Einführung in Wirkungsweise und Theorie. Siemens AG, Berlin, München 1983.

1.6 **Pelly, B.R.**: Thyristor Phase-Controlled Converters and Cycloconverters. J. Wiley and Sons, New York 1971.

1.7 **Bystron, K.**: Technische Elektronik, Band II, Leistungselektronik. Hansa Verlag, München 1979.

1.8 **Gerlach, W.**: Halbleiterelektronik, Bd. 12, Thyristoren. Springer 1979.

1.9 **Hoffmann, A., Stocker, K.**: Thyristor-Handbuch. Siemens AG, Berlin, München 1976.

1.10 **Kloss, A.**: Stromrichter-Netzrückwirkungen in Theorie und Praxis. AT Verlag, Aarau, Stuttgart 1981.

1.11 **Büchner, P.**: Stromrichter-Netzrückwirkungen und ihre Beherrschung. Verlag für Grundstoffindustrie, Leipzig 1982.

1.12 **Heumann, K.**: Grundlagen der Leistungselektronik. 5. Aufl., B.G. Teubner, Stuttgart 1991.

1.13 **Anke, D.**: Leistungselektronik. R. Oldenbourg, München 1986.

1.14 **Zach, F.**: Leistungselektronik. 2. Aufl., Springer, Wien 1988

1.15 **Jenni, F., Wuest, D.**: Steuerverfahren für selbstgeführte Stromrichter. B.G. Teubner, Stuttgart 1995.

1.16 **Meyer, M.**: Leistungselektronik – Einführung, Grundlagen, Überblick. Springer, Berlin 1990.

Dissertationen und Literatur zum Abschnitt 3

2.1 **Marquardt, R.**: Untersuchung von Stromrichterschaltungen mit GTO-Thyristoren. Hannover 1982.

2.2 **Peppel, M.**: Eigenschaften und Anwendung abschaltbarer Thyristoren. Darmstadt 1984.

2.3 **Lorenz, L.**: Zum Schaltverhalten von MOS-Leistungstransistoren bei ohmsch-induktiver Last. München 1984.

2.4 **Stein, G.**: Elektrische Modelle von Leistungshalbleitern für Entwurf von Stromrichter-Stellgliedern. Kaiserslautern 1984

2.5 **Steinke, J.**: Untersuchung zur Ansteuerung und Entlastung des Abschalt-Thyristors beim Einsatz bis zu hohen Schaltfrequenzen. Bochum 1986.

2.6 **Fregien, G.**: Ein Beitrag zur Anwendung von Hochleistungs-Abschalt-Thyristoren. Aachen 1987.

2.7 **Maurick, P.C.**: Das Abschaltverhalten von Leistungsdioden. Berlin 1988

2.8 **Jung, M.**: Ansteuerung, Beschaltung und Schutz von GTO-Thyristoren in Pulswechselrichtern. Berlin 1989.

2.9 **Xu, Ch.**: Netzwerkmodelle von Leistungshalbleiter-Bauelementen. München 1990.

2.10 **Qu, N.**: Entwicklung und Untersuchung von Mikro-GTO's. Berlin 1990.

2.11 **Behr, E.K.**: Insulated Gate Bipolar Transistoren – Modellierung zur Schaltungssimulation und Anwendung in Pulswechselrichtern. Berlin 1990.

2.12 **Keller, Ch.**: Einsatzkriterien schneller abschaltbarer Leistungshalbleiter in Quasi-Resonanz-Umrichtern. Berlin 1991.

2.13 **Sittig, R.**: Halbleiterbauelemente für die Traktion. eb – Elektrische Bahnen 97(1999) 9

2.14 **Bernet, S.**: Recent Development of High Power Converters for Industry and Traction Applications. IEEE Transact. on Power Electronics Vol. 15, No. 6, November 2000

Dissertationen und Literatur zu den Abschnitten 5 bis 8

3.1 **Stemmler, H.**: Steuerverfahren für ein- und mehrpulsige Unterschwingungswechselrichter zur Speisung von Kurzschlußläufermotoren. Aachen 1970.

3.2 **Voß, H.**: Die Kommutierungsvorgänge bei Gleichstromstellern unter Berücksichtigung der Verluste der Bauelemente. Berlin 1978.

3.3 **Beck, H.-P.**: Fremdgeführte Zwischenkreis-Umrichter mit Spannungsrichter zur Speisung von Synchronmaschinen großer Leistung und hoher Drehzahl. Berlin 1981.

3.4 **Gekeler, M.**: Dreiphasige spannungseinprägende Dreistufen-Wechselrichter. Darmstadt 1984.

3.5 **Van der Broeck, H.W.**: Vergleich von spannungseinprägenden Wechselrichtern mit drei und zwei Zweigpaaren zur Speisung einer Drehstrom-Asynchronmaschine unter Verwendung der Pulsbreitenmodulation hoher Taktzahl. Aachen 1985.

3.6 **Eggert, B.**: Die Betriebsgrenzen netzgeführter Brückenschaltungen mit gleichspannungsseitiger Kommutierung (Spannungsrichter) bei Speisung aus Wechselspannungsquellen mit Innenwiderstand. Berlin 1985.

3.7 **Stanke, G.**: Untersuchung von Modulationsverfahren für Pulsstromrichter mit hohen dynamischen Anforderungen bei beschränkter Zeitfrequenz. Aachen 1987.

3.8 **Schröder, H.**: Einsatzkriterien für Transistoren unterschiedlicher Technologie in Pulswechselrichtern mit hoher Schaltfrequenz. Berlin 1988.

3.9 Schütze, Th.: Untersuchung von Abtastregelverfahren für Wechselrichter beschränkter Pulsfrequenz. Berlin 1990.

3.10 Michel, M., Beck, H.-P.: Spannungsrichter – ein neuer Umrichtertyp mit natürlicher Gleichspannungskommutierung. etz-Archiv, Band 3 (1981) H.12.

3.11 Michel, M., Beck, H.-P.: Die Sechspuls-Brückenschaltung mit gleichspannungsseitiger Kommutierung. Archiv für Elektrotechnik, Vol. 66 (1983).

3.12 Schönung, A., Stemmler, H.: Geregelter Drehstrom – Umkehrantrieb mit gesteuertem Umrichter nach dem Unterschwingungsverfahren. Brown Boveri Review, Vol. 51, Aug./Sept. 1964.

3.13 Turnbull, F.G.: Selected Harmonic Reduction in static Dc-Ac-Inverters. IEEE Transactions on Communication and Elektronic, July 1964.

3.14 Patel, H.S., Hoft, R.G.: Generalized Technique of Harmonic Elimination and Voltage Control in Thyristor Inverters, Part I – Harmonic Elimination. IEEE Transactions on Industry Application, Vol. IA–9, No. 3, May/June 1973.

3.15 Patel, H.S., Hoft, R.G.: Generalized Technique of Harmonic Elimination and Voltage Control in Thyristor Inverters, Part II – Voltage Control Techniques. IEEE Transactions on Industry Application, Vol. IA–10, No. 5, Sept./Oct. 1974.

3.16 Bowes, S.R., Bird, B.M.: Novel Approach to the Analysis and Synthesis of Modulation Prozess in Power Converters. Proc. IEE, 122, No. 5, pp. 507–513, May 1975.

3.17 Buja, G.S.: Improvement of Pulse with Modulation Techniques. Archiv für Elektrotechnik, Band 57, 281–289, 1975.

3.18 Buja, G.S.: Optimum Output Waveforms in PWM Inverters. IEEE Transaction on Industry Applications, Vol. IA–16, No. 6, Nov./Dec. 1980.

3.19 Ziogas, P.D.: Optimum Voltage and Harmonic Control PWM Techniques for Three-phase static UPS Systems. IEEE Transactions on Industry Applications, Vol. IA–16, No. 4, July/Aug. 1980.

3.20 **Murphy, J.D.**: A Comparison of PWM Strategies for Inverter–fed Induction Motors. IEEE Transactions on Industry Applications, Vol. IA–19, No. 3, May/June 1983.

3.21 **IEC 60050 – 551**:   Internationales Elektrotechnisches Wörterbuch Teil 551 Leistungselektronik

Sachwortverzeichnis

Abschaltstrom 35
Abschaltthyristor 33-36
Abschaltzeit 38
Abschaltverzugszeit 35
Abschaltverzugszeit 36
Anode 28
Anschnittsteuerung 114-117
Ausgleichstrom 271
Ausschaltentlastung 258-262
Aussteuergrad 206, 207

Basisstrom 38
Belastungskennlinie 126, 127
Beschaltung
   elektronischer Ventile 49-53
   RCD 50, 52
   Rückspeisung 52
Betrieb
   schaltend 11
   steuernd 11
Betriebsart
   Halbschwingung 259
   Vollschwingung 259
Betriebsmittel, leistungselektronisches 2
Bezugsgrößen-Invarianz 194
Blockierbereich 29
Blocksteuerung 191, 200

Darlington-Schaltung 41
Dauergrenzstrom 25, 30, 37
Dauerimpuls 53
Dioden-Ersatzschaltbild 44
Direktumrichter 141-143
Doppel-Stromrichter 139-141
Drain 42
Drain-Source-Spannung 42

Drain-Source-Strecke 42
Drehstromsteller 277-285
   symmetrisch gesteuert 278
   unsymmetrisch gesteuert 282
Dreifach-Takt 203
Dreistufen-Wechselrichter 188
Durchflußwandler 254
Durchlaßbereich 24, 29
Durchlaßstrom 25, 27
Durchlaßverzug 26
Durchlaßwiderstand 45
Durchschaltzeit 30

Effektivwert 13
Einraststrom 29
Einschaltentlastung 258, 262-265
Einschaltintervall 191-193
Einschaltverzögerungszeit 37
Emitter 37, 46
Emitter-Schaltung 36
Erdpotential 53
Ersatzschaltbild, thermisch 60-66
   Partialbruchdarstellung 62

Fallzeit 38
Fourier-Reihe 14-17, 206
Freilaufdiode 8
Freiwerdezeit 31, 32
Fünffach-Takt 209
F-Thyristor 33
Führung
   Fremdführung 87
   Lastführung 87, 143, 177
   Netzführung 87, 117-129
   Selbstführung 87, 179-181
Führungsspannung 86

Funktion
  gerade 15, 16
  ungerade 15, 16
Gate 28, 34, 41
Gate-Source-Spannung 42
Gesamt-Oberschwingungsverhältnis 20
Glättung, unvollständig 130, 135
Gleichrichterbetrieb 117
Gleichspannungsänderung 126
Grenzlastintegral 30, 32
Grundfrequenztaktung 191, 200
Grundschwingung 17
Grundschwingungsblindleistung 19
Grundschwingungsgehalt 19
GS-Umrichter 75, 244
  direkte 244-253
  indirekte 253-255
GTO-Thyristor 33-36

Halbschwingungssymmetrie 15
Haltestrom 29
Harmonische
  Berechnen der 14-17, 206, 207
  Elimination von 207
  im Netzstrom 132-135
Hochsetzsteller 252, 253

IGBT 46-49
IGCT 36
Impulsverstärker 54-56
Isolierschicht 41

Kathode 27
Klirrfaktor 19
Kollektor 37, 46
Kollektor-Emitter-Sperrspannung 37
Kollektor-Spitzenstrom 37
Kommutierung 80, 87
  fremdgeführt 87
  lastgeführt 87
  netzgeführt 87
  selbstgeführt 87
  WS-seitig 75, 117, 172
  GS-seitig 75, 169, 172
Kommutierungsblindleistung 131
Kommutierungsgruppe 113

Kommutierungsinduktivität 118, 170
Kommutierungskreis 121, 122
Kommutierungsspannung 80
Kommutierungszahl 113
Kreisstrom 140, 141
Kühlung elektronischer Ventile 57- 66
  beidseitig 57
  einseitig 57
  mittelbar 57
  unmittelbar 57
Kurzimpuls 52
Kurzschluß-Überstrom 32, 36

Leistung 17
Leistungselektronik 1-3
Leistungsfaktor 18
Leistungs-Halbleiterdiode 24-28
Löschwinkel 128, 129
Luftkühlung, verstärkt 57
Luftselbstkühlung 57

Mehrquadrantenbetrieb 139
Mindest-Einschaltzeit 51
Mittelpunkt
  GS-seitig 183
  WS-seitig 184
Mittelwert, arithmetisch 13
Modulationsgrad 205
Modulbauform 49
MOS-FET 41-46

Nachlaufladung 27
Netzkommutierung 117-129
n-Kanal 42
N-Thyristor 33
Nullkippspannung 29

Oberschwingungsgehalt 19, 208
Oberschwingungsstrom
  Optimierungsziel 207-213
Optokoppler 54

Parallelkompensation 143, 144
Phasenfolge-
  Kommutierung 149, 179
  Löschung 149, 179
Phasenlöschung 181, 182

Potentialtrennung 54
Pulsbreitenmodulation 201-206
Pulsfrequenz
  begrenzte 213, 214
Pulsmuster
  Berechnen 206-213
  optimierte 207-213
Pulszahl 113

Quasi-resonante Schaltung 258
Quasi-Sättigung 37
Quecksilberdampfventil 2

Raumzeiger-
  Darstellung 193-197
  Modulation 214, 219
Regular Sampling 205
Reihenkompensation 176
Resonanz 145, 177
Resonanz-Schaltentlastung 258-265
Resonanzschaltungen bei GS-Umrichtern 255-265
Rückwärts-Arbeitsbereich 39
Rückstromfallzeit 28

Sättigungsbereich 37
Schalten, periodisch 9
Schalter, ideal 6
Schaltungslehre 1
Schaltverhalten
  bipolarer Transistor 38
  Diode 26
  GTO-Thyristor 35
  Thyristor 30
Schaltwinkel 201-212
Scheibengehäuse 36
Scheinleistung 18
Schmelzsicherung 32
Schonzeit 32, 93-95
Schweifstrom 36, 48
Schwingkreiswechselrichter
  Parallelkompensation 143-147
  Reihenkompensation 175-179
Schwingungspaket-Steuerung 275-277
Sechspuls-Brückenschaltung 110-138
Siebenfach-Takt 211
Signalelektronik 2

Signalformung 54
Signalverstärkung 54
Sinus-Dreieck-Vergleich 201-206
  mit digitalisiertem Sollwert 205
Source 42
Spannungseinbrüche
  infolge Kommutierung 133-138
Spannungsnachlaufzeit 26
Spannungsquelle, ideal 4
Spannungsrichter 77
Spannungssteilheit 30, 39, 50
Spannungsventil 23
Speicherzeit 38
Sperrbereich 25, 29
Sperrschichterwärmung 60-65
Sperrschichttemperatur 25, 60-65
Sperrstrom
  Spitzenwert 26
Sperrverzögerungszeit 27
Sperrverzug 26
Sperrverzugsladung 27, 45
Sperrwandler 255
Spitzensperrspannung
  höchstzulässig, periodisch 25, 30
Spitzenstrom
  höchstzulässig, periodisch 30
Steueranschluß 28
Steuerblindleistung 131
Steuergerät 53-56
Steuerkennlinie 117, 273, 276, 277
Steuersatz 54
Steuersignal 22-24
Steuerstrom 28, 29, 35
Steuerung
  kreisstromarm 141
  kreisstromfrei 140, 141
  mit Kreisstrom 140, 141
Steuerverfahren
  Amplitudensteuerung 198
  Anschnittsteuerung 114-117
  Pulsbreitensteuerung 246
  Pulsfrequenzsteuerung 246
  Schwenksteuerung 198, 199
  Vielperiodensteuerung 275-277
Steuerwinkel 114-117
Stoßstrom-Grenzwert 30
Strom, lückend 117, 251

Stromflußdauer 273
  ideell 53
Stromquelle, ideal 4
Stromrichter-Synchronmotor 147, 148
Stromsteilheit 30, 39, 50
Stromübergang 75-96, 169
  selbstgeführt 87-96
Stromventil 22-24

Thyristor 22, 28-33
Tiefsetzsteller 244-246, 251
Total-Harmonic-Distortion (THD) 20
Transformator, ideal 5
Transistor
  bipolar 36-41
  Feldeffekt- 41-46
  mehrstufig 41
  unipolar 43
Transistor-Modul 41
TRIAC 33

Überlappung 90, 121, 169
Überlappungswinkel 121-125, 169-174
Überlappungszeit 121-125
Übertrager, magnetisch 55
Umkehr-Stromrichter 139-141
Umschwingzweig 88
Unterschwingungsverfahren 202

Ventil, elektronisches 1-3, 21-66
  abschaltbar 23
  einschaltbar 22
  nicht steuerbar 21
Ventilbauelement, elektronisch 1
Verluste elektronischer Ventile
  Durchlaß- 58
  Schalt- 60
  Sperr- 59
  Steuer- 60
Verzerrungsleistung 19
Vielperiodensteuerung 275-277
Vierquadrantenbetrieb 139
Vorwärts-Arbeitsbereich 39

Wärmekapazität 61-66
  spezifisch 61
Wärmeleitfähigkeit 61

Wärmeleitung 61
Wärmespeicherung 60
Wärmestrom 61
Wärmetauscher 57, 58
Wärmeträger 57, 58
Wärmewiderstand 61-66
  äußerer 65
  innerer 65
  transienter 64
Wechselgröße 14
Wechselrichterbetrieb 117
Wechselstromschalter 270
Wechselstromsteller 270-277
Wirkleistung 17, 18
WS/GS-I-Umrichter 76
  lastgeführt 143-148
  mit abschaltbaren Ventilen 152
  netzgeführt 110-129
  selbstgeführt 149-152
WS/GS-Umrichter 76
  eingeprägter Gleichstrom 110-152
  eingeprägte Gleichspannung 167-222
WS/GS-U-Umrichter 76
  am starren Netz 217-222
  lastgeführt 175-179
  mit abschaltbaren Ventilen 182-197
  mit einschaltbaren Ventilen 167-182
  netzgeführt 167-175
  selbstgeführt 179-182
  mit Phasenfolgelöschung 179
  mit Phasenlöschung 181
WS-Schnittstelle 129-138
WS-Umrichter 76, 270-285

Zero-Current-Switching 258
Zero-Voltage-Switching 258
Zündausbreitungszeit 30
Zündverzugszeit 30
Zustand
  eingeschwungen 10
  energiefrei 10

Zweipuls-Brückenschaltung 157, 167-175
Zweipunktregelung 216, 247
Zweiquadrantenbetrieb 139
Zweirichtungsthyristor 23, 33
Zweistufen-Wechselrichter 188

Kurvenblätter als Hilfsmittel für das Lösen der Aufgaben zum Abschnitt 5

Druck und Bindung: Strauss Offsetdruck GmbH

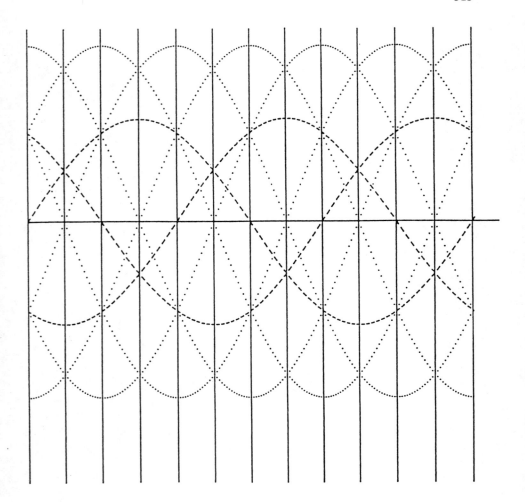